개념과 내신을 한 번에 끝내는 과학 학습 프로그램

중학과학 〈개념이해〉가 먼저다

중학 과학

1-1

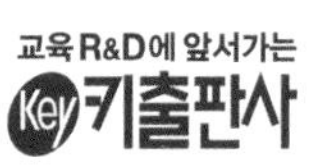

구성과 특징

개념 이해

한 컷 개념

핵심 개념만 뽑아 한 컷 그림으로 쉽게

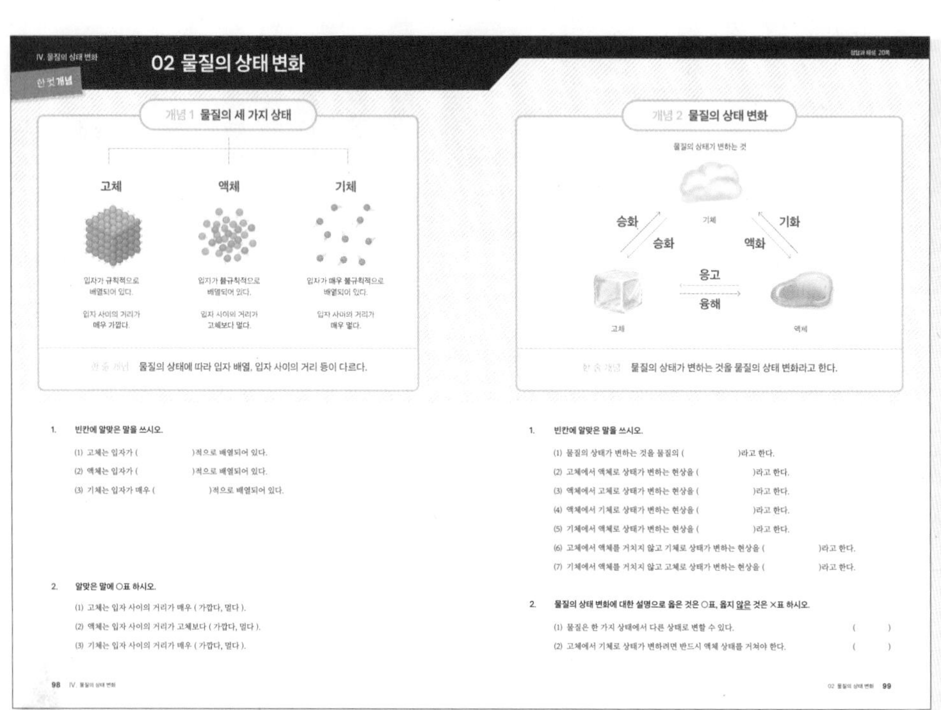

IV. 물질의 상태 변화

한 컷 개념

정답과 해설 20쪽

02 물질의 상태 변화

개념 1 물질의 세 가지 상태

한 줄 개념 물질의 상태에 따라 입자 배열, 입자 사이의 거리 등이 다르다.

1. 빈칸에 알맞은 말을 쓰시오.

(1) 고체는 입자가 (　　　　)적으로 배열되어 있다.

(2) 액체는 입자가 (　　　　)적으로 배열되어 있다.

(3) 기체는 입자가 매우 (　　　　)적으로 배열되어 있다.

2. 알맞은 말에 ○표 하시오.

(1) 고체는 입자 사이의 거리가 매우 (가깝다, 멀다).

(2) 액체는 입자 사이의 거리가 고체보다 (가깝다, 멀다).

(3) 기체는 입자 사이의 거리가 매우 (가깝다, 멀다).

개념 2 물질의 상태 변화

한 줄 개념 물질의 상태가 변하는 것을 물질의 상태 변화라고 한다.

1. 빈칸에 알맞은 말을 쓰시오.

(1) 물질의 상태가 변하는 것을 물질의 (　　　　)라고 한다.

(2) 고체에서 액체로 상태가 변하는 현상을 (　　　　)라고 한다.

(3) 액체에서 고체로 상태가 변하는 현상을 (　　　　)라고 한다.

(4) 액체에서 기체로 상태가 변하는 현상을 (　　　　)라고 한다.

(5) 기체에서 액체로 상태가 변하는 현상을 (　　　　)라고 한다.

(6) 고체에서 액체를 거치지 않고 기체로 상태가 변하는 현상을 (　　　　)라고 한다.

(7) 기체에서 액체를 거치지 않고 고체로 상태가 변하는 현상을 (　　　　)라고 한다.

2. 물질의 상태 변화에 대한 설명으로 옳은 것은 ○표, 옳지 않은 것은 ×표 하시오.

(1) 물질은 한 가지 상태에서 다른 상태로 변할 수 있다. (　　)

(2) 고체에서 기체로 상태가 변하려면 반드시 액체 상태를 거쳐야 한다. (　　)

[한 컷 개념] 그림과 구조도로 핵심 개념을 제시하여 과학 개념을 보다 쉽고 직관적으로 이해할 수 있습니다.

[확인 문제] 기본 문제로 개념을 이해했는지 바로 확인할 수 있습니다.

개념 정리

한눈에 개념 정리
표와 시각 자료로 이해하기 쉽게

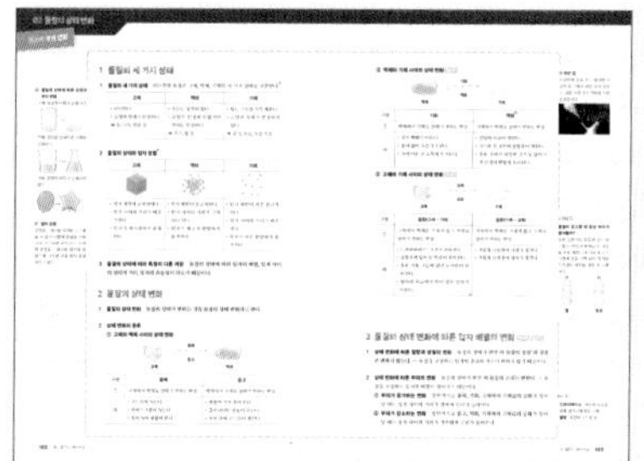

[한눈에 개념 정리] 복잡한 교과 내용을 표와 시각 자료를 이용하여 한눈에 들어오도록 정리하여 과학 개념을 보다 효과적이고 체계적으로 이해할 수 있습니다.

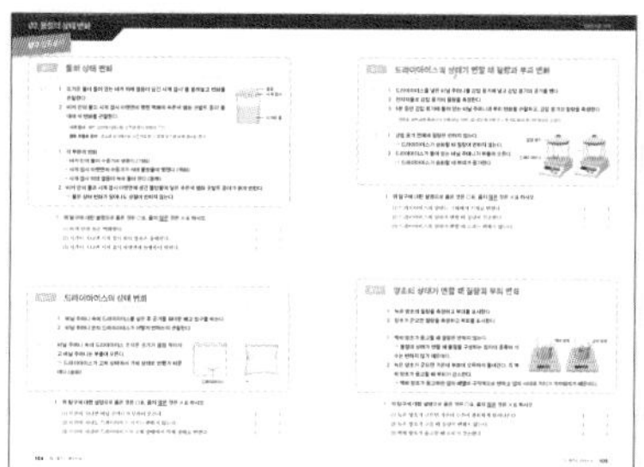

[탐구] 7종 교과서에서 중요하게 다루는 탐구 활동을 명쾌하게 정리하고, 기본 문제로 탐구 내용을 이해했는지 바로 확인할 수 있습니다.

문제 적용

문제 중요한 문제로 확실하게
서술형, 심화 문제까지

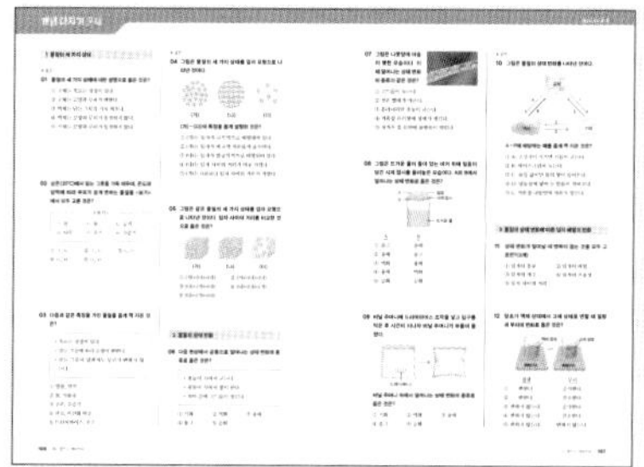

[개념 다지기 문제] 시험에 많이 나오는 중요한 문제로 구성하여 학교 시험에 대비할 수 있습니다.

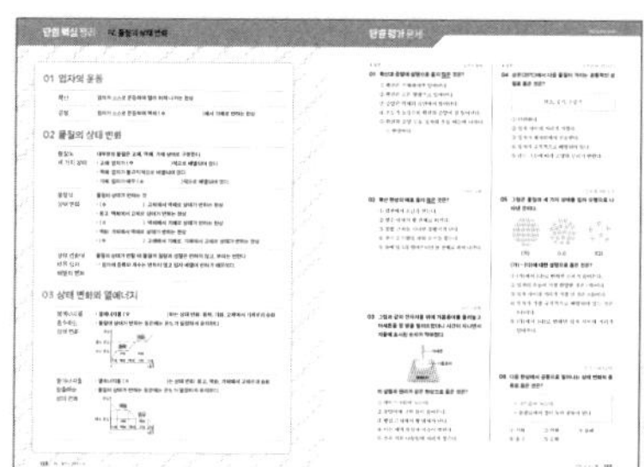

[단원 핵심 정리 / 단원 평가 문제] 단원에서 배운 핵심 개념을 정리하고 문제를 풀어보면서 단원 학습을 마무리할 수 있습니다.

+

연습책

중단원 핵심 개념을 정리하고 중요한 문제를 풀면서 복습할 수 있습니다.

개념 미니책

각 단원의 핵심 용어와 개념을 빠르게 정리할 수 있습니다.

정답과 해설

핵심을 짚은 명쾌한 설명으로 문제를 확실하게 이해할 수 있습니다.

차례

학습 기록표

대단원	중단원	개념책	연습책	스스로 평가
I. 과학과 인류의 지속가능한 삶	01. 과학과 인류의 지속가능한 삶	___월 ___일	___월 ___일	
II. 생물의 구성과 다양성	01. 생물의 구성	___월 ___일	___월 ___일	
	02. 생물다양성	___월 ___일	___월 ___일	
	03. 생물의 분류	___월 ___일	___월 ___일	
	04. 생물다양성보전	___월 ___일	___월 ___일	
III. 열	01. 온도와 열	___월 ___일	___월 ___일	
	02. 비열과 열팽창	___월 ___일	___월 ___일	
IV. 물질의 상태 변화	01. 입자의 운동	___월 ___일	___월 ___일	
	02. 물질의 상태 변화	___월 ___일	___월 ___일	
	03. 상태 변화와 열에너지	___월 ___일	___월 ___일	

내 교과서와 비교하기

대단원	중단원	중학 과학 개념이해가 먼저다	동아	미래엔	비상교육	지학사	천재교육 (임성숙)	천재교육 (정대홍)	YBM
I. 과학과 인류의 지속가능한 삶	01. 과학과 인류의 지속가능한 삶	10~19	10~29	12~33	10~37	10~37	11~29	7~30	10~29
II. 생물의 구성과 다양성	01. 생물의 구성	24~33	30~43	34~47	38~50	38~51	31~43	31~47	30~41
	02. 생물다양성	34~39	44~49	48~55	51~ 55	52~57	44~51	48~57	42~47
	03. 생물의 분류	40~49	50~59	56~63	56~64	58~63	52~57	58~65	48~55
	04. 생물다양성 보전	50~59	60~75	64~77	65~79	64~79	58~71	66~80	56~71
III. 열	01. 온도와 열	66~75	76~91	78~93	80~94	80~95	72~85	81~95	72~85
	02. 비열과 열팽창	76~85	92~107	94~111	95~109	96~113	86~105	96~112	86~101
IV. 물질의 상태 변화	01. 입자의 운동	92~97	108~115	112~123	110~120	114~121	106~113	113~119	102~111
	02. 물질의 상태 변화	98~109	116~123	124~133	121~134	122~127	114~127	120~125	112~119
	03. 상태 변화와 열에너지	110~121	124~141	134~152	135~153	128~149	128~147	126~150	120~135

I

과학과 인류의 지속가능한 삶

대단원	중단원	배울 내용
I. 과학과 인류의 지속가능한 삶	01. 과학과 인류의 지속가능한 삶	1. 과학적 탐구 방법
		2. 과학의 발전과 인류 문명
		3. 인류의 지속가능한 삶을 위한 과학기술

01 과학과 인류의 지속가능한 삶

한 컷 개념

개념 1 과학적 탐구 방법

문제 인식 → 가설 설정 → 탐구 설계 및 수행 → 자료 해석 → 결론 도출

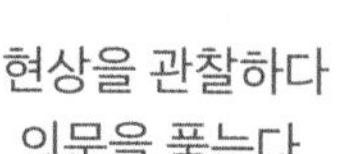

현상을 관찰하다 의문을 품는다.

문제를 해결할 수 있는 가설을 설정한다.

가설을 확인할 수 있는 탐구를 설계하고 수행한다.

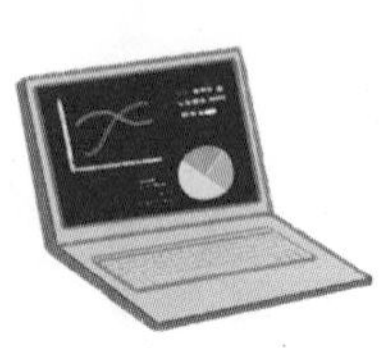

자료를 분석하여 관계나 규칙성을 찾는다.

가설이 맞는지 확인하고 결론을 내린다.

한 줄 개념 **과학적 탐구 방법은 문제 인식 → 가설 설정 → 탐구 설계 및 수행 → 자료 해석 → 결론 도출의 과정을 거친다.**

1. 빈칸에 알맞은 말을 쓰시오.

(1) 어떤 현상을 관찰하다 의문을 품는 것을 (   )이라고 한다.

(2) 문제를 해결할 수 있는 가설을 설정하는 것을 (   )이라고 한다.

(3) 탐구를 설계하고 수행하는 것을 (   ) 및 수행이라고 한다.

(4) 자료를 분석하여 관계나 규칙성을 찾는 것을 (   )이라고 한다.

(5) 가설이 맞는지 확인하고 결론을 내리는 것을 (   )이라고 한다.

2. 다음은 과학적 탐구 방법을 나타낸 것이다. 빈칸에 알맞은 말을 쓰시오.

문제 인식 → (   ) → 탐구 설계 및 수행 → 자료 해석 → 결론 도출

개념 2 과학의 발전이 인류 문명에 미친 영향

태양 중심설

지구가 우주의 중심이라는 인류의 생각을 바꾸었다.

인쇄술

많은 지식과 정보의 전달이 가능해졌다.

증기 기관

많은 물건을 먼 곳까지 운송하게 되었다.

한 줄 개념 과학의 발전은 인류 문명이 발달하는 데 큰 영향을 미쳤다.

1. **빈칸에 알맞은 말을 쓰시오.**

(1) 과학의 발전은 ( )이 발달하는 데 큰 영향을 미쳤다.

(2) ( )은 지구가 우주의 중심이라는 인류의 생각을 바꾸었다.

(3) ( )의 발달로 많은 지식과 정보의 전달이 가능해졌다.

(4) ( )의 발명으로 많은 물건을 먼 곳까지 운송하게 되었다.

2. **빈칸에 공통으로 들어갈 알맞은 말을 쓰시오.**

( )은 증기의 힘을 이용해 기계를 움직이게 하는 장치이다. ( )의 발명으로 제품의 대량 생산이 가능해졌고, 교통 수단이 발달하게 되었다. ( )은 산업 혁명의 원동력이 되었다.

( )

개념 3 지속가능한 삶을 위한 과학기술

신재생 에너지

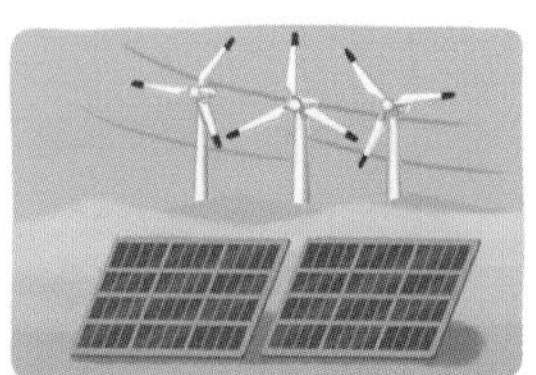

수소 에너지, 풍력 에너지, 태양 에너지 등은 에너지 부족 문제를 해결할 수 있다.

탄소 포집 기술

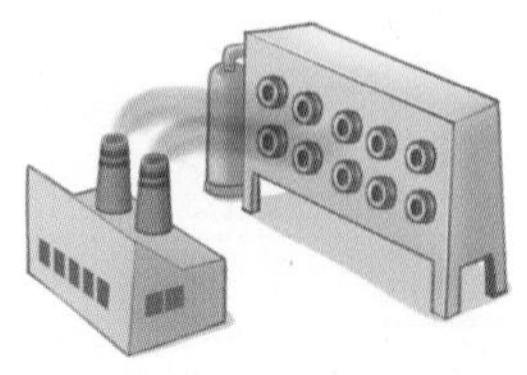

이산화 탄소를 포집하여 저장하거나 활용해 지구 온난화를 막을 수 있다.

폐플라스틱 재활용 기술

폐플라스틱을 자원으로 사용하여 오염 물질을 줄일 수 있다.

한 줄 개념 **인류의 지속가능한 삶을 위해 과학기술을 활용하고 있다.**

1. 빈칸에 알맞은 말을 쓰시오.

(1) 에너지 부족 문제를 해결하기 위해 수소 에너지, 풍력 에너지, 태양 에너지 등과 같은 (　　　　　) 를 활용한다.

(2) 지구 온난화를 막기 위해 이산화 탄소를 수집하여 저장하거나 활용하는 (　　　　　) 기술을 활용한다.

(3) 환경오염을 막기 위해 폐플라스틱을 자원으로 사용하는 (　　　　　) 기술을 활용한다.

2. 지속가능한 삶을 위한 과학기술의 사례를 <보기>에서 모두 골라 기호를 쓰시오.

<보기>

ㄱ. 증기 기관　　ㄴ. 신재생 에너지
ㄷ. 탄소 포집 기술　　ㄹ. 폐플라스틱 재활용 기술

(　　　　　)

개념 4 지속가능한 삶을 위한 활동 방안

개인 차원

에너지를
절약한다.

쓰레기를
분리배출한다.

사회 차원

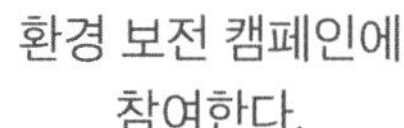

환경 보전 캠페인에
참여한다.

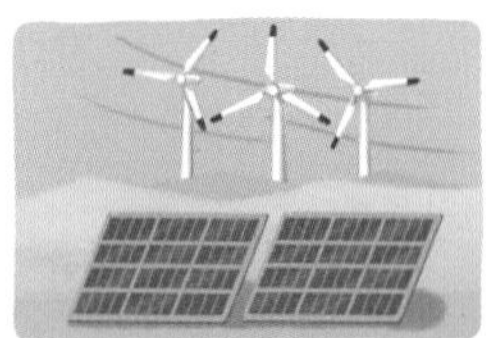

신재생 에너지를
개발한다.

한 줄 개념 **지속가능한 삶을 위해 개인과 사회 차원의 활동 방안을 실천해야 한다.**

1. **빈칸에 알맞은 말을 쓰시오.**

(1) 지속가능한 삶을 위해 에너지를 (   )한다.

(2) 지속가능한 삶을 위해 쓰레기를 (   )한다.

(3) 지속가능한 삶을 위해 환경 보전 (   )에 참여한다.

(4) 지속가능한 삶을 위해 (   ) 에너지를 개발한다.

2. **지속가능한 삶을 위한 개인과 사회 차원의 활동 방안을 <보기>에서 골라 기호를 쓰시오.**

<보기>

ㄱ. 에너지 절약　　ㄴ. 쓰레기 분리배출
ㄷ. 신재생 에너지 개발　　ㄹ. 환경 보전 캠페인 참여

(1) 개인 차원: (   )

(2) 사회 차원: (   )

한눈에 **개념 정리**

1 과학적 탐구 방법

1 과학적 탐구 방법 문제를 해결하기 위해 가설*을 설정하고 가설을 검증할 실험을 설계하여 수행한 다음 결론을 도출한다.❶

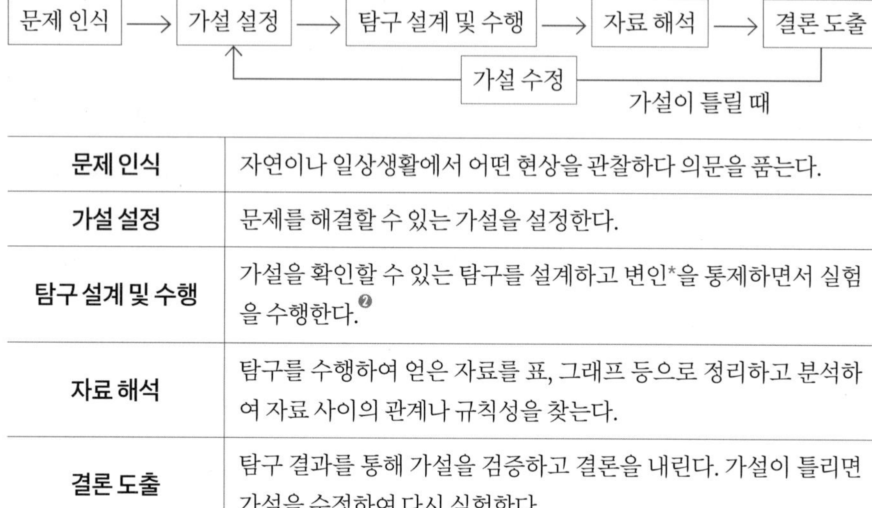

문제 인식	자연이나 일상생활에서 어떤 현상을 관찰하다 의문을 품는다.
가설 설정	문제를 해결할 수 있는 가설을 설정한다.
탐구 설계 및 수행	가설을 확인할 수 있는 탐구를 설계하고 변인*을 통제하면서 실험을 수행한다.❷
자료 해석	탐구를 수행하여 얻은 자료를 표, 그래프 등으로 정리하고 분석하여 자료 사이의 관계나 규칙성을 찾는다.
결론 도출	탐구 결과를 통해 가설을 검증하고 결론을 내린다. 가설이 틀리면 가설을 수정하여 다시 실험한다.

에이크만이 각기병*을 치료하는 물질을 찾아낸 과정

문제 인식 에이크만은 각기병에 걸렸던 닭이 나은 것을 보고 '닭이 어떻게 나았을까?'라는 의문을 가졌다.

가설 설정 에이크만은 '현미에 닭의 각기병을 치료하는 물질이 들어 있을 것이다.'라는 가설을 세웠다.

탐구 설계 및 수행 에이크만은 닭을 두 무리로 나누고 한 무리는 백미를, 다른 무리는 현미를 먹이로 주었다.

자료 해석 백미를 먹은 닭은 각기병에 걸렸지만, 현미를 먹은 닭은 건강했다. 또 각기병에 걸린 닭에게 현미를 먹이면 닭이 다시 건강해졌다.

결론 도출 에이크만은 자신의 가설이 옳다는 것을 확인하고, 현미에 각기병을 치료하는 물질이 들어 있다는 결론을 내렸다.

2 탐구 계획서 작성 주변에서 탐구할 문제를 발견하고 탐구 계획서를 작성한다.

① **탐구 문제 정하기**: 일상생활에서 궁금했던 현상을 탐구 문제로 정한다.

② **탐구 계획서 작성하기**: 탐구 문제, 가설, 같게 해야 할 조건, 다르게 해야 할 조건, 준비물, 관찰하거나 측정할 것, 탐구 기간, 탐구 과정, 주의할 점 등을 포함하여 탐구 계획서를 작성한다.

❶ **관찰한 자료를 해석하여 탐구하는 방법**
과학적 탐구 방법에는 오랜 시간 동안 자연 현상을 관찰하여 얻은 자료를 해석한 후 규칙성을 찾아내 결론을 도출하는 방법도 있다.

❷ **변인 통제**
실험에서 다르게 해야 할 조건과 같게 해야 할 조건을 확인하고 통제하는 것을 변인 통제라고 한다.

용어 풀이
* **가설** 어떤 문제를 해결하기 위해 내리는 잠정적인 결론.
* **변인** 실험에 관계된 모든 요인.
* **각기병** 다리가 붓고 제대로 걸을 수 없는 병.

2 과학의 발전과 인류 문명

1 과학의 발전

① 인류는 과학적 탐구 방법으로 과학적 원리를 발견하고 새로운 기술을 발달시키고 기기를 발명했다.

예

과학적 원리의 발견	기술의 발달	기기의 발명
빛이 굴절하는 성질을 발견했다.	렌즈를 가공하는 기술이 발달했다.	현미경의 발명으로 매우 작은 물체를 확대해서 볼 수 있게 되었다.

② 과학의 발전은 인류 문명이 발달하는 데 큰 영향을 미쳤다.

2 과학의 발전이 인류 문명에 미친 영향

태양 중심설[3]	태양 중심설은 지구가 우주의 중심이라는 인류의 생각을 바꾸는 계기가 되었다.
백신과 항생제	전염병을 예방할 수 있는 백신과 세균 감염을 치료할 수 있는 항생제의 개발로 인류의 수명이 늘어났다.
인쇄술	인쇄술의 발달로 책의 대량 인쇄가 가능해지면서 많은 지식과 정보의 전달이 가능해졌다.
암모니아 합성 기술	암모니아* 합성 기술의 개발로 비료를 대량 생산할 수 있게 되면서 식량 생산량이 증가하였다.
정보 통신 기술	인터넷, 인공위성 등 정보 통신 기술의 발달로 전 세계의 정보를 쉽게 이용할 수 있게 되었다.
농업 기술	드론이나 기계를 이용한 농업 기술이 발전하면서 식량 생산량이 증가하였다.
증기 기관[4]	증기 기관을 이용한 기계로 제품을 대량 생산하게 되었고, 증기 기관을 이용한 증기 기관차나 증기선으로 많은 물건을 먼 곳까지 운송하게 되었다.
고속 열차	고속 열차 등 교통수단의 발달로 먼 거리를 빠르게 이동할 수 있게 되면서 생활 영역이 넓어졌다.

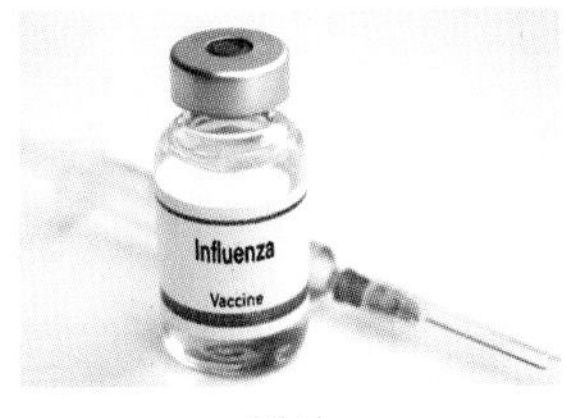

백신

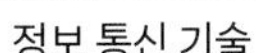
정보 통신 기술

증기 기관

3 과학과 다른 분야의 융합

과학 개념과 원리는 기술, 공학, 예술, 수학 등 여러 분야와 융합하여 인류 문명을 더 풍요롭게 한다.

예 스마트폰, 미디어 아트, 초고층 건물 등

❸ **태양 중심설**
코페르니쿠스가 지구와 다른 행성이 태양 주위를 돌고 있다는 태양 중심설을 주장하면서 지구가 우주의 중심이라는 인류의 생각이 바뀌게 되었다.

❹ **증기 기관**
증기의 힘을 이용해 기계를 움직이게 하는 장치이다. 증기 기관의 발명으로 제품의 대량 생산이 가능해졌고, 교통 수단이 발달하게 되었다. 증기 기관은 산업 혁명의 원동력이 되었다.

용어 풀이

* **암모니아** 자극적인 냄새가 나는 무색의 기체. 질소 비료 등을 만드는 데 쓴다.

한눈에 **개념 정리**

4 첨단 과학기술과 미래 사회 첨단 과학기술은 우리 생활 속 다양한 분야에 활용되고 있다. 첨단 과학기술의 발달로 우리 생활은 편리해졌으며, 생활 방식도 변하고 있다.[5]

인공지능	컴퓨터가 인간처럼 학습하고 일을 처리할 수 있게 하는 기술로, 학습 능력이 필요한 작업을 로봇 등 기계가 할 수 있게 한다.
로봇	로봇은 일상생활에서 집안일을 돕거나 산업 현장이나 재난 현장에 투입된다.
자율주행 자동차	스스로 주행이 가능한 자동차로, 운전자가 조작하지 않아도 스스로 상황에 대처할 수 있다.
사물 인터넷	모든 사물을 인터넷으로 연결하는 기술로, 사람과 사물, 사물과 사물 사이에 정보를 주고받으며 새로운 서비스를 제공한다.
생명공학기술	질병을 일으키는 유전자를 치료할 수 있다.

로봇

자율주행 자동차

사물 인터넷

⑤ 첨단 과학기술 사례
- 드론: 조종사가 탑승하지 않고 원격으로 조종하는 항공기로, 택배, 농업, 재난 구조 등에 투입되고 있다.
- 증강 현실: 실제 환경에 가상의 이미지를 겹쳐 하나의 모습으로 만드는 기술이다.
- 양자 컴퓨터: 양자의 특성을 이용한 컴퓨터로, 복잡한 암호를 빠른 시간 안에 처리할 수 있다.

3 인류의 지속가능한 삶을 위한 과학기술

1 지속가능한 삶 미래 세대가 이용할 환경과 자연을 훼손하지 않으면서 현재 세대의 필요를 충족시키는 삶을 지속가능한 삶이라고 한다.

2 지속가능한 삶을 위한 과학기술의 역할 과학기술은 에너지 부족, 환경오염, 기후 변화 등 인류가 마주한 문제에 대한 해결 방안을 마련하는 데 중요한 역할을 한다.[6]

신재생 에너지	수소 에너지, 풍력 에너지, 태양 에너지 등을 말한다. 화석 연료*의 사용을 줄여 기후 변화를 막고, 화석 연료 고갈 문제를 해결할 수 있다.
탄소 포집 기술	온실 기체인 이산화 탄소를 수집하여 저장하거나 활용하는 기술로, 지구 온난화를 막을 수 있다.
폐플라스틱 재활용 기술	플라스틱을 여러 번 재활용할 수 있는 기술로, 폐플라스틱을 자원으로 활용하여 오염 물질을 줄일 수 있다.

⑥ 지속가능한 삶을 위한 과학기술 사례
- 전기 자동차: 화석 연료 사용과 이산화 탄소 배출량을 줄인다.
- 수소 연료 전지: 수소를 이용하여 에너지를 얻는다.
- 스마트팜: 빛, 온도, 습도 등을 자동으로 유지, 관리하여 농작물의 생산량과 품질을 높인다.
- 해양 쓰레기 수거 로봇: 바다의 쓰레기를 모아서 제거한다.

3 지속가능한 삶을 위한 활동 방안

개인 차원	사회 차원
• 에너지를 절약한다. • 쓰레기를 분리배출한다. • 음식물 쓰레기를 줄인다. • 자가용 대신 대중교통을 이용한다. • 에너지 효율이 높은 전기 제품을 사용한다.	• 환경 보전 캠페인에 참여한다. • 생태 습지나 환경 공원을 조성한다. • 신재생 에너지를 개발하고 보급한다. • 전기 자동차와 같은 친환경 제품의 개발과 사용을 장려한다.

용어 풀이

* **화석 연료** 오래전 지구에 살았던 생명체가 땅속에 묻혀 굳어져 만들어진 연료. 석탄, 석유 등이 있다.

개념 다지기 문제

1 과학적 탐구 방법

★ 중요

01 과학적 탐구 방법에 대한 설명으로 옳지 않은 것은?

① 변인을 통제하면서 실험한다.
② 가설을 확인할 수 있는 탐구를 설계한다.
③ 실험 결과를 표, 그래프 등으로 정리한다.
④ 가설이 틀리면 가설에 맞게 결론을 수정한다.
⑤ 탐구 문제를 해결할 수 있는 가설을 설정한다.

02 다음 과학적 탐구 방법을 순서대로 나열한 것은?

<보기>

ㄱ. 가설 설정 ㄴ. 결론 도출
ㄷ. 문제 인식 ㄹ. 자료 해석
ㅁ. 탐구 설계 및 수행

① ㄱ, ㄴ, ㄷ, ㄹ, ㅁ
② ㄱ, ㄷ, ㄴ, ㄹ, ㅁ
③ ㄷ, ㄱ, ㄴ, ㅁ, ㄹ
④ ㄷ, ㄱ, ㄹ, ㅁ, ㄴ
⑤ ㄷ, ㄱ, ㅁ, ㄹ, ㄴ

03 다음 내용과 가장 관련 깊은 탐구 단계는?

에이크만은 각기병에 걸렸던 닭이 회복된 것을 발견하고 '닭이 어떻게 나았을까?'라는 의문을 가졌다.

① 문제 인식 ② 가설 설정
③ 탐구 수행 ④ 자료 해석
⑤ 결론 도출

2 과학의 발전과 인류 문명

★ 중요

04 과학의 발전이 인류 문명에 미친 영향에 대한 설명으로 옳지 않은 것은?

① 백신의 개발로 질병을 예방할 수 있게 되었다.
② 인쇄술의 발달로 책의 대량 인쇄가 가능해졌다.
③ 증기 기관의 발명으로 제품을 소량 생산하게 되었다.
④ 암모니아 합성 기술의 개발로 비료를 대량 생산할 수 있게 되었다.
⑤ 정보 통신 기술의 발달로 전 세계의 정보를 쉽게 이용할 수 있게 되었다.

05 인류 문명의 발달과 관련 있는 내용으로 옳은 것을 <보기>에서 모두 고른 것은?

<보기>

ㄱ. 증기 기관은 산업 혁명에 영향을 미쳤다.
ㄴ. 항생제의 개발로 지식의 전파가 활발해졌다.
ㄷ. 태양 중심설은 우주에 관한 사람들의 생각을 변화시켰다.

① ㄱ ② ㄴ ③ ㄱ, ㄷ
④ ㄴ, ㄷ ⑤ ㄱ, ㄴ, ㄷ

06 다음 내용과 가장 관련 깊은 과학의 발전 사례로 옳은 것은?

- 많은 물건을 빠르게 운송하게 되었다.
- 공장에서 제품을 대량 생산할 수 있게 되었다.

① 백신 ② 인쇄술
③ 현미경 ④ 인공위성
⑤ 증기 기관

07 과학 원리에 대한 설명으로 옳은 것을 <보기>에서 모두 고른 것은?

<보기>

ㄱ. 과학 원리는 예술과 융합하지 못한다.
ㄴ. 과학 원리는 기술, 공학, 수학에 영향을 미친다.
ㄷ. 과학 원리와 다른 분야의 융합은 사회를 풍요롭게 한다.

① ㄱ ② ㄷ ③ ㄱ, ㄴ
④ ㄴ, ㄷ ⑤ ㄱ, ㄴ, ㄷ

08 다음에서 설명하고 있는 첨단 과학기술은?

- 컴퓨터가 인간처럼 학습하고 일을 처리할 수 있게 하는 기술이다.
- 사람의 학습 능력이 필요한 작업을 로봇, 드론 등 기계가 할 수 있게 한다.

① 인공지능 ② 증강 현실
③ 사물 인터넷 ④ 양자 컴퓨터
⑤ 자율주행 자동차

09 첨단 과학기술을 활용한 예로 옳지 않은 것은?

① 증강 현실로 복잡한 암호를 푼다.
② 드론을 택배, 농업 등에 활용한다.
③ 로봇을 산업 현장이나 재난 현장에 투입한다.
④ 생명공학기술로 질병을 일으키는 유전자를 치료한다.
⑤ 사물 인터넷으로 사물과 사물을 연결하여 새로운 서비스를 제공한다.

3 인류의 지속가능한 삶을 위한 과학기술

10 지속가능한 삶에 대한 설명으로 옳은 것은?

① 미래 세대가 사용할 자원은 고려하지 않는다.
② 미래 세대보다는 현재 세대의 삶을 중요시한다.
③ 현재 세대에게 필요한 자원을 마음껏 사용하는 삶이다.
④ 미래 세대를 위해 현재 세대가 누리는 모든 것을 포기하는 삶이다.
⑤ 미래 세대가 이용할 환경과 자연을 훼손하지 않으면서 현재 세대의 필요를 충족시키는 삶이다.

11 지속가능한 삶을 위협하는 문제에 대한 설명으로 옳은 것을 <보기>에서 모두 고른 것은?

<보기>

ㄱ. 화석 연료가 고갈되고 있다.
ㄴ. 과학기술의 발전으로 환경이 깨끗해지고 있다.
ㄷ. 공장, 자동차 등에서 발생하는 온실 기체가 증가하여 지구 온난화가 심해지고 있다.

① ㄱ ② ㄴ ③ ㄱ, ㄷ
④ ㄴ, ㄷ ⑤ ㄱ, ㄴ, ㄷ

12 지속가능한 삶을 위한 과학기술의 예로 옳은 것을 <보기>에서 모두 고른 것은?

<보기>

ㄱ. 신재생 에너지 개발로 화석 연료의 사용량이 증가한다.
ㄴ. 폐플라스틱 재활용 기술로 플라스틱을 여러 번 재활용할 수 있다.
ㄷ. 탄소 포집 기술로 이산화 탄소를 수집하여 지구 온난화를 막을 수 있다.

① ㄱ ② ㄷ ③ ㄱ, ㄴ
④ ㄴ, ㄷ ⑤ ㄱ, ㄴ, ㄷ

★ 중요

13 다음에서 설명하고 있는 지속가능한 삶을 위한 과학기술은?

> • 수소 에너지, 풍력 에너지, 태양 에너지 등을 말한다.
> • 화석 연료의 사용을 줄여 기후 변화를 막고, 화석 연료 고갈 문제를 해결할 수 있다.

① 스마트팜 ② 전기 자동차
③ 신재생 에너지 ④ 탄소 포집 기술
⑤ 폐플라스틱 재활용 기술

14 지속가능한 삶을 위한 활동 방안으로 옳은 것을 <보기>에서 모두 고른 것은?

<보기>

> ㄱ. 화석 연료의 사용을 높인다.
> ㄴ. 편의를 위해 일회용품 사용을 늘린다.
> ㄷ. 전기 자동차와 같은 친환경 제품의 개발과 사용을 장려한다.

① ㄱ ② ㄷ ③ ㄱ, ㄴ
④ ㄴ, ㄷ ⑤ ㄱ, ㄴ, ㄷ

15 지속가능한 삶을 위한 개인의 활동 방안에 대한 설명으로 옳지 않은 것은?

① 쓰레기를 분리배출한다.
② 음식물 쓰레기를 줄인다.
③ 자가용 대신 대중교통을 이용한다.
④ 에너지 효율이 낮은 제품을 사용한다.
⑤ 가까운 거리는 걷거나 자전거를 이용한다.

서술형 문제

★ 중요

16 얼음의 크기에 따라 물이 차가워지는 빠르기에 차이가 있는지 알아보는 탐구를 설계하려고 한다. 다음 중 다르게 해야 할 조건과 같게 해야 할 조건을 골라 서술하시오.

> 얼음의 크기 / 물의 양 / 물의 처음 온도

17 증기 기관을 이용한 기차와 배가 인류 문명의 발달에 미친 영향을 서술하시오.

18 지속가능한 삶을 위한 사회 차원의 활동 방안을 두 가지 서술하시오.

01 과학과 인류의 지속가능한 삶

과학적 탐구 방법	문제 인식 → (❶) → 탐구 설계 및 수행 → (❷) → 결론 도출
과학의 발전이 인류 문명에 미친 영향	과학의 발전은 인류 문명이 발달하는 데 큰 영향을 미쳤다.  (❸)  인쇄술  (❹)
첨단 과학기술과 미래 사회	첨단 과학기술의 발달로 우리 생활은 편리해졌으며, 생활 방식도 변하고 있다. • 인공지능: 컴퓨터가 인간처럼 학습하고 일을 처리할 수 있게 하는 기술이다. • 로봇: 일상생활에서 집안일을 돕거나 산업 현장이나 재난 현장에 투입된다. • 자율주행 자동차: 운전자가 조작하지 않아도 스스로 상황에 대처할 수 있다.
(❺) 삶	미래 세대가 이용할 환경과 자연을 훼손하지 않으면서 현재 세대의 필요를 충족시키는 삶
지속가능한 삶을 위한 과학기술	과학기술은 에너지 부족, 환경오염, 기후 변화 등 인류가 마주한 문제에 대한 해결 방안을 마련하는 데 중요한 역할을 한다. 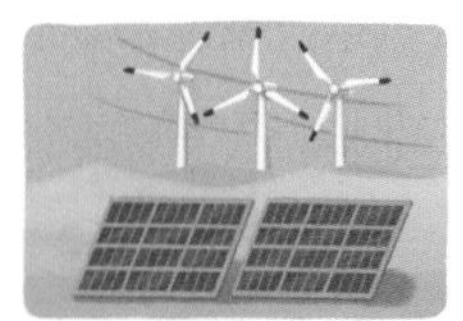 (❻) 에너지 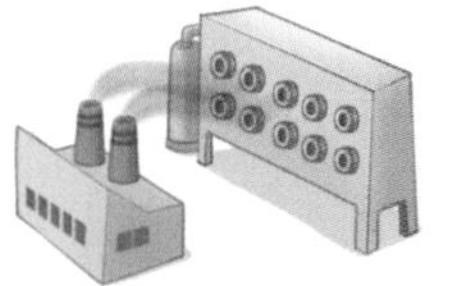 탄소 포집 기술  폐플라스틱 재활용 기술
지속가능한 삶을 위한 활동 방안	• 개인 차원: 에너지 절약하기, 대중교통 이용하기 등 • 사회 차원: 환경 보전 캠페인 참여, 신재생 에너지 개발 및 보급 등  쓰레기 (❼)  환경 보전 캠페인 참여

단원 평가 문제

★ 중요 과학적 탐구 방법

01 과학적 탐구 방법에 대한 설명으로 옳은 것을 <보기>에서 모두 고른 것은?

<보기>

ㄱ. 탐구 결과를 통해 결론을 내리는 것을 결론 도출이라고 한다.
ㄴ. 어떤 현상을 관찰하다가 의문을 품는 것을 가설 설정이라고 한다.
ㄷ. 탐구를 수행하여 얻은 자료를 정리하고 분석하는 것을 자료 해석이라고 한다.

① ㄱ ② ㄴ ③ ㄱ, ㄷ
④ ㄴ, ㄷ ⑤ ㄱ, ㄴ, ㄷ

과학의 발전이 인류 문명에 미친 영향

02 과학의 발전이 인류 문명에 미친 영향에 대한 설명으로 옳은 것을 <보기>에서 모두 고른 것은?

<보기>

ㄱ. 백신과 항생제의 개발로 식량 문제가 해결되었다.
ㄴ. 증기 기관의 발명으로 제품의 대량 생산이 가능해졌다.
ㄷ. 태양 중심설은 지구가 우주의 중심이라는 인류의 생각을 변화시켰다.

① ㄱ ② ㄴ ③ ㄱ, ㄷ
④ ㄴ, ㄷ ⑤ ㄱ, ㄴ, ㄷ

첨단 과학기술과 미래 사회

03 첨단 과학기술이 가져올 미래 사회의 변화로 옳지 않은 것은?

① 로봇은 산업 현장이나 재난 현장에서 사용된다.
② 첨단 과학기술은 일상생활에는 영향을 미치지 않는다.
③ 자율주행 자동차는 사람이 조작하지 않아도 스스로 주행한다.
④ 양자 컴퓨터의 발달로 복잡한 암호를 빠른 시간 안에 풀 수 있다.
⑤ 인공지능의 발달로 학습 능력이 필요한 작업을 기계가 할 수 있다.

★ 중요 지속가능한 삶

04 지속가능한 삶과 관련된 설명으로 옳은 것을 <보기>에서 모두 고른 것은?

<보기>

ㄱ. 지속가능한 삶을 위해 화석 연료를 개발하여 사용한다.
ㄴ. 지속가능한 삶을 위해 에너지를 절약하고, 쓰레기를 분리배출한다.
ㄷ. 미래 세대가 이용할 환경과 자연을 훼손하지 않을 때 지속가능한 삶이 가능해진다.

① ㄱ ② ㄴ ③ ㄱ, ㄷ
④ ㄴ, ㄷ ⑤ ㄱ, ㄴ, ㄷ

서술형 문제

과학적 탐구 방법

05 탐구를 설계하고 수행하여 얻은 결과가 가설과 다를 경우 어떻게 해야 하는지 서술하시오.

지속가능한 삶을 위한 활동 방안

06 엘이디등(LED등)은 형광등보다 에너지 효율이 높다. 형광등 대신 엘이디등(LED등)을 사용하는 것이 지속가능한 삶에 도움이 되는 까닭을 서술하시오.

II

생물의 구성과 다양성

대단원	중단원	배울 내용
II. 생물의 구성과 다양성	01. 생물의 구성	1. 세포
		2. 생물의 구성 단계
	02. 생물다양성	1. 생물다양성
		2. 변이와 생물다양성
	03. 생물의 분류	1. 생물분류체계
		2. 생물의 5계 분류
	04. 생물다양성보전	1. 생물다양성의 중요성
		2. 생물다양성보전

01 생물의 구성

한 컷 개념

개념 1 세포의 구조

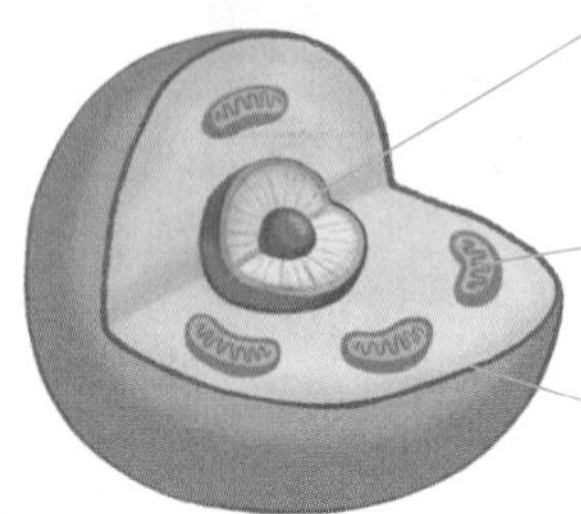

식물 세포

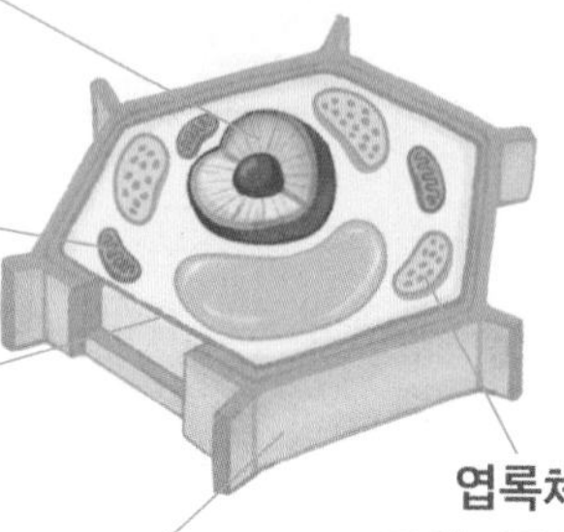

핵
세포의 생명활동을 조절한다.

마이토콘드리아
세포의 생명활동에 필요한 에너지를 만든다.

세포막
세포를 둘러싸고 있는 얇은 막으로, 물질의 출입을 조절한다.

세포벽
세포막 바깥을 싸고 있는 두껍고 단단한 벽이다.

엽록체
광합성을 하여 양분을 만든다.

한 줄 개념 **동물 세포와 식물 세포에는 공통적으로 핵, 세포막, 마이토콘드리아 등이 있다.**

1. 빈칸에 알맞은 말을 쓰시오.

(1) (   )은 세포의 생명활동을 조절한다.

(2) (   )는 세포의 생명활동에 필요한 에너지를 만든다.

(3) (   )은 세포를 둘러싸고 있는 얇은 막으로, 물질의 출입을 조절한다.

(4) (   )는 광합성을 하여 양분을 만든다.

(5) (   )은 식물 세포의 세포막 바깥을 싸고 있는 두껍고 단단한 벽이다.

2. 동물 세포에는 없고 식물 세포에만 있는 세포의 구조를 <보기>에서 모두 골라 기호를 쓰시오.

<보기>

ㄱ. 핵　　ㄴ. 세포막　　ㄷ. 세포벽　　ㄹ. 엽록체　　ㅁ. 마이토콘드리아

(   )

개념 2 다양한 세포의 모양과 기능

	적혈구	신경세포	상피세포	공변세포
	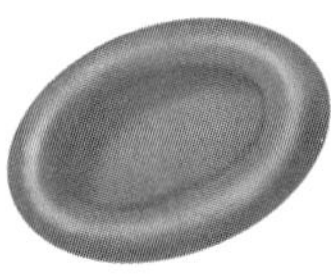	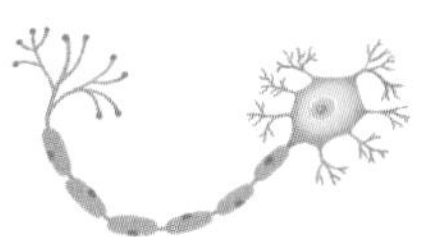	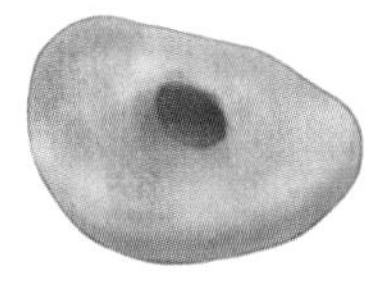	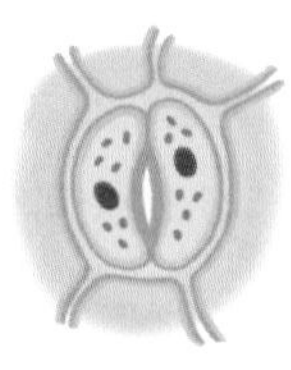
모양	가운데가 오목한 원반 모양이다.	여러 방향으로 길게 뻗은 모양이다.	납작하고 편평한 모양이다.	두 개의 공변세포 사이에 기공이 있다.
기능	산소를 운반한다.	신호를 전달한다.	몸을 보호한다.	기체 출입을 조절한다.

한 줄 개념 세포의 종류에 따라 모양이나 기능과 같은 특징이 다양하다.

1. 빈칸에 알맞은 말을 쓰시오.

(1) (　　　　　　　)는 가운데가 오목한 원반 모양으로 산소를 운반한다.

(2) (　　　　　　　)는 여러 방향으로 길게 뻗은 모양으로 신호를 전달한다.

(3) (　　　　　　　)는 납작하고 편평한 모양으로 몸의 표면을 덮어 보호한다.

(4) (　　　　　　　)는 기공을 열고 닫아 기체 출입을 조절한다.

2. 세포에 대한 설명으로 옳은 것은 ○표, 옳지 <u>않은</u> 것은 ×표 하시오.

(1) 세포는 모두 모양이 같다. (　　　)

(2) 세포의 종류에 따라 하는 일이 서로 다르다. (　　　)

개념 3 동물의 구성 단계

세포 → 조직 → 기관 → 기관계 → 개체

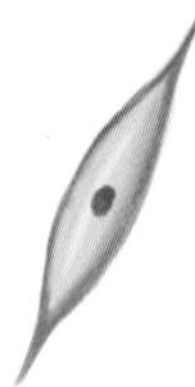

근육세포

동물을 구성하는 기본 단위

근육조직

모양과 기능이 비슷한 세포들의 모임

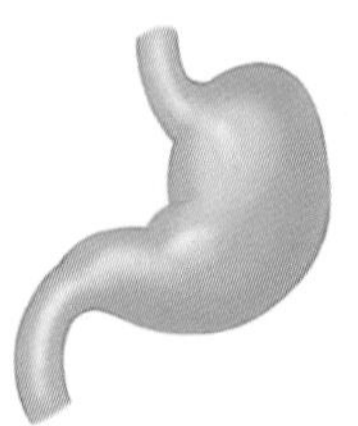

위

고유한 모양을 이루고 특정 기능을 수행하는 단계

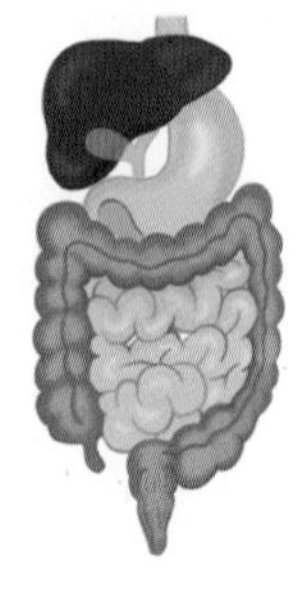

소화계

연관된 기능을 하는 기관들의 모임

사람

기관계가 모여 이루어진 독립된 생물체

한 줄 개념 동물의 구성 단계는 세포 → 조직 → 기관 → 기관계 → 개체이다.

1. 빈칸에 알맞은 말을 쓰시오.

(1) 동물을 구성하는 기본 단위를 ( )라고 한다.

(2) 모양과 기능이 비슷한 세포들의 모임을 ( )이라고 한다.

(3) 고유한 모양을 이루고 특정 기능을 수행하는 단계를 ( )이라고 한다.

(4) 연관된 기능을 하는 기관들의 모임을 ( )라고 한다.

(5) 기관계가 모여 이루어진 독립된 생물체를 ( )라고 한다.

2. 다음은 동물의 구성 단계이다. 빈칸에 알맞은 말을 쓰시오.

세포 → 조직 → 기관 → ( ) → 개체

개념 4 식물의 구성 단계

세포 → 조직 → 조직계 → 기관 → 개체

세포	조직	조직계	기관	개체
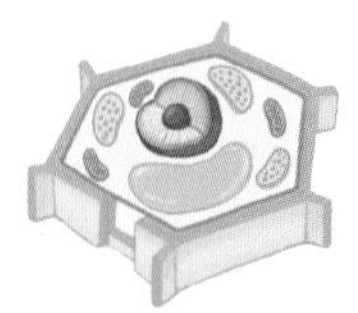		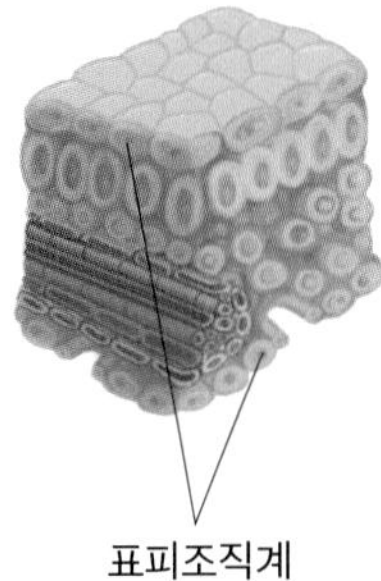		
표피세포	표피조직	표피조직계	잎	나무
식물을 구성하는 기본 단위	모양과 기능이 비슷한 세포들의 모임	몇 가지 조직이 모여 일정한 기능을 수행하는 단계	고유한 모양을 이루고 특정 기능을 수행하는 단계	기관이 모여 이루어진 독립된 생물체

한 줄 개념 **식물의 구성 단계는 세포 → 조직 → 조직계 → 기관 → 개체이다.**

1. **빈칸에 알맞은 말을 쓰시오.**

(1) 식물을 구성하는 기본 단위를 (   )라고 한다.

(2) 모양과 기능이 비슷한 세포들의 모임을 (   )이라고 한다.

(3) 몇 가지 조직이 모여 일정한 기능을 수행하는 단계를 (   )라고 한다.

(4) 고유한 모양을 이루고 특정 기능을 수행하는 단계를 (   )이라고 한다.

(5) 기관이 모여 이루어진 독립된 생물체를 (   )라고 한다.

2. **다음은 식물의 구성 단계이다. 빈칸에 알맞은 말을 쓰시오.**

세포 → 조직 → (   ) → 기관 → 개체

한눈에 **개념 정리**

1 세포

1 세포 생명활동*이 일어나는 기본 단위❶

① 모든 생물은 세포로 이루어져 있다.

② 세포는 종류에 따라 모양과 크기가 다양하다.❷

2 세포의 구조 세포는 세포막으로 둘러싸여 있고, 안쪽에 핵이 있다. 핵을 제외한 나머지 공간은 세포질로 채워져 있으며, 세포질에는 여러 가지 세포소기관*이 있다.❸

탐구 1 탐구 2

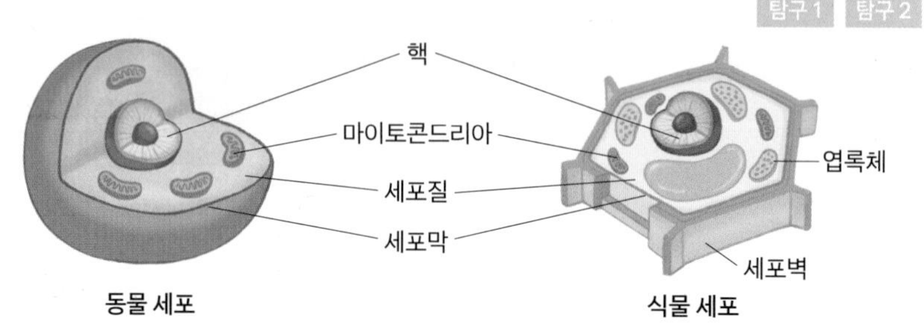

① **핵**: 세포의 생명활동을 조절한다. 생물의 모양, 성질 등을 결정하는 유전물질이 들어 있다.

② **세포막**: 세포를 둘러싸고 있는 얇은 막으로, 세포 내부를 보호하고 세포 안팎으로 드나드는 물질의 출입을 조절한다.

③ **세포질**: 핵을 제외한 세포의 내부를 채우는 부분으로, 여러 가지 세포소기관이 들어 있다.

④ **마이토콘드리아**: 양분을 이용하여 세포의 생명활동에 필요한 에너지를 만든다.

⑤ **엽록체**: 초록색을 띠는 작은 알갱이 모양으로, 광합성을 하여 양분을 만든다. 식물 세포에만 있다.

⑥ **세포벽**: 식물 세포의 세포막 바깥을 싸고 있는 두껍고 단단한 벽으로, 세포를 보호하고 세포의 모양을 일정하게 유지한다.

3 세포의 특징 세포의 종류에 따라 모양과 기능 같은 특징이 다양하다.

적혈구		• 가운데가 오목한 원반 모양으로, 붉은색이다. • 혈관을 따라 이동하면서 산소를 운반한다.
신경세포		• 여러 방향으로 길게 뻗은 모양이다. • 신호를 받아들이고 전달한다.
상피세포		• 납작하고 편평한 모양이다. • 피부나 몸속 기관의 안쪽 표면을 덮어 몸을 보호한다.
공변세포		• 2개의 공변세포 사이에 기공이 있다. • 기공을 열고 닫아 기체의 출입을 조절한다.

❶ **세포의 발견**
1665년 영국의 과학자 로버트 훅이 현미경으로 코르크 조각을 관찰하다가 작은 방처럼 생긴 구조를 발견하고, 이를 세포라고 이름 붙였다.

❷ **세포의 크기**
대부분의 세포는 크기가 작아 현미경으로 관찰해야 하지만 일부 신경세포나 달걀, 타조알처럼 맨눈으로 볼 수 있는 크기의 세포도 있다.

❸ **세포를 빵 만드는 공장에 비유하기**
- 중앙 통제소: 생산 과정을 조절한다.(핵)
- 발전기: 공장에 필요한 에너지를 만든다.(마이토콘드리아)
- 담장과 출입문: 담장은 공장 안을 보호하고, 출입문을 통해 생산에 필요한 원료와 완성된 빵이 출입한다.(세포막)

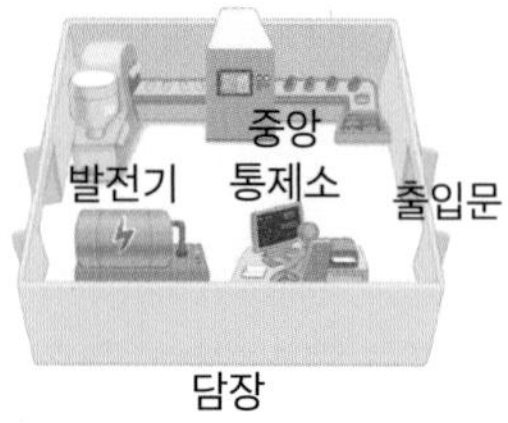

용어 풀이
* **생명활동** 생물이 살아가는 데 필요한 모든 활동.
* **세포소기관** 세포 내에서 특정한 기능을 수행하는 구조. 마이토콘드리아, 엽록체 등이 있다.

2 생물의 구성 단계

1 생물의 구성 생물의 몸은 유기적*으로 구성되어 있다.

→ 모양과 기능이 비슷한 세포가 모여 조직을 이루고, 여러 조직이 모여 고유한 모양과 기능을 갖춘 기관을 이루고, 여러 기관이 모여 하나의 독립된 생물인 개체를 이룬다.

2 동물의 구성 단계 세포 → 조직 → 기관 → 기관계 → 개체

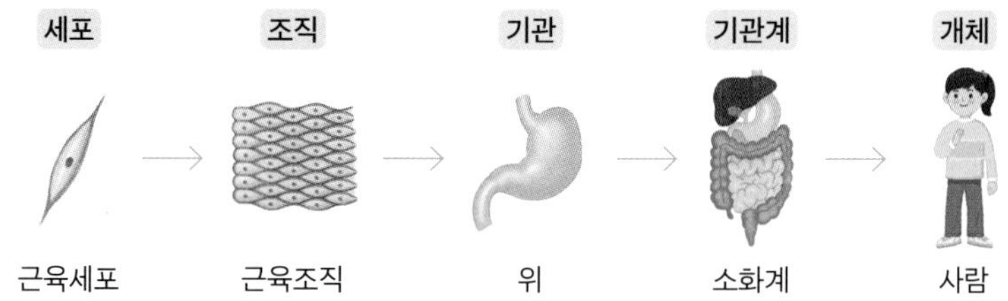

세포	생물을 구성하는 기본 단위이다. 예 근육세포, 상피세포, 신경세포, 적혈구, 뼈세포 등
조직	모양과 기능이 비슷한 세포들의 모임이다. 예 근육조직, 상피조직, 신경조직 등
기관	여러 조직이 모여 고유한 모양을 이루고 특정 기능을 수행한다. 예 위, 심장, 폐, 콩팥 등
기관계	연관된 기능을 수행하는 기관들의 모임으로, 동물에만 있다. 예 소화계, 순환계, 호흡계, 배설계, 신경계 등[4]
개체	기관계가 모여 이루어진 독립된 생물체이다. 예 사람, 개, 토끼, 참새 등

3 식물의 구성 단계 세포 → 조직 → 조직계 → 기관 → 개체

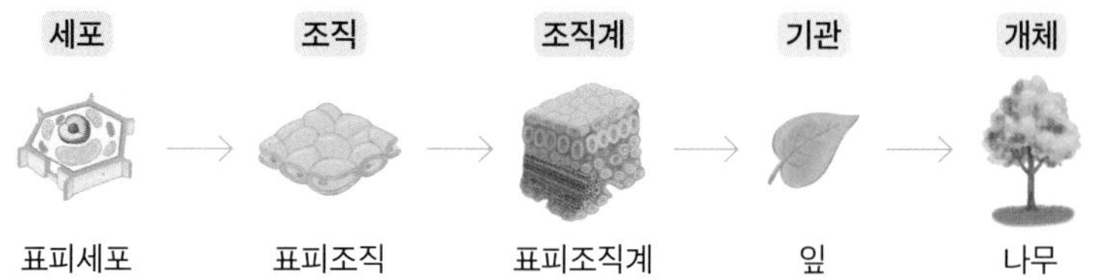

세포	생물을 구성하는 기본 단위이다. 예 표피세포, 물관세포, 체관세포 등
조직	모양과 기능이 비슷한 세포들의 모임이다. 예 표피조직, 울타리조직, 해면조직, 물관, 체관 등
조직계	몇 가지 조직이 모여 일정한 기능을 수행하는 단계로, 식물에만 있다. 예 표피조직계, 관다발조직계, 기본조직계 등[5]
기관	여러 조직계가 모여 고유한 모양을 이루고 특정 기능을 수행한다. 예 뿌리, 줄기, 잎, 꽃 등
개체	기관이 모여 이루어진 독립된 생물체이다. 예 민들레, 봉숭아, 백합, 소나무 등

오개념 잡기

모든 생물이 조직이나 기관 등의 구성 단계로 이루어져 있을까?
대장균, 아메바처럼 조직이나 기관 등의 구성 단계 없이 세포로만 이루어진 생물도 있다.

4 기관계
기관계는 동물에만 있는 구성 단계이다.
- 소화계: 위, 작은창자, 큰창자 등으로 이루어져 있다.
- 순환계: 심장, 혈액 등으로 이루어져 있다.
- 호흡계: 기관, 기관지, 폐 등으로 이루어져 있다.
- 배설계: 콩팥, 방광 등으로 이루어져 있다.

5 조직계
조직계는 식물에만 있는 구성 단계이다.
- 표피조직계: 표피조직이 모여 이루어지며, 식물의 겉을 싸고 있다.
- 관다발조직계: 물관과 체관이 모여 이루어지며, 물과 양분의 이동 통로이다.
- 기본조직계: 울타리조직과 해면조직으로 이루어지며, 광합성을 한다.

용어 풀이

* **유기적** 전체를 구성하고 있는 각 부분이 서로 밀접하게 관련을 가지고 있어서 떼어 낼 수 없는 것.

탐구 집중 분석

탐구 1 입안 상피세포 관찰하기

과정

1 면봉으로 볼 안쪽을 문질러 입안 상피세포를 채취한 다음, 면봉을 받침 유리에 문지른다.
2 받침 유리 위에 메틸렌 블루* 용액을 한 방울 떨어뜨리고 기포가 생기기 않게 덮개 유리를 비스듬히 덮는다.
3 덮개 유리 주변에 거름종이를 대어 여분의 용액을 흡수한 다음 현미경으로 관찰한다.

* **메틸렌 블루** 현미경 관찰용의 표본을 만들 때 사용하는 염색제로, 유전물질을 푸른색으로 염색한다.

결과

1 현미경으로 관찰한 입안 상피세포를 그려 본다.
2 입안 상피세포의 특징
- 안쪽에 둥근 핵이 관찰된다.
- 세포의 모양이 일정하지 않다.
- 세포가 불규칙적으로 배열되어 있다.

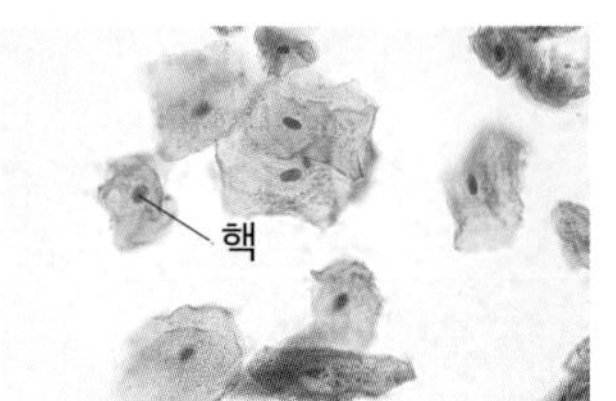

1 위 탐구에 대한 설명으로 옳은 것은 ○표, 옳지 않은 것은 ×표 하시오.

(1) 입안 상피세포 안쪽에 핵이 있다. ( )
(2) 입안 상피세포는 모양이 일정하다. ( )
(3) 입안 상피세포는 불규칙적으로 배열되어 있다. ( )

탐구 2 양파 표피세포 관찰하기

과정

1 양파의 안쪽 표피를 핀셋으로 벗겨 낸다.
2 받침 유리에 물을 한 방울 떨어뜨리고 양파 표피를 올린 다음 기포가 생기기 않게 덮개 유리를 비스듬히 덮는다.
3 덮개 유리 한쪽에 아세트산 카민* 용액을 떨어뜨리고 반대쪽에 거름종이를 대어 여분의 용액을 흡수한 다음 현미경으로 관찰한다.

* **아세트산 카민** 현미경 관찰용의 표본을 만들 때 사용하는 염색제로, 유전물질을 붉은색으로 염색한다.

결과

1 현미경으로 관찰한 양파 표피세포를 그려 본다.
2 양파 표피세포의 특징
- 안쪽에 둥근 핵이 관찰된다.
- 세포의 모양이 일정하다.
- 세포가 규칙적으로 배열되어 있다.

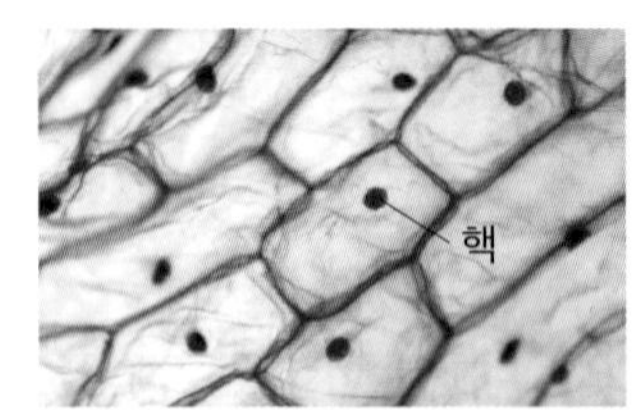

1 위 탐구에 대한 설명으로 옳은 것은 ○표, 옳지 않은 것은 ×표 하시오.

(1) 양파 표피세포 안쪽에 핵이 있다. ( )
(2) 양파 표피세포는 모양이 일정하지 않다. ( )
(3) 양파 표피세포는 규칙적으로 배열되어 있다. ( )

1 세포

★ 중요

01 세포에 대한 설명으로 옳은 것을 <보기>에서 모두 고른 것은?

<보기>

ㄱ. 생물은 세포로 이루어져 있다.
ㄴ. 생명활동이 일어나는 기본 단위이다.
ㄷ. 대부분 크기가 커서 맨눈으로 관찰할 수 있다.

① ㄱ ② ㄷ ③ ㄱ, ㄴ
④ ㄴ, ㄷ ⑤ ㄱ, ㄴ, ㄷ

02 세포의 구조에 대한 설명으로 옳지 않은 것은?

① 핵은 생명활동을 조절한다.
② 세포질은 세포 내부를 채우는 부분이다.
③ 세포막은 세포를 둘러싸고 있는 얇은 막이다.
④ 세포벽은 세포막 안쪽에 있는 두껍고 단단한 벽이다.
⑤ 마이토콘드리아는 세포의 생명활동에 필요한 에너지를 만든다.

03 동물 세포에는 없고 식물 세포에만 있는 세포의 구조를 모두 고르면?(2개)

① 세포막 ② 세포벽 ③ 세포질
④ 엽록체 ⑤ 마이토콘드리아

★ 중요

04 그림은 동물 세포와 식물 세포를 나타낸 것이다.

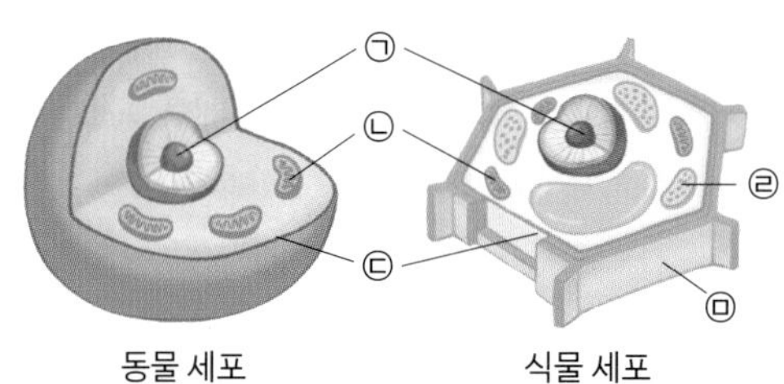

동물 세포 식물 세포

㉠~㉤에 대한 설명으로 옳지 않은 것은?

① ㉠은 생명활동을 조절한다.
② ㉡은 생명활동에 필요한 에너지를 만든다.
③ ㉢은 세포 내부를 보호한다.
④ ㉣은 광합성을 하여 양분을 만든다.
⑤ ㉤은 세포 안팎으로 드나드는 물질의 출입을 조절한다.

05 다음은 현미경으로 양파 표피세포와 입안 상피세포를 관찰한 결과이다.

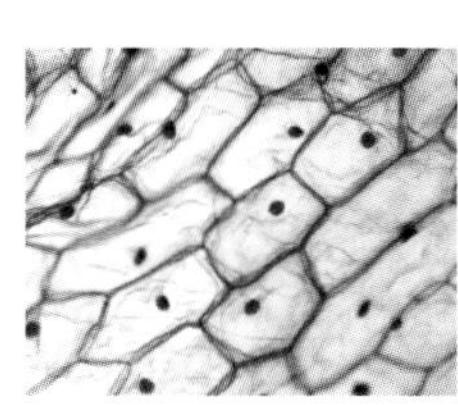
(가) 양파 표피세포

(나) 입안 상피세포

이에 대한 설명으로 옳은 것을 <보기>에서 모두 고른 것은?

<보기>

ㄱ. (가)와 (나) 모두 핵이 있다.
ㄴ. (가)는 (나)보다 가장자리가 두껍다.
ㄷ. (가)와 (나) 모두 규칙적으로 배열되어 있다.

① ㄱ ② ㄷ ③ ㄱ, ㄴ
④ ㄴ, ㄷ ⑤ ㄱ, ㄴ, ㄷ

★ 중요

06 세포의 특징에 대한 설명으로 옳지 않은 것은?

① 적혈구는 산소를 분해한다.
② 공변세포는 기체의 출입을 조절한다.
③ 상피세포는 피부나 내장 안쪽 표면을 덮고 있다.
④ 신경세포는 여러 방향으로 길게 뻗은 모양이다.
⑤ 세포의 종류에 따라 모양과 기능 같은 특징이 다양하다.

07 그림은 세포를 나타낸 것이다. 이에 대한 설명으로 옳지 않은 것은?

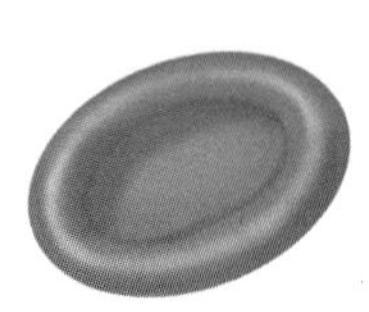
(가)

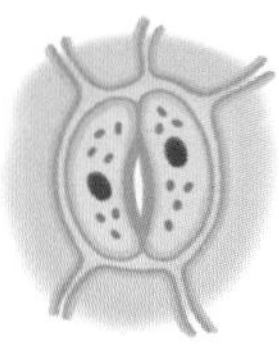
(나)

① (가)는 적혈구, (나)는 공변세포이다.
② (가)는 원반 모양이다.
③ (가)는 산소를 운반한다.
④ (나)는 자극을 전달한다.
⑤ (가)와 (나)는 하는 일이 다르다.

2 생물의 구성 단계

08 다음은 동물의 구성 단계를 순서 없이 나타낸 것이다.

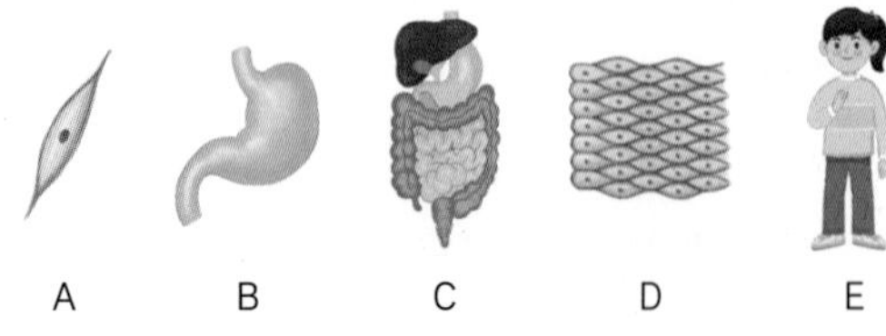

A ~ E를 낮은 단계부터 순서대로 옳게 나열한 것은?

① A, B, C, D, E　② A, C, B, D, E
③ A, C, D, B, E　④ A, D, B, C, E
⑤ A, D, C, B, E

09 동물의 구성 단계에 대한 설명으로 옳은 것을 <보기>에서 모두 고른 것은?

<보기>

ㄱ. 여러 조직이 모여 기관계를 이룬다.
ㄴ. 모양과 기능이 비슷한 세포들이 모여 조직을 이룬다.
ㄷ. 기관계에는 소화계, 순환계, 호흡계, 배설계 등이 있다.

① ㄱ　② ㄷ　③ ㄱ, ㄴ
④ ㄴ, ㄷ　⑤ ㄱ, ㄴ, ㄷ

10 다음은 동물의 구성 단계를 나타낸 것이다.

세포 → 조직 → (가) → 기관계 → 개체

(가) 단계에 해당하지 않는 것은?

① 위　② 폐　③ 심장
④ 콩팥　⑤ 적혈구

11 식물에는 없고 동물에만 있는 구성 단계는?

① 세포　② 조직　③ 기관
④ 조직계　⑤ 기관계

★ 중요

12 다음은 식물의 구성 단계를 순서 없이 나타낸 것이다.

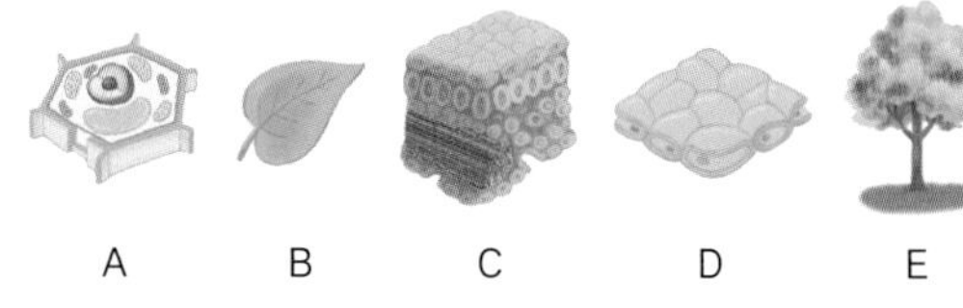

동물에는 없고 식물에만 있는 구성 단계를 찾아 기호와 이름을 옳게 짝 지은 것은?

① A - 세포 ② B - 기관
③ C - 조직계 ④ D - 조직
⑤ E - 개체

13 식물의 구성 단계에 대한 설명으로 옳지 않은 것은?

① 뿌리, 줄기, 잎, 꽃은 조직에 해당한다.
② 세포는 식물을 구성하는 기본 단위이다.
③ 조직은 모양과 기능이 비슷한 세포들의 모임이다.
④ 개체는 여러 기관이 모여 이루어진 독립된 생물체이다.
⑤ 조직계는 몇 가지 조직이 모여 일정한 기능을 수행하는 단계이다.

14 다음은 식물의 구성 단계에 대한 설명이다. 빈칸에 공통으로 들어갈 말로 옳은 것은?

> 식물에는 물관과 체관이 모여 이루어진 관다발(   )이/가 있다. 관다발(   )은/는 물과 양분의 이동 통로 역할을 한다.

① 세포 ② 조직 ③ 기관
④ 조직계 ⑤ 기관계

서술형 문제

★ 중요

15 다음 용어를 이용하여 식물 세포와 동물 세포의 차이점을 서술하시오.

> 세포벽 / 엽록체

★ 중요

16 그림은 신경세포를 나타낸 것이다. 신경세포의 모양이 기능을 수행하는 데 어떤 장점이 있는지 서술하시오.

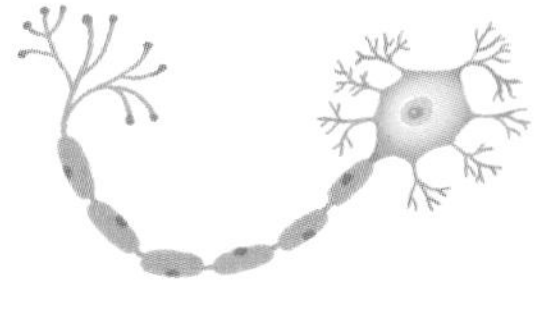

17 다음 용어를 이용하여 생물의 유기적 구성 단계를 서술하시오.

> 세포 / 조직 / 기관 / 개체

02 생물다양성

한 컷 개념

개념 1 생물다양성

어떤 지역에 살고 있는 생물의 다양한 정도

생태계

생태계가 다양할수록 생물다양성이 높다.

생물의 종류

생물의 종류가 많을수록 생물다양성이 높다.

같은 종류의 생물 사이에서 나타나는 특성

같은 종류의 생물 사이에서 나타나는 특성이 다양할수록 생물다양성이 높다.

한 줄 개념 생물다양성은 생태계, 생물의 종류, 같은 종류의 생물 사이에서 나타나는 특성의 다양함을 모두 포함한다.

1. 빈칸에 알맞은 말을 쓰시오.

(1) 어떤 지역에 살고 있는 생물의 다양한 정도를 ( )이라고 한다.

(2) 생물과 환경이 영향을 주고받으며 살아가는 ( )가 다양할수록 생물다양성이 높다.

(3) 한 지역에 살고 있는 생물의 ( )가 많을수록 생물다양성이 높다.

(4) 같은 종류의 생물 사이에서 나타나는 ( )이 다양할수록 생물다양성이 높다.

2. 생물다양성을 결정하는 요인으로 옳은 것을 <보기>에서 모두 골라 기호를 쓰시오.

<보기>

ㄱ. 개체의 크기
ㄴ. 생물의 종류
ㄷ. 생태계 다양성
ㄹ. 같은 종류의 생물 사이에서 나타나는 특성

( )

개념 2 변이와 생물다양성

같은 종류의 생물 사이에서 나타나는 특성의 차이를 변이라고 한다.

코스모스는 꽃잎 색깔이 조금씩 다르다.

무당벌레는 날개 무늬가 조금씩 다르다.

얼룩말은 줄무늬가 조금씩 다르다.

한 줄 개념 **변이가 다양할수록 생물다양성이 높다.**

1. 빈칸에 알맞은 말을 쓰시오.

(1) 같은 종류의 생물 사이에서 나타나는 특성의 차이를 (　　　　　　)라고 한다.

(2) 변이가 다양할수록 생물다양성이 (　　　　　　).

2. 변이의 예로 옳은 것은 ○표, 옳지 않은 것은 ×표 하시오.

(1) 나비와 벌은 날개 모양이 다르다. (　　　)

(2) 코스모스는 꽃잎 색깔이 조금씩 다르다. (　　　)

(3) 무당벌레는 날개 색깔과 무늬가 조금씩 다르다. (　　　)

(4) 얼룩말은 줄무늬의 색깔과 간격이 조금씩 다르다. (　　　)

한눈에 **개념 정리**

1 생물다양성

❶ 생태계
어떤 장소에서 서로 영향을 주고받는 생물과 생물을 둘러싸고 있는 환경 전체를 생태계라고 한다.

1 생물다양성 어떤 지역에 살고 있는 생물의 다양한 정도를 생물다양성이라고 한다.

→ 생물다양성은 생태계, 생물의 종류, 같은 종류의 생물 사이에서 나타나는 특성의 다양한 정도를 모두 포함한다.❶

생태계

생물의 종류

같은 종류의 생물 사이에서 나타나는 특성

2 생물다양성 결정 요인

① **생태계** 생태계가 다양할수록 생물다양성이 높다.

- 지구에는 숲, 초원, 습지, 바다, 갯벌, 사막, 극지방 등 다양한 생태계가 있다.
- 생태계를 이루는 환경이 다르면 각 환경에 적응하여 살아가는 생물의 종류가 다르므로 생태계가 다양할수록 생물다양성이 높다.

습지

갯벌

사막

② **생물의 종류** 한 지역에 살고 있는 생물의 종류가 많을수록 생물다양성이 높다.

㉠ 많은 종류의 생물이 살고 있는 아마존강 유역은 한 종류의 채소를 재배하는 밭보다 생물다양성이 높다.

수	10그루	10그루
종류	3종류	5종류
분포	한 종류가 대부분을 차지한다.	여러 종류가 고르게 분포한다.
생물다양성	생물다양성이 낮다.	생물다양성이 높다.

③ **같은 종류의 생물 사이에서 나타나는 특성** 같은 종류의 생물 사이에서 나타나는 특성이 다양할수록 생물다양성이 높다.

→ 같은 종류에 속하는 생물의 특성이 다양하면 급격한 환경 변화나 전염병에도 살아남을 가능성이 높다. ㉠ 아일랜드에서는 '럼퍼'라는 종류의 감자를 재배했는데, 감자역병이 발생하자 이 병에 약한 '럼퍼' 감자는 모두 썩어버렸다.

2 변이와 생물다양성

1 변이 같은 종류의 생물 사이에서 나타나는 생김새나 특성의 차이를 변이라고 한다.[2]
→ 생물은 환경이나 유전적인 영향으로 다양한 변이가 나타난다.

코스모스는 꽃잎의 색깔이 다르다.

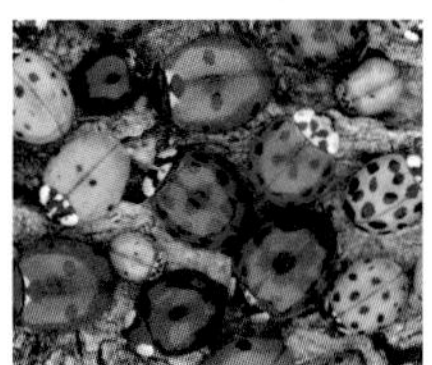
무당벌레는 날개의 색깔과 무늬가 다르다.

얼룩말은 줄무늬의 모양이 다르다.

바지락은 껍데기의 무늬가 다르다.

2 변이와 환경 변이는 생물이 빛, 온도, 물, 먹이 등 환경에 적응하면서 차이가 점점 커질 수 있다.

추운 북극에 사는 북극여우는 귀가 작고 몸집이 커 열의 손실을 줄일 수 있다.

더운 사막에 사는 사막여우는 귀가 크고 몸집이 작아 열을 방출하기 쉽다.

3 생물의 종류가 다양해지는 과정 생물이 오랜 시간 동안 환경에 적응하면 새로운 종이 나타나기도 한다. → 변이와 환경에 적응하는 과정을 통해 생물의 종류가 다양해진다.

변이가 다양한 한 종류의 생물 무리가 서로 다른 환경에서 살게 된다. → 환경에 적합한 변이를 가진 생물이 더 많이 살아남아 자손을 남긴다. → 이 과정이 오랜 시간 반복되면 서로 다른 종류의 생물 무리로 나누어질 수 있다.

갈라파고스제도*에서 새로운 종의 핀치가 나타난 과정

원래 한 종이던 핀치는 환경이 조금씩 다른 여러 섬에 흩어져 살게 되었고, 오랜 시간이 지난 뒤 원래 종과 다른 여러 종의 핀치가 나타났다.

육지에 살던 한 종류의 새 중 일부가 크고 단단한 씨앗이 많은 섬에 살게 되었다.

→

크고 단단한 씨앗을 깰 수 있는 크고 두꺼운 부리를 가진 핀치가 더 많이 살아남아 자손을 남겼다.

→

오랜 시간이 지난 뒤 더 크고 두꺼운 부리를 가진 새로운 종이 나타났다.

② 변이의 예
- 사람의 피부색이 다르다.
- 사람의 눈동자 색깔이 다르다.
- 무궁화의 꽃 색깔이 다르다.
- 고양이 털색과 무늬가 다르다.

용어 풀이

* **갈라파고스제도** 남아메리카 대륙에서 약 1000km 떨어진 태평양에 있는 섬.

1 생물다양성

★중요

01 생물다양성에 대한 설명으로 옳은 것을 <보기>에서 모두 고른 것은?

<보기>

ㄱ. 생태계가 다양할수록 생물다양성이 높다.
ㄴ. 어떤 지역에 살고 있는 생물의 다양한 정도를 말한다.
ㄷ. 같은 종류에 속하는 생물의 특성이 다양한 것은 생물다양성과 관련이 없다.
ㄹ. 한 지역에 사는 생물의 수가 같을 때 생물의 종류가 많을수록 생물다양성이 높다.

① ㄱ, ㄷ ② ㄴ, ㄹ ③ ㄷ, ㄹ
④ ㄱ, ㄴ, ㄷ ⑤ ㄱ, ㄴ, ㄹ

02 다음은 생물다양성의 의미를 설명한 것이다.

(가) 지구에는 숲, 초원, 강, 바다 등 다양한 생태계가 있다.
(나) 무당벌레는 날개의 색깔과 무늬 등이 다양하게 나타난다.
(다) 숲에는 소나무, 참나무, 전나무, 다람쥐, 뱀, 토끼 등 다양한 종류의 생물이 산다.

이에 대한 설명으로 옳은 것을 <보기>에서 모두 고른 것은?

<보기>

ㄱ. (가)는 생태계 다양성을 설명한 것이다.
ㄴ. (나)는 생물의 종류가 다양하다는 의미이다.
ㄷ. (다)는 같은 종류의 생물이 지니는 특성이 다양하다는 의미이다.

① ㄱ ② ㄷ ③ ㄱ, ㄴ
④ ㄴ, ㄷ ⑤ ㄱ, ㄴ, ㄷ

03 그림은 두 지역에 살고 있는 생물의 종류와 수를 조사한 결과이다.

(가) (나)

이에 대한 설명으로 옳은 것을 <보기>에서 모두 고른 것은?

<보기>

ㄱ. (가)는 (나)보다 생물의 종류가 많다.
ㄴ. (가)는 (나)보다 생물다양성이 낮다.
ㄷ. (가)와 (나)에서 살고 있는 생물의 수는 같다.

① ㄱ ② ㄴ ③ ㄱ, ㄷ
④ ㄴ, ㄷ ⑤ ㄱ, ㄴ, ㄷ

2 변이와 생물다양성

04 그림은 같은 종에 속하는 무궁화의 꽃 색깔을 나타낸 것이다.

이에 대한 설명으로 옳은 것을 <보기>에서 모두 고른 것은?

<보기>

ㄱ. 생물의 종류가 다양한 것을 나타낸다.
ㄴ. 코스모스 꽃잎의 색깔이 조금씩 다른 것과 같은 현상이다.
ㄷ. 다른 종류에 속하는 생물 사이에서 생김새가 조금씩 다른 것을 변이라고 한다.

① ㄱ ② ㄴ ③ ㄱ, ㄷ
④ ㄴ, ㄷ ⑤ ㄱ, ㄴ, ㄷ

★중요

05 변이의 예로 옳지 않은 것은?

① 나비와 벌은 날개 모양이 다르다.
② 코스모스는 꽃잎의 색깔이 다양하다.
③ 바지락은 껍데기 무늬가 조금씩 다르다.
④ 무당벌레는 날개 무늬가 조금씩 다르다.
⑤ 얼룩말은 줄무늬의 모양이 조금씩 다르다.

06 그림은 갈라파고스제도의 여러 섬에 사는 다양한 종류의 핀치를 나타낸 것이다. 핀치는 원래 한 종류의 새였으나 오랜 시간이 지나는 동안 서로 다른 종류가 되었다.

씨앗을 먹는 핀치

곤충을 먹는 핀치

열매를 먹는 핀치

선인장을 먹는 핀치

이에 대한 설명으로 옳은 것을 <보기>에서 모두 고른 것은?

<보기>

ㄱ. 부리의 모양이 비슷하게 변하고 있다.
ㄴ. 천적의 종류에 따라 부리의 모양이 달라졌다.
ㄷ. 다양한 변이가 있는 생물이 환경에 적응하는 과정을 통해 생물이 다양해졌다.

① ㄱ ② ㄷ ③ ㄱ, ㄴ
④ ㄴ, ㄷ ⑤ ㄱ, ㄴ, ㄷ

서술형 문제

★중요

07 갯벌이 배추밭보다 생물다양성이 더 높은 까닭을 서술하시오.

갯벌

배추밭

08 북극여우는 귀가 작고 몸집이 크고, 사막여우는 귀가 크고 몸집이 작다. 북극여우와 사막여우의 생김새가 다른 까닭을 환경 요인과 관련지어 서술하시오.

북극여우

사막여우

★중요

09 다음 단어를 이용하여 생물의 종류가 다양해지는 과정을 서술하시오.

변이 / 환경 / 적응

03 생물의 분류

한 컷 개념

개념 1 생물분류체계

종 < 속 < 과 < 목 < 강 < 문 < 계

한 줄 개념 생물분류체계는 종 < 속 < 과 < 목 < 강 < 문 < 계로 이루어진다.

1. 빈칸에 알맞은 말을 쓰시오.

(1) (　　　　　　　)체계는 종<속<과<목<강<문<계로 이루어진다.

(2) (　　　　　　　)은 생물을 분류하는 기본 단위이다.

(3) (　　　　　　　)는 생물을 분류하는 가장 큰 단위이다.

(4) 여러 종이 모여 (　　　　　　　)을 이루고, 여러 속이 모여 (　　　　　　　)를 이룬다.

(5) 여러 과가 모여 (　　　　　　　)을 이루고, 여러 목이 모여 (　　　　　　　)을 이룬다.

(6) 여러 강이 모여 (　　　　　　　)을 이루고, 여러 문이 모여 (　　　　　　　)를 이룬다.

2. 다음은 생물분류체계를 나타낸 것이다. 빈칸에 알맞은 말을 쓰시오.

(　　　　　　　) < 속 < 과 < 목 < 강 < 문 < 계

개념 2 생물의 5계 분류

한 줄 개념 생물은 동물계, 식물계, 균계, 원생생물계, 원핵생물계의 5계로 분류할 수 있다.

1. 빈칸에 알맞은 말을 쓰시오.

(1) 생물은 동물계, 식물계, ( ), 원생생물계, 원핵생물계의 5계로 분류할 수 있다.

(2) ( )는 세포에 핵이 있는 생물 중 다른 생물을 먹어 양분을 얻는 생물 무리이다.

(3) ( )는 세포에 핵이 있는 생물 중 광합성을 하여 양분을 얻는 생물 무리이다.

(4) ( )는 세포에 핵이 있는 생물 중 죽은 생물이나 배설물을 분해하여 양분을 얻는 생물 무리이다.

(5) ( )는 세포에 핵이 있는 생물 중 동물계, 식물계, 균계에 속하지 않는 생물 무리이다.

(6) ( )는 세포에 핵이 없는 생물 무리이다.

2. 계와 각 계에 속하는 생물의 예를 선으로 연결하시오.

(1) 균계 • • ㉠ 버섯

(2) 원생생물계 • • ㉡ 젖산균

(3) 원핵생물계 • • ㉢ 짚신벌레

한눈에 **개념 정리**

1 생물분류체계

1 생물분류 다양한 생물을 생물이 가진 고유한 특징에 따라 무리 지어 나누는 것을 생물분류라고 한다.

2 생물의 분류 기준

① 생물을 분류할 때는 생물의 생김새, 몸의 구조, 한살이, 광합성 여부, 번식 방법, 호흡 방법, 유전자 등 생물이 가진 고유한 특징을 기준으로 나눈다.❶

② 생물을 고유한 특징에 따라 분류하면 생물 사이의 멀고 가까운 관계를 알 수 있다.

까치, 박쥐, 다람쥐 사이의 멀고 가까운 관계

까치

박쥐

다람쥐

까치는 알을 낳지만 박쥐와 다람쥐는 새끼를 낳는다.
→ 박쥐는 까치보다 번식 방법이 같은 다람쥐와 더 가까운 관계이다.

3 생물의 분류체계 생물을 분류하는 여러 단계를 생물분류체계라고 한다.

종 < 속 < 과 < 목 < 강 < 문 < 계

① 종은 생물을 분류할 때 가장 기본이 되는 단위로, 자연 상태에서 짝짓기를 하여 번식 능력이 있는 자손을 낳을 수 있는 무리이다.

② 계는 생물을 분류하는 가장 큰 단위이다.

호랑이 사자 고양이 곰 사람 개구리 나비

계 여러 문이 모여 계를 이룬다.

문 여러 강이 모여 문을 이룬다.

강 여러 목이 모여 강을 이룬다.

목 여러 과가 모여 목을 이룬다.

과 여러 속이 모여 과를 이룬다.

속 여러 종이 모여 속을 이룬다.

종

---

❶ 사람의 편의에 따른 분류
생물을 분류할 때 식용 여부, 약용 여부, 서식지 등 사람의 편의에 따라 기준을 정하여 나누면 사람에 따라 결과가 달라질 수 있다. 따라서 생물을 분류할 때는 생물이 가지는 고유한 특징을 기준으로 삼는다.

오개념 잡기

생김새가 비슷한 말과 당나귀는 왜 다른 종으로 분류할까?
말과 당나귀는 짝짓기를 하여 자손을 낳을 수 있지만, 그 자손인 노새는 번식 능력이 없기 때문에 말과 당나귀는 다른 종이다.

비슷한 예로 수사자와 암호랑이 사이에서 태어난 라이거는 번식 능력이 없으므로 사자와 호랑이는 다른 종이다.

2 생물의 5계 분류 탐구 1 탐구 2

1 **생물의 5계 분류** 생물은 동물계, 식물계, 균계, 원생생물계, 원핵생물계의 5계로 분류할 수 있다. → 생물을 계 수준에서 분류할 때 핵의 유무, 양분을 얻는 방법, 광합성 여부, 기관의 발달 정도 등이 중요한 분류 기준이 된다.❷

동물계	• 세포에 핵이 있는 생물 중 다른 생물을 먹이로 삼아 양분을 얻는 생물 무리이다. • 다세포 생물*이고, 세포벽이 없다. • 대부분 운동성이 있고, 기관이 발달했다. ㉠ 고양이, 나비, 지렁이, 해파리 등
식물계	• 세포에 핵이 있는 생물 중 광합성을 하여 스스로 양분을 만드는 생물 무리이다. • 다세포 생물이고, 세포벽이 있다. • 대부분 뿌리, 줄기, 잎과 같은 기관이 발달했으며, 주로 육지에서 생활한다. ㉠ 소나무, 민들레, 고사리, 이끼 등
균계	• 세포에 핵이 있는 생물 중 죽은 생물이나 배설물을 분해하여 양분을 얻는 생물 무리이다. • 대부분 몸이 균사*로 이루어져 있고, 세포벽이 있다. • 대부분 다세포 생물이지만 효모처럼 단세포 생물*도 있다. ㉠ 버섯, 곰팡이, 효모 등
원생생물계	• 세포에 핵이 있는 생물 중 동물계, 식물계, 균계에 속하지 않는 생물 무리이다. • 조직이나 기관이 제대로 발달하지 않았다. • 대부분 단세포 생물이지만 다세포 생물도 있다. • 먹이를 섭취하는 종류도 있고 광합성을 하는 종류도 있다. ㉠ 단세포 생물인 짚신벌레, 아메바, 유글레나 등과 다세포 생물인 해캄, 미역, 다시마, 파래 등
원핵생물계	• 세포에 핵이 없는 생물 무리이다.❸ • 단세포 생물로, 세포벽이 있다. • 대부분은 광합성을 하지 않지만 남세균처럼 광합성을 하여 스스로 양분을 만드는 것도 있다. ㉠ 대장균, 젖산균, 포도상구균, 폐렴균 등

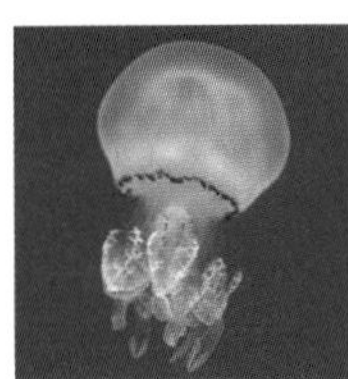
동물계 (해파리)

식물계 (고사리)

균계 (표고버섯)

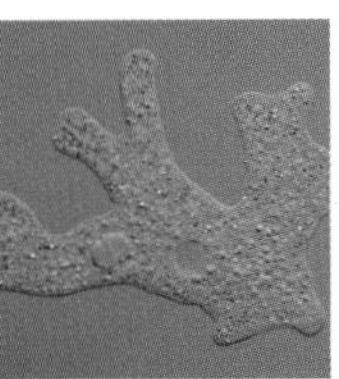
원생생물계 (아메바)

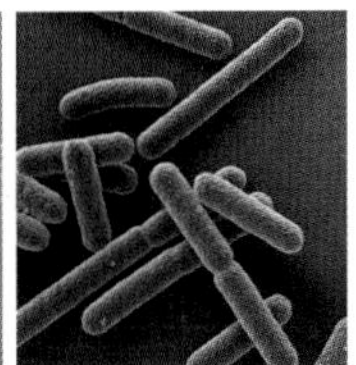
원핵생물계 (대장균)

❷ **생물분류의 역사**
18세기 스웨덴의 식물학자 린네는 생물을 동물계와 식물계로 분류하였다. 이후 과학이 발전하면서 생물의 분류체계는 계속 변해 왔다.

❸ **원핵생물계**
핵막이 없어 핵이 뚜렷하게 구분되지 않는다.

용어 풀이
* **다세포 생물** 몸이 여러 개의 세포로 이루어져 있는 생물.
* **균사** 균계의 몸을 이루는 가느다란 실 모양의 세포.
* **단세포 생물** 몸이 한 개의 세포로 이루어져 있는 생물.

탐구 집중 분석

탐구 1 다양한 생물을 계 수준에서 분류하기 1

과정

1 표는 원핵생물계, 원생생물계, 균계, 식물계, 동물계의 특징을 정리한 것이다.

구분	핵	세포벽	세포 수	운동성	광합성
원핵생물계	없다.	있다.	단세포		대부분 안 한다.
원생생물계	있다.		단세포, 다세포		
균계	있다.	있다.	대부분 다세포	없다.	안 한다.
식물계	있다.	있다.	다세포	없다.	한다.
동물계	있다.	없다.	다세포	있다.	안 한다.

2 각 생물을 계 수준에서 분류한다.

대장균, 미역, 아메바, 송이버섯, 메뚜기, 장미, 이끼, 효모

결과

1 분류한 생물이 각각 어떤 계에 속하는지 정리한다.

원핵생물계	원생생물계	균계	식물계	동물계
대장균	미역, 아메바	송이버섯, 효모	장미, 이끼	메뚜기

1 위 탐구에 대한 설명으로 옳은 것에 ○표 하시오.

(1) 원핵생물계에 속하는 생물은 세포벽이 (있다, 없다).
(2) 원생생물계에 속하는 생물은 핵이 (있다, 없다).
(3) 균계에 속하는 생물은 광합성을 (한다, 안 한다).
(4) 식물계에 속하는 생물은 (단세포, 다세포) 생물이다.
(5) 동물계에 속하는 생물은 세포벽이 (있다, 없다).

2 다음 생물 카드의 생물은 어느 계로 분류할 수 있는지 쓰시오.

( )

- 이름: ○○○○○
- 핵: 없다.
- 세포벽: 있다.
- 세포 수: 단세포
- 광합성: 안 한다.

탐구 2 다양한 생물을 계 수준에서 분류하기 2

과정

1 그림은 원핵생물계, 원생생물계, 균계, 식물계, 동물계로 분류하는 기준을 나타낸 것이다.

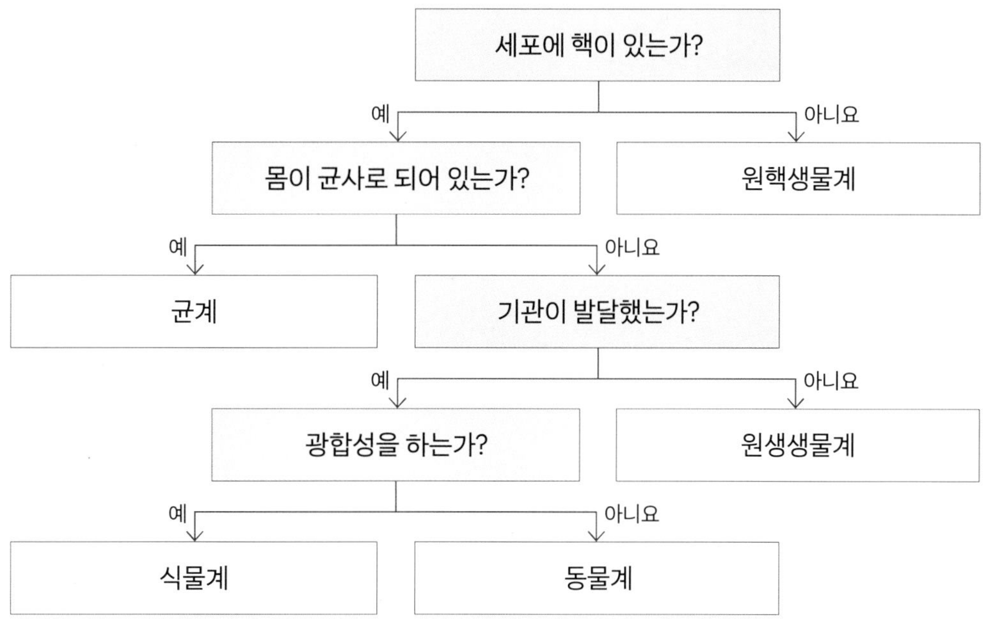

↓

2 각 생물을 계 수준에서 분류한다.

민들레, 고사리, 참새, 해파리, 해캄, 짚신벌레, 표고버섯, 푸른곰팡이, 젖산균

결과

1 분류한 생물이 각각 어떤 계에 속하는지 정리한다.

원핵생물계	원생생물계	균계	식물계	동물계
젖산균	해캄, 짚신벌레	표고버섯, 푸른곰팡이	민들레, 고사리	참새, 해파리

1 위 탐구에 대한 설명으로 옳은 것은 ○표, 옳지 않은 것은 ×표 하시오.

(1) 해캄과 짚신벌레는 기관이 발달했다. ( )

(2) 버섯과 곰팡이는 몸이 균사로 되어 있다. ( )

(3) 민들레와 고사리는 기관이 발달했고, 광합성을 한다. ( )

(4) 세포에 핵이 없는 생물은 모두 원핵생물계에 속한다. ( )

(5) 세포에 핵이 있고, 몸이 균사로 되어 있는 생물은 원생생물계에 속한다. ( )

(6) 세포에 핵이 있고, 몸이 균사로 되어 있지 않고, 기관이 발달하지 않은 생물은 식물계에 속한다. ( )

(7) 세포에 핵이 있고, 몸이 균사로 되어 있지 않고, 기관이 발달했으며 광합성을 하는 생물은 동물계에 속한다. ( )

개념 다지기 문제

1 생물분류체계

★중요

01 생물을 과학적으로 분류하는 기준이 아닌 것은?

① 새끼를 낳는 동물과 알을 낳는 동물
② 척추가 있는 동물과 척추가 없는 동물
③ 꽃이 피는 식물과 꽃이 피지 않는 식물
④ 사람이 먹을 수 있는 식물과 먹을 수 없는 식물
⑤ 광합성을 하는 생물과 광합성을 하지 않는 생물

02 생물 고유의 특징에 따른 분류 기준이 아닌 것은?

① 생김새 ② 서식지 ③ 몸의 구조
④ 번식 방법 ⑤ 호흡 방법

03 종에 대한 설명으로 옳은 것을 <보기>에서 모두 고른 것은?

<보기>

ㄱ. 생물을 분류하는 가장 큰 단위이다.
ㄴ. 같은 종에 속하는 생물끼리 생김새가 다를 수도 있다.
ㄷ. 자연 상태에서 짝짓기를 하여 번식 능력이 있는 자손을 낳을 수 있는 무리이다.

① ㄱ ② ㄴ ③ ㄱ, ㄷ
④ ㄴ, ㄷ ⑤ ㄱ, ㄴ, ㄷ

★중요

04 생물의 분류체계에 대한 설명으로 옳지 않은 것은?

① 생물분류의 기본 단위는 종이다.
② 생물분류의 가장 큰 단위는 계이다.
③ 하나의 강에는 여러 개의 목이 포함된다.
④ 여러 개의 과가 모여 하나의 속을 이룬다.
⑤ 같은 강에 속하는 생물은 같은 문에 속한다.

2 생물의 5계 분류

★중요

05 그림은 생물의 5계 분류를 나타낸 것이다.

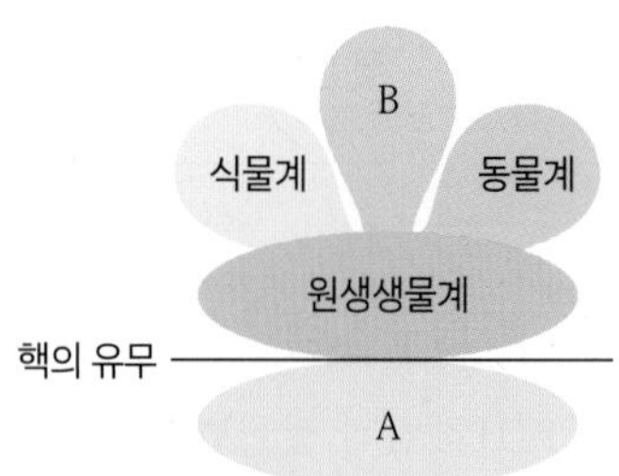

이에 대한 설명으로 옳은 것을 <보기>에서 모두 고른 것은?

<보기>

ㄱ. A에 속하는 생물은 핵이 없다.
ㄴ. A에 속하는 생물에는 젖산균이 있다.
ㄷ. B에 속하는 생물은 모두 다세포 생물이다.

① ㄱ ② ㄷ ③ ㄱ, ㄴ
④ ㄴ, ㄷ ⑤ ㄱ, ㄴ, ㄷ

06 균계에 대한 설명으로 옳은 것을 모두 고르면?(2개)

① 광합성을 한다.
② 단세포 생물이다.
③ 세포에 핵이 있다.
④ 김, 미역은 균계에 속한다.
⑤ 대부분 몸이 균사로 이루어져 있다.

07 다음과 같은 특징을 갖는 계로 옳은 것은?

- 세포에 핵이 있다.
- 대부분 단세포 생물이지만 다세포 생물도 있다.
- 먹이를 섭취하는 종류와 광합성을 하는 종류가 있다.

① 균계 ② 동물계 ③ 식물계
④ 원생생물계 ⑤ 원핵생물계

08 생물의 5계에 대한 설명으로 옳은 것은?

① 고사리와 이끼는 식물계에 속한다.
② 버섯과 곰팡이는 원생생물계에 속한다.
③ 짚신벌레와 아메바는 세포에 핵이 없다.
④ 미역과 다시마는 뿌리, 줄기, 잎이 발달했다.
⑤ 균계에 속하는 생물은 광합성을 하여 스스로 양분을 만든다.

★ 중요

09 다음은 여러 생물을 두 종류로 분류한 결과를 나타낸 것이다.

젖산균, 남세균	해캄, 효모, 민들레
(가)	(나)

(가)와 (나)의 분류 기준으로 옳은 것은?

① 세포 수 ② 핵의 유무
③ 광합성 여부 ④ 균사의 유무
⑤ 운동성 여부

10 생물을 계 단위로 분류했을 때 각 계에 속하는 생물의 예를 옳게 짝 지은 것은?

① 균계 - 이끼
② 식물계 - 미역
③ 동물계 - 짚신벌레
④ 원생생물계 - 젖산균
⑤ 원핵생물계 - 폐렴균

11 그림은 여러 종류의 생물을 나타낸 것이다.

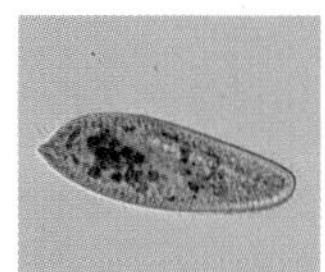
짚신벌레

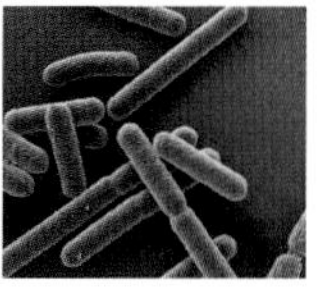
대장균

곰팡이

각 생물이 속하는 계를 순서대로 나열한 것은?

① 균계, 원생생물계, 원핵생물계
② 균계, 원핵생물계, 원생생물계
③ 원생생물계, 균계, 원핵생물계
④ 원생생물계, 원핵생물계, 균계
⑤ 원핵생물계, 원생생물계, 균계

★중요

12 표는 5계에 속하는 생물의 특징을 정리한 것이다.

구분	핵	세포벽	세포 수	광합성
원핵 생물계	없다.	있다.	㉠	대부분 안 한다.
원생 생물계	㉡		단세포, 다세포	
균계	있다.	있다.	대부분 다세포	㉢
식물계	있다.	있다.	다세포	한다.
동물계	있다.	없다.	다세포	안 한다.

㉠~㉢에 들어갈 알맞은 말을 옳게 짝 지은 것은?

	㉠	㉡	㉢
①	단세포	있다.	한다.
②	단세포	있다.	안 한다.
③	단세포	없다.	안 한다.
④	다세포	있다.	한다.
⑤	다세포	없다.	안 한다.

13 그림은 포도상구균, 해파리, 민들레, 아메바, 표고버섯을 분류하는 과정을 나타낸 것이다.

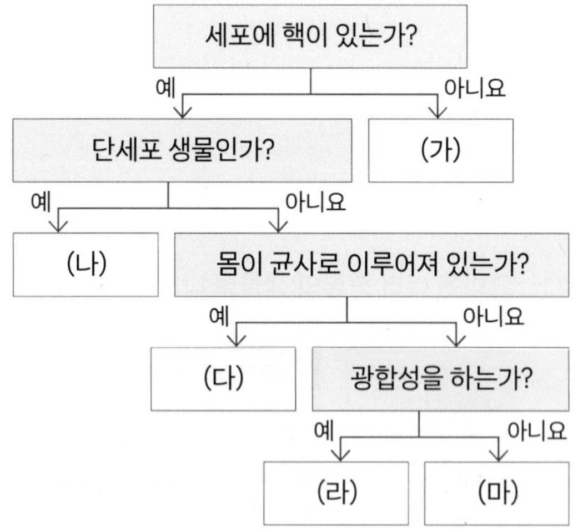

이에 대한 설명으로 옳은 것은?

① (가)는 해파리이다.
② (나)는 기관이 발달했다.
③ (다)는 균계에 속한다.
④ (라)는 표고버섯이다.
⑤ (마)는 운동성이 없다.

서술형 문제

★중요

14 그림은 암말과 수탕나귀 사이에서 태어난 노새를 나타낸 것이다. 말과 당나귀가 다른 종인 까닭을 서술하시오.

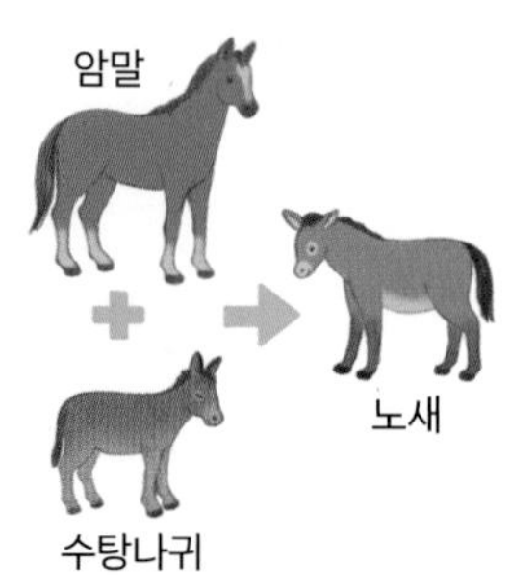

15 (가)와 (나)로 분류한 기준을 양분을 얻는 방법과 관련지어 서술하시오.

(가)	(나)
소나무, 민들레	송이버섯, 누룩곰팡이

16 미역은 엽록체가 있어서 광합성을 할 수 있지만 식물계로 분류하지 않는다. 미역을 원생생물계로 분류하는 까닭을 서술하시오.

01 그림은 가상 생물 (가)~(마)를 분류하는 과정을 나타낸 것이다.

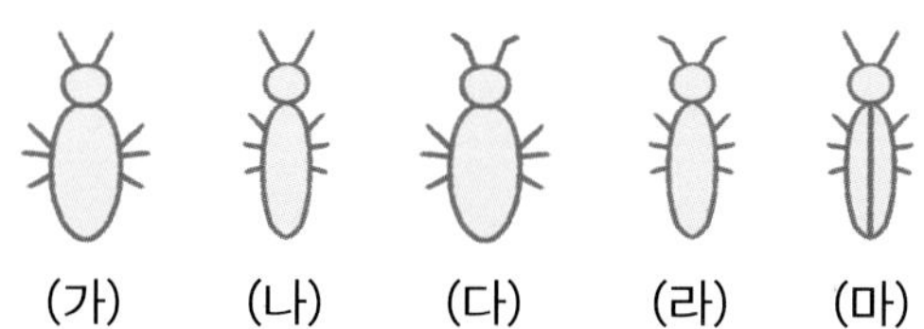

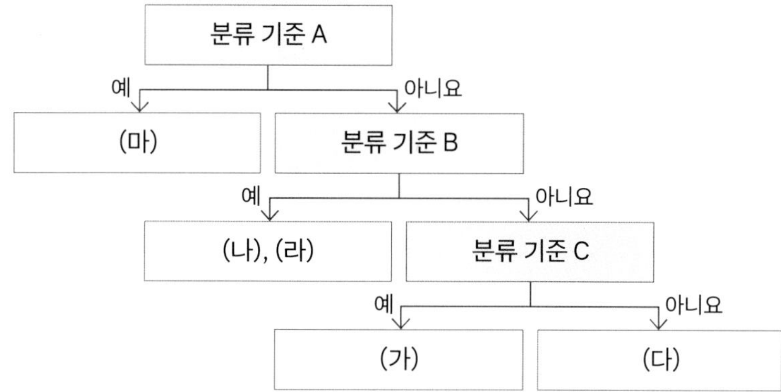

분류 기준 A~C를 바르게 짝 지은 것은?

	분류 기준 A	분류 기준 B	분류 기준 C
①	몸이 가늘다.	더듬이가 곧다.	몸에 무늬가 있다.
②	몸이 가늘다.	몸에 무늬가 있다.	더듬이가 곧다.
③	몸에 무늬가 있다.	몸이 가늘다.	더듬이가 곧다.
④	몸에 무늬가 있다.	몸이 가늘다.	더듬이가 2개다.
⑤	몸에 무늬가 있다.	더듬이가 곧다.	몸이 가늘다.

문제 해결 팁

생물분류
생물이 가진 고유한 특징에 따라 무리 지어 나누는 것을 생물분류라고 한다.

02 다음은 풍진개와 라이거를 설명한 것이다.

(가) 진돗개와 풍산개 사이에서 태어난 풍진개는 새끼를 낳을 수 있다.
(나) 수사자와 암호랑이 사이에서 태어난 라이거는 새끼를 낳지 못한다.

이에 대한 설명으로 옳은 것을 <보기>에서 모두 고른 것은?

<보기>

ㄱ. 진돗개와 풍산개는 같은 종이다.
ㄴ. 사자와 호랑이는 다른 종이다.
ㄷ. 진돗개와 풍산개는 같은 속에 속한다.

① ㄱ　② ㄴ　③ ㄱ, ㄷ
④ ㄴ, ㄷ　⑤ ㄱ, ㄴ, ㄷ

문제 해결 팁

종
종은 자연 상태에서 짝짓기를 하여 번식 능력이 있는 자손을 낳을 수 있는 무리이다.

04 생물다양성보전

한 컷 개념

개념 1 생물다양성과 생태계 평형

생물다양성이 낮은 생태계

먹이그물이 **단순하다**.
→ 생물의 멸종 가능성이 **높다**.

생물다양성이 높은 생태계

먹이그물이 **복잡하다**.
→ 생물의 멸종 가능성이 **낮다**.

한 줄 개념 생물다양성은 생태계 평형을 유지하는 데 중요한 역할을 한다.

1. 알맞은 말에 ○표 하시오.

(1) 생물다양성이 (높은, 낮은) 생태계는 먹이그물이 복잡하다.

(2) 생물다양성이 (높은, 낮은) 생태계에서는 생물의 멸종 가능성이 낮다.

(3) 생물다양성이 (높은, 낮은) 생태계는 생태계 평형이 잘 유지된다.

2. 알맞은 말에 ○표 하시오.

(1) 생물다양성이 낮은 생태계는 메뚜기가 멸종되면 개구리도 멸종될 가능성이 (높다, 낮다).

(2) 생물다양성이 높은 생태계는 메뚜기가 멸종되더라도 다른 먹이가 있어 개구리가 멸종될 가능성이 (높다, 낮다).

개념 2 생물다양성보전의 필요성

생태계 유지

생태계를 안정적으로 유지한다.

자원 제공

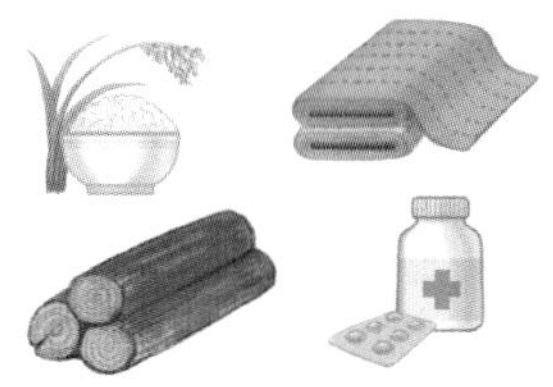

식량, 섬유, 목재, 의약품 등 자원을 제공한다.

지구 환경과 건강 유지

맑은 공기와 깨끗한 물을 제공하고, 휴식과 여가 활동을 위한 공간을 제공한다.

한 줄 개념 생물다양성은 생태계를 안정적으로 유지하며 우리의 삶을 풍요롭게 한다.

1. 빈칸에 알맞은 말을 쓰시오.

(1) 생물다양성은 (　　　　　　)를 안정적으로 유지한다.

(2) 생물다양성은 식량, 섬유, 목재, 의약품 등 (　　　　　　)을 제공하다.

(3) 생물다양성은 맑은 (　　　　　　)와 깨끗한 물 등 지구 환경 유지에 도움이 된다.

(4) 생물다양성이 잘 보전된 생태계는 휴식과 여가 활동을 위한 (　　　　　　)을 제공한다.

2. 생물이 우리에게 주는 자원을 <보기>에서 모두 골라 기호를 쓰시오.

<보기>

ㄱ. 목재　　ㄴ. 섬유　　ㄷ. 식량　　ㄹ. 의약품

(　　　　　　)

개념 3 생물다양성 감소 원인

서식지파괴

열대 우림 개발

자연을 개발하는 과정에서 생물이 사는 장소를 파괴한다.

외래종 유입

뉴트리아

다른 곳에서 온 생물이 토종 생물의 생존을 위협한다.

남획

코뿔소

생물을 마구 잡아 생물의 개체 수가 급격하게 감소한다.

환경오염

바다거북

환경오염으로 많은 생물이 멸종 위기에 처해 있다.

한 줄 개념 **생물다양성이 감소하는 원인에는 서식지파괴, 외래종 유입, 남획, 환경오염 등이 있다.**

1. 빈칸에 알맞은 말을 쓰시오.

(1) (   )이 감소하는 원인에는 서식지파괴, 외래종 유입, 남획, 환경오염 등이 있다.

(2) (   )파괴는 인간이 자연을 개발하는 과정에서 일어난다.

(3) (   )이 유입되면서 토종 생물의 생존을 위협한다.

(4) (   )을 하여 특정 생물의 개체 수가 급격하게 감소한다.

(5) (   )으로 대기, 물, 토양 등이 오염되어 많은 생물이 멸종 위기에 처해 있다.

2. 각 생물다양성 감소 원인과 관계있는 것을 선으로 연결하시오.

(1) 남획 •　　　　• ㉠ 코뿔소

(2) 환경오염 •　　　　• ㉡ 뉴트리아

(3) 서식지파괴 •　　　　• ㉢ 바다거북

(4) 외래종 유입 •　　　　• ㉣ 열대 우림 개발

개념 4 생물다양성 유지 방안

개인적 차원

일회용품 사용을 줄인다.

사회적 차원

생태통로를 만든다.

멸종 위기 생물을 지정하고 보호한다.

국제적 차원

국제 협약을 맺는다.

한 줄 개념 생물다양성 유지를 위해 개인적, 사회적, 국제적 차원에서 다양한 노력을 하고 있다.

1. **빈칸에 알맞은 말을 쓰시오.**

(1) 생물다양성 유지를 위해 (　　　　　　　) 사용을 줄인다.

(2) 생물다양성 유지를 위해 개발로 단절된 서식지를 이어 주는 (　　　　　　　)를 만든다.

(3) 생물다양성 유지를 위해 (　　　　　　　) 생물을 지정하고 보호한다.

(4) 생물다양성 유지를 위해 국제 사회는 여러 가지 (　　　　　　　)을 맺는다.

2. **각 생물다양성 유지를 위한 방안과 관계있는 것을 선으로 연결하시오.**

(1) 생태통로를 설치한다. • 　　　　• ㉠ 개인적 차원

(2) 국제 협약을 체결한다. • 　　　　• ㉡ 사회적 차원

(3) 일회용품 사용을 줄인다. • 　　　　• ㉢ 국제적 차원

한눈에 **개념 정리**

1 생물다양성의 중요성

❶ **생태계 평형**
생태계를 이루는 생물의 종류와 수가 균형을 이루며 안정된 상태를 유지하는 것을 생태계 평형이라고 한다.

1 생물다양성과 생태계 평형 생물다양성은 생태계 평형을 유지하는 데 중요한 역할을 한다.[❶] → 생물다양성이 높으면 생물이 멸종될 위험이 줄어들어 생태계가 안정적으로 유지될 수 있다.

생물다양성이 낮은 생태계	생물다양성이 높은 생태계
매 / 개구리 / 메뚜기 / 벼	뱀 / 매 / 개구리 / 참새 / 메뚜기 / 나비 / 벼 / 배추
먹이그물*이 단순하기 때문에 한 생물이 사라지면 그 생물을 먹는 다른 생물도 함께 멸종*될 가능성이 높다.	먹이그물이 복잡하기 때문에 한 생물이 사라져도 이를 대신하여 먹이가 될 수 있는 다른 생물이 있어 멸종될 가능성이 낮다.

2 생물다양성의 중요성

생태계 유지	생물다양성은 생태계를 안정적으로 유지한다.
자원 제공	• 식량을 제공한다. 예 벼, 보리, 밀 • 섬유를 제공한다. 예 목화(면섬유), 누에고치(견섬유) • 목재를 제공한다. 예 편백나무 • 의약품 재료를 제공한다. 예 주목(항암제의 원료), 푸른곰팡이(항생제의 원료), 버드나무(진통 해열제의 원료) • 생체 모방 아이디어를 제공한다. 예 도꼬마리 열매(벨크로), 잠자리(헬리콥터) 목화 / 주목 / 도꼬마리
지구 환경 및 건강 유지	• 맑은 공기와 깨끗한 물, 비옥한 토양 등 지구 환경 유지에 도움이 된다. • 아름다운 자연 경관은 휴식과 여가 활동을 위한 공간을 제공하여 몸과 마음의 건강을 유지하게 한다.
생명의 가치	모든 생물은 생태계 구성원으로서 그 자체로 소중하다.

용어 풀이
* **먹이그물** 생태계를 구성하는 생물 사이에 먹고 먹히는 관계가 그물처럼 연결되어 있는 것.
* **멸종** 생물의 한 종류가 아주 없어짐.

2 생물다양성보전

1 생물다양성 감소 원인 생물다양성이 감소하는 원인에는 서식지*파괴, 외래종 유입, 남획, 환경오염, 기후 변화 등이 있다. 대부분 인간의 활동과 관련이 있다.[2]

서식지파괴	• 생물다양성을 감소하게 하는 가장 큰 원인이다. • 인간이 자연을 개발하는 과정에서 발생한다. 예 열대 우림 개발, 습지 파괴, 갯벌 매립 등
외래종 유입	• 원래 살던 곳을 벗어나 새로운 지역에서 자리를 잡고 사는 생물을 외래종이라고 한다. • 외래종은 천적이 없으므로 과도하게 번식하여 그 지역에서 살던 토종 생물의 생존을 위협한다. 예 뉴트리아, 큰입배스, 가시박, 붉은귀거북 등 뉴트리아 / 큰입배스 / 가시박
남획	• 인간이 생물을 마구 잡는 것을 남획이라고 한다. • 무분별한 남획으로 야생 동식물의 개체 수가 급격히 줄어들고 있다. 예 코뿔소, 코끼리, 고래 등
환경오염	• 환경오염에 약한 생물이 사라질 수 있다. • 환경오염으로 서식지 환경이 변화하여 생물의 생존을 위협하고 있다. 예 바다거북 등
기후 변화	기후 변화로 기온과 수온이 상승하고, 해수면이 상승하는 등 서식지 환경이 변화하여 생물에 영향을 주고 있다. 예 산호 등

2 생물다양성 유지 방안

① **개인적 차원**: 일회용품 사용 줄이기, 쓰레기 분리배출, 쓰레기 배출량 줄이기, 자연환경 보호하기, 야생 동물을 함부로 기르지 않기 등이 있다.

② **사회적 차원**

생태통로 설치	개발로 단절된 서식지를 이어 주는 생태통로를 만든다.
생물다양성보전 캠페인	생물다양성의 중요성을 알리고, 생물다양성보전을 위한 방안을 공유하고 실천한다.
국립 공원 지정	야생 동식물이 많이 살고 있는 지역을 국립 공원으로 지정하여 관리한다.
멸종 위기 생물 지정	수달, 반달가슴곰, 따오기와 같은 멸종 위기에 처한 생물을 멸종 위기 생물로 지정하여 보호한다.
종자은행 설립	종자은행을 만들어 고유 식물의 종자를 관리한다.

③ **국제적 차원**: 여러 가지 국제 협약*을 채택하여 실천한다.

예 생물다양성협약, 기후변화협약, 람사르협약 등[3]

❷ 생물다양성 감소 원인에 따른 대책
- 서식지파괴: 지나친 개발 자제, 생물 보호 구역 지정, 생태통로 설치 등
- 외래종 유입: 외래종의 유입 방지, 외래종 감시 활동 등
- 남획: 불법 포획과 남획을 방지하는 법률 제정, 멸종 위기 생물 지정 등
- 환경오염: 쓰레기 배출량 줄이기, 환경 정화 시설 설치 등

❸ 여러 가지 환경 협약
- 생물다양성협약: 생물종의 멸종 위기를 극복하기 위하여 체결된 국제 협약.
- 기후변화협약: 화석 연료 사용에 따른 지구 온난화를 막기 위한 국제 연합 기본 협약.
- 람사르협약: 물새의 서식지로서 국제적으로 중요한 습지의 보호에 관한 국제 협약.
- 멸종 위기에 처한 야생 동식물의 국제 거래에 관한 협약: 멸종 위기에 처한 야생 동식물을 보호하기 위한 국제 협약.

용어 풀이
- * **서식지** 생물이 자리를 잡고 사는 곳.
- * **협약** 국가와 국가 사이에 문서를 교환하여 계약을 맺음. 또는 그 계약.

1 생물다양성의 중요성

01 생물다양성에 대한 설명으로 옳은 것을 <보기>에서 모두 고른 것은?

<보기>

ㄱ. 생물다양성은 생태계 평형과 관련이 없다.
ㄴ. 생물다양성이 낮은 생태계는 먹이그물이 단순하다.
ㄷ. 생물다양성이 높으면 생물이 멸종될 위험이 줄어든다.

① ㄱ ② ㄴ ③ ㄱ, ㄷ
④ ㄴ, ㄷ ⑤ ㄱ, ㄴ, ㄷ

★중요

02 그림은 (가)와 (나) 두 지역의 먹이그물을 나타낸 것이다.

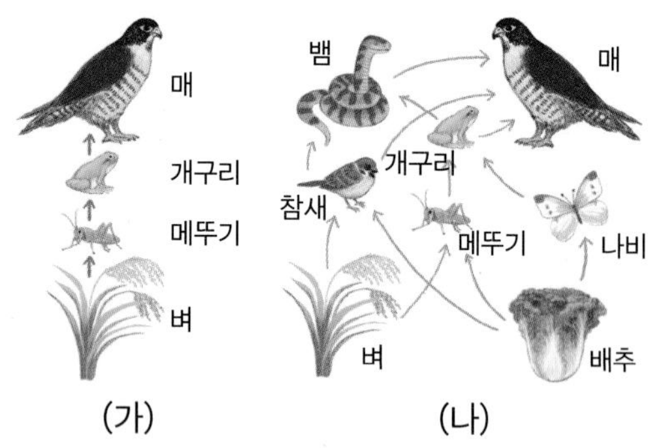

이에 대한 설명으로 옳은 것은?

① (가)는 (나)보다 생물다양성이 높다.
② (가)는 (나)보다 먹이그물이 복잡하다.
③ (가)는 (나)보다 안정된 생태계를 유지할 수 있다.
④ (가)에서 메뚜기가 사라져도 개구리는 영향을 받지 않는다.
⑤ (나)에서 개구리가 사라져도 매는 다른 먹이를 먹고 살 수 있다.

★중요

03 생물다양성을 보전해야 하는 까닭으로 옳은 것을 <보기>에서 모두 고른 것은?

<보기>

ㄱ. 지구 온난화를 가속화시킬 수 있다.
ㄴ. 생활에 필요한 자원을 얻을 수 있다.
ㄷ. 생태계를 안정적으로 유지할 수 있다.

① ㄱ ② ㄷ ③ ㄱ, ㄴ
④ ㄴ, ㄷ ⑤ ㄱ, ㄴ, ㄷ

04 생물다양성이 주는 혜택으로 옳지 <u>않은</u> 것은?

① 맑은 공기를 제공한다.
② 새로운 질병을 일으킨다.
③ 집을 지을 재료를 제공한다.
④ 벼, 보리, 밀 등 식량을 제공한다.
⑤ 여가 활동을 위한 공간을 제공한다.

05 그림은 벼, 목화, 푸른곰팡이를 나타낸 것이다.

(가) 벼

(나) 목화

(다) 푸른곰팡이

이에 대한 설명으로 옳은 것을 <보기>에서 모두 고른 것은?

<보기>

ㄱ. (가)는 식량으로 이용한다.
ㄴ. (나)에서 집을 만드는 목재를 얻는다.
ㄷ. (다)를 이용하여 항생제의 원료를 얻는다.

① ㄱ ② ㄴ ③ ㄱ, ㄷ
④ ㄴ, ㄷ ⑤ ㄱ, ㄴ, ㄷ

2 생물다양성보전

06 생물다양성 감소 원인으로 옳지 않은 것은?

① 바다에 쓰레기를 버린다.
② 새로운 외래종을 들여온다.
③ 습지를 보호 구역으로 관리한다.
④ 뿔을 얻기 위해 코뿔소를 마구 잡는다.
⑤ 목재를 얻기 위해 열대 우림을 개발한다.

07 생물다양성 감소 원인과 대책을 옳게 짝 지은 것은?

	원인	대책
①	남획	멸종 위기 생물 지정
②	환경오염	생태통로 설치
③	서식지파괴	외래종의 꾸준한 감시 활동
④	외래종 유입	생물 보호 구역 지정
⑤	외래종 유입	쓰레기 배출량 줄이기

08 다음에서 설명하는 생물의 예가 아닌 것은?

> 원래 살던 곳을 벗어나 새로운 지역에서 자리를 잡고 사는 생물로, 생물다양성 감소에 영향을 미친다.

① 가시박 ② 따오기 ③ 뉴트리아
④ 큰입배스 ⑤ 붉은귀거북

★ 중요

09 그림은 우리나라에서 서식하고 있는 뉴트리아와 가시박을 나타낸 것이다.

(가) 뉴트리아

(나) 가시박

이에 대한 설명으로 옳은 것을 <보기>에서 모두 고른 것은?

> <보기>
> ㄱ. (가)는 외래종으로, 생물다양성 감소에 영향을 준다.
> ㄴ. (나)는 토종 식물로, 생태계 평형 유지에 중요한 역할을 한다.
> ㄷ. (가)와 (나) 모두 환경오염으로 사라질 위기에 처해 있다.

① ㄱ ② ㄴ ③ ㄱ, ㄷ
④ ㄴ, ㄷ ⑤ ㄱ, ㄴ, ㄷ

10 생물다양성을 유지하기 위한 방안으로 옳지 않은 것은?

① 생물다양성협약을 맺는다.
② 야생 동물을 애완용으로 기른다.
③ 도로를 건설할 때 생태통로를 설치한다.
④ 멸종 위기 생물의 복원 사업을 시행한다.
⑤ 생물다양성의 중요성을 알리는 캠페인을 벌인다.

★ 중요

11 생물다양성보전을 위한 개인적 차원의 활동으로 옳지 않은 것은?

① 쓰레기를 줍는다.
② 쓰레기 배출량을 줄인다.
③ 일회용품 사용을 늘린다.
④ 희귀한 동물을 기르지 않는다.
⑤ 안 쓰는 물건을 버리지 않고 나눈다.

12 생물다양성 유지를 위한 사회적 차원의 활동으로 옳은 것을 <보기>에서 모두 고른 것은?

<보기>

ㄱ. 쓰레기를 분리배출한다.
ㄴ. 종자은행을 만들어 관리한다.
ㄷ. 국립 공원을 지정하여 관리한다.

① ㄱ ② ㄴ ③ ㄱ, ㄷ
④ ㄴ, ㄷ ⑤ ㄱ, ㄴ, ㄷ

13 생물다양성 유지를 위한 활동 중 다음 설명에 해당하는 것은?

국제 사회는 생물다양성협약, 람사르협약 등 생물다양성 유지를 위한 여러 가지 협약을 맺어 실천하고 있다.

① 생태통로 설치 ② 종자은행 설립
③ 국립 공원 지정 ④ 국제 협약 체결
⑤ 멸종 위기 생물 지정

서술형 문제

★ 중요

14 그림은 (가)와 (나) 두 지역의 먹이그물을 나타낸 것이다. 생태계 평형 유지에 더 유리한 것의 기호를 쓰고, 그 까닭을 서술하시오.

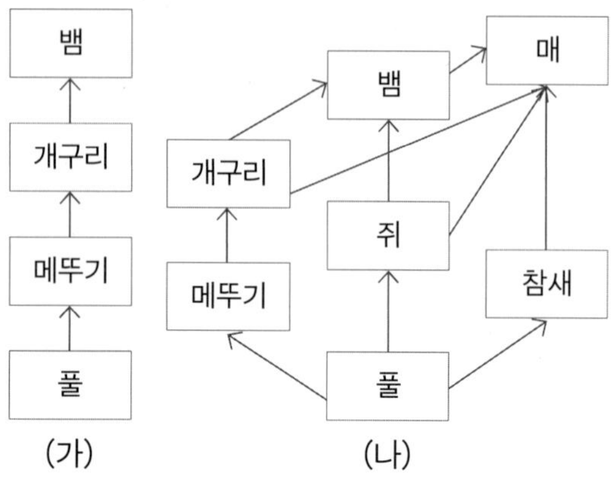

15 그림은 도로에 설치된 생태통로이다. 생태통로의 역할을 서술하시오.

16 외래종의 도입은 생물다양성의 감소 원인 중 하나이다. 외래종이 처음 도입되었을 때 그 수가 빠르게 늘어날 수 있는 까닭을 서술하시오.

01 그림은 두 지역의 먹이그물을 나타낸 것이다.

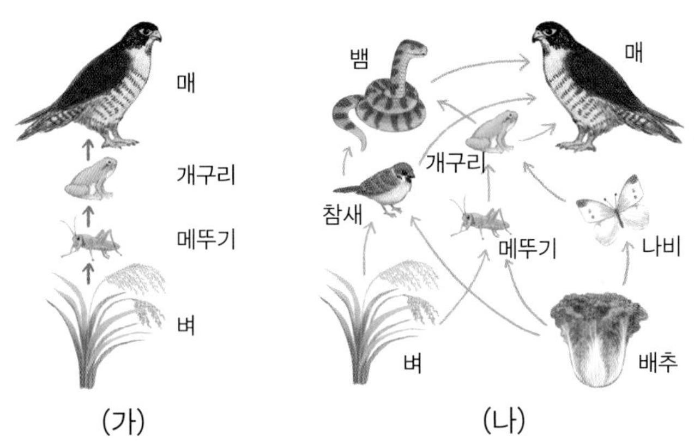

이에 대한 설명으로 옳은 것을 <보기>에서 모두 고른 것은?

<보기>

ㄱ. (가)에서 메뚜기가 사라지면 개구리도 함께 사라질 가능성이 높다.
ㄴ. (나)에서 개구리가 사라져도 매는 참새나 뱀을 먹고 살 수 있다.
ㄷ. (나)는 (가)보다 생물다양성이 높아 생물이 멸종할 가능성이 낮다.

① ㄱ ② ㄴ ③ ㄱ, ㄷ
④ ㄴ, ㄷ ⑤ ㄱ, ㄴ, ㄷ

문제 해결 팁

생물다양성과 생태계 평형
생물다양성이 높으면 생물이 멸종될 위험이 줄어들어 생태계가 안정적으로 유지될 수 있다.

02 다음은 두 가지 국제 협약을 설명한 것이다.

(가) 생물다양성을 보전하고, 지속가능한 방식으로 생물다양성의 요소를 사용하며, 유전적 자원으로부터 얻어지는 이익을 공정하게 공유하는 것을 목적으로 하는 협약이다.
(나) 불법으로 이루어지는 생물종의 거래를 금지함으로써 멸종 위기의 야생 동식물을 보호하는 것을 목적으로 하는 협약이다.

이에 대한 설명으로 옳은 것을 <보기>에서 모두 고른 것은?

<보기>

ㄱ. (가)는 생물다양성협약이다.
ㄴ. (나)는 멸종 위기에 처한 야생 동식물종의 국제 거래에 관한 협약이다.
ㄷ. (가)와 (나)는 생물다양성보전을 위한 국제적 노력에 해당한다.

① ㄱ ② ㄴ ③ ㄱ, ㄷ
④ ㄴ, ㄷ ⑤ ㄱ, ㄴ, ㄷ

문제 해결 팁

생물다양성 유지 방안
생물다양성보전을 위해 국제적 차원에서는 여러 가지 국제 협약을 채택하여 실천한다.

단원 핵심 정리 II. 생물의 구성과 다양성

01 생물의 구성

세포	생명활동이 일어나는 기본 단위 → 모든 생물은 (❶)로 구성되어 있다.
동물 세포와 식물 세포	• 동물 세포: 핵, 세포막, 세포질, 마이토콘드리아 등으로 이루어져 있다. • 식물 세포: 핵, 세포막, 세포질, 마이토콘드리아, 엽록체, (❷) 등으로 이루어져 있다. 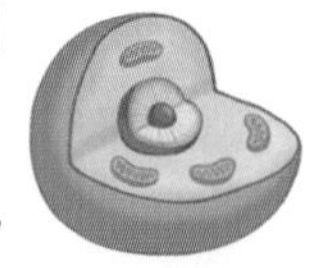 동물 세포  식물 세포
생물의 구성 단계	• 동물의 구성 단계: 세포 → 조직 → 기관 → (❸) → 개체 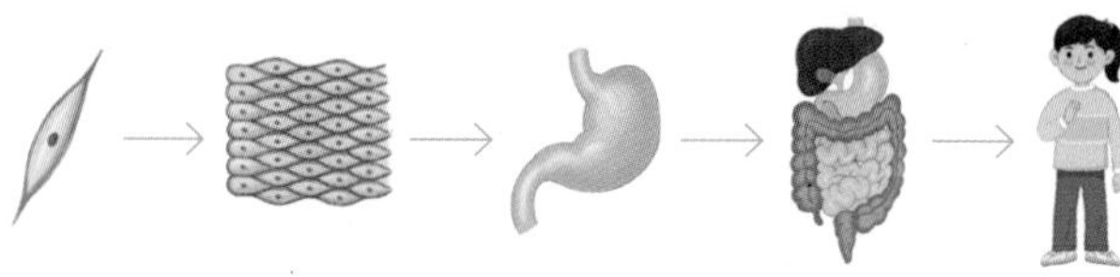 • 식물의 구성 단계: 세포 → 조직 → (❹) → 기관 → 개체 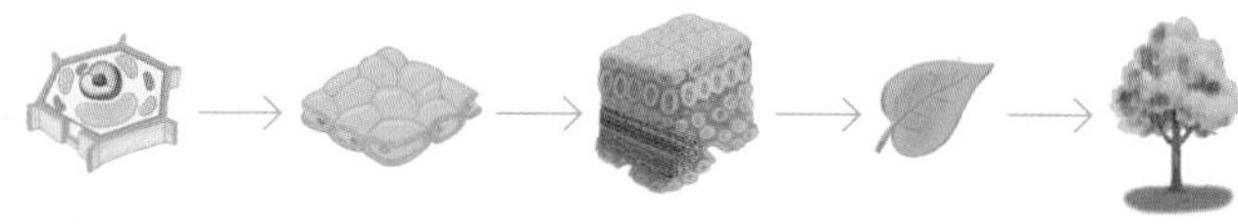

02 생물다양성

생물다양성	어떤 지역에 살고 있는 생물의 다양한 정도 → (❺) 다양성, 생물 종류의 다양성, 같은 종류의 생물 사이에 나타나는 특성의 다양성을 모두 포함한다.
변이	(❻) 종류의 생물 사이에서 나타나는 생김새나 특성의 차이

03 생물의 분류

생물분류체계	(❼) < 속 < 과 < 목 < 강 < 문 < (❽)
생물의 5계 분류	생물은 동물계, 식물계, (❾), 원생생물계, 원핵생물계의 5계로 분류할 수 있다.

04 생물다양성보전

생물다양성의 중요성	생태계 유지, 자원 제공, 지구 환경 및 건강 유지
생물다양성보전 노력	생태통로 설치, 국립 공원 지정, 국제 (❿) 체결 등

★중요 세포

01 세포에 대한 설명으로 옳은 것을 <보기>에서 모두 고른 것은?

<보기>

ㄱ. 모든 세포는 모양이 같다.
ㄴ. 생명체를 이루는 기본 단위이다.
ㄷ. 세포에서 여러 가지 생명활동이 일어난다.

① ㄱ ② ㄷ ③ ㄱ, ㄴ
④ ㄴ, ㄷ ⑤ ㄱ, ㄴ, ㄷ

동물 세포와 식물 세포

02 그림은 식물 세포와 동물 세포의 모습을 순서 없이 나타낸 것이다.

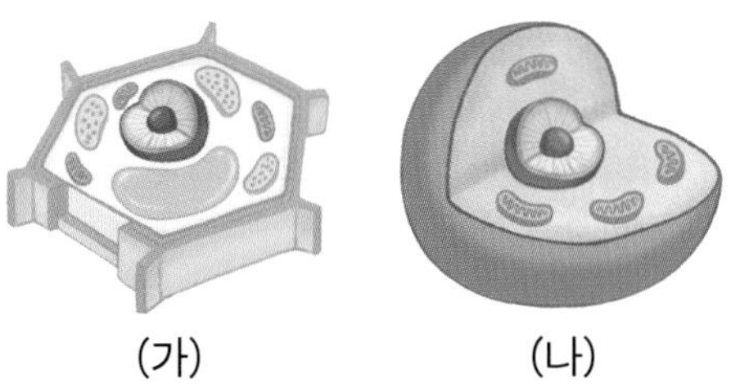

이에 대한 설명으로 옳은 것을 <보기>에서 모두 고른 것은?

<보기>

ㄱ. (가)는 식물 세포, (나)는 동물 세포이다.
ㄴ. (가)와 (나) 모두 핵이 있다.
ㄷ. (가)는 세포벽이 있지만 (나)는 세포벽이 없다.

① ㄱ ② ㄴ ③ ㄱ, ㄷ
④ ㄴ, ㄷ ⑤ ㄱ, ㄴ, ㄷ

세포의 구조

03 다음은 어떤 세포 구조에 대한 설명인가?

• 초록색을 띠는 작은 알갱이 모양이다.
• 광합성이 일어나는 곳이다.
• 식물 세포에만 있다.

① 핵 ② 세포막 ③ 세포벽
④ 엽록체 ⑤ 마이토콘드리아

★중요 생물의 구성 단계

04 다음은 동물의 구성 단계를 순서 없이 나타낸 것이다.

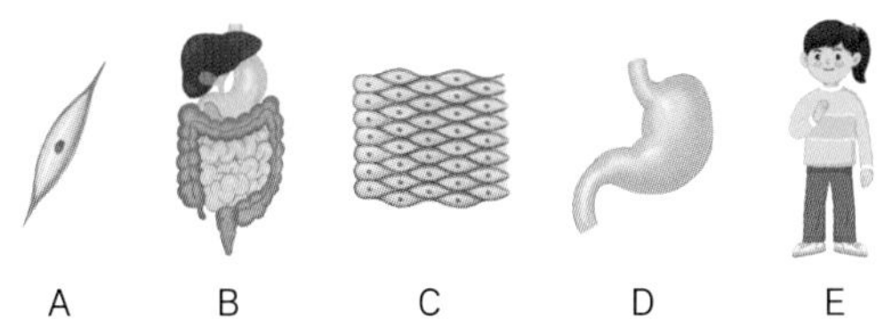

이에 대한 설명으로 옳지 않은 것은?

① 구성 단계는 A→C→D→B→E이다.
② 심장, 폐, 콩팥은 A와 같은 단계이다.
③ 순환계, 호흡계, 배설계는 B와 같은 단계이다.
④ C는 모양과 기능이 비슷한 세포들의 모임이다.
⑤ E는 독립된 생물체이다.

생물의 구성 단계

05 식물의 구성 단계에 대한 설명으로 옳은 것을 <보기>에서 모두 고른 것은?

<보기>

ㄱ. 뿌리, 줄기, 잎은 기관에 해당한다.
ㄴ. 조직계는 동물에는 없고 식물에만 있는 단계이다.
ㄷ. 구성 단계는 세포 → 조직 → 조직계 → 기관 → 개체이다.

① ㄱ ② ㄴ ③ ㄱ, ㄷ
④ ㄴ, ㄷ ⑤ ㄱ, ㄴ, ㄷ

생물다양성

06 다음은 어떤 두 지역에 살고 있는 생물을 나타낸 것이다.

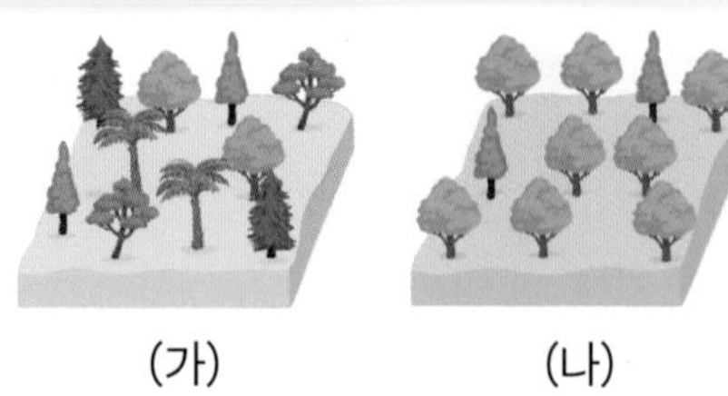

(가) (나)

이에 대한 설명으로 옳은 것을 <보기>에서 모두 고른 것은?

<보기>

ㄱ. (가)는 (나)보다 생물다양성이 높다.
ㄴ. (가)는 (나)보다 생물의 종류가 다양하다.
ㄷ. (가)는 (나)보다 서식하는 생물의 수가 많다.

① ㄱ ② ㄷ ③ ㄱ, ㄴ
④ ㄴ, ㄷ ⑤ ㄱ, ㄴ, ㄷ

★중요 변이

07 그림은 생태 지도를 만들기 위해 조사한 생물의 모습이다.

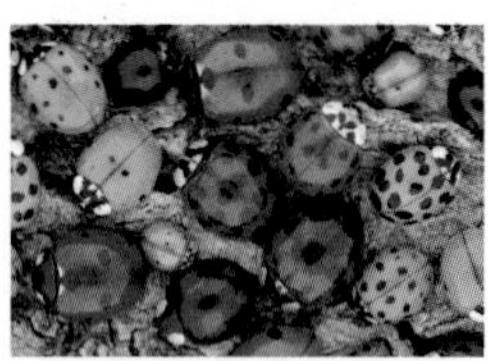

이에 대한 설명으로 옳은 것을 <보기>에서 모두 고른 것은?

<보기>

ㄱ. 무당벌레는 날개의 무늬가 모두 같다.
ㄴ. 코스모스는 꽃잎의 색깔이 조금씩 다르다.
ㄷ. 같은 종류의 생물 사이에서 나타나는 생김새나 특성의 차이를 변이라고 한다.

① ㄱ ② ㄷ ③ ㄱ, ㄴ
④ ㄴ, ㄷ ⑤ ㄱ, ㄴ, ㄷ

★중요 생물분류체계

08 종에 대한 설명으로 옳지 않은 것은?

① 생물을 분류하는 기본 단위이다.
② 말과 당나귀는 다른 종에 속한다.
③ 같은 종에 속하는 생물은 생김새가 모두 같다.
④ 같은 종에 속하는 생물은 모두 같은 속에 속한다.
⑤ 같은 종의 생물은 자연 상태에서 짝짓기를 하여 번식 능력이 있는 자손을 낳을 수 있다.

★중요 생물분류체계

09 생물의 분류체계에 대한 설명으로 옳지 않은 것은?

① 가장 큰 분류 단위는 계이다.
② 여러 종이 모여 속을 이룬다.
③ 여러 문이 모여 계를 이룬다.
④ 하나의 과에는 여러 개의 속이 포함된다.
⑤ 같은 강에 속하는 생물은 모두 같은 목에 속한다.

생물의 5계 분류

10 다음과 같은 특징을 갖는 생물의 예로 옳은 것은?

- 세포에 핵이 있다.
- 몸이 균사로 이루어져 있다.
- 죽은 생물이나 배설물을 분해하여 양분을 얻는다.

① 고사리 ② 곰팡이 ③ 지렁이
④ 짚신벌레 ⑤ 포도상구균

생물의 5계 분류

11 그림은 생물을 두 무리로 분류한 것이다.

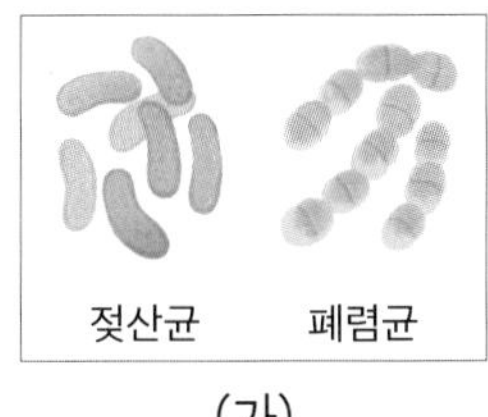

(가)

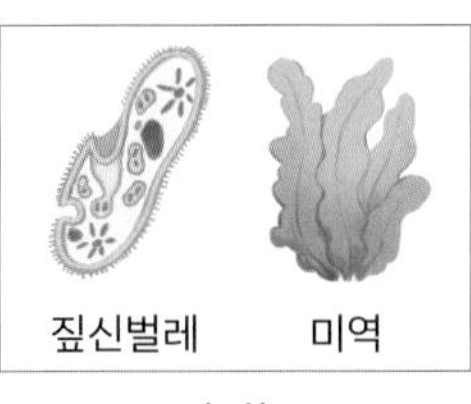

(나)

이에 대한 설명으로 옳은 것을 <보기>에서 모두 고른 것은?

<보기>

ㄱ. (가)는 원핵생물계, (나)는 원생생물계이다.
ㄴ. (가)와 (나) 모두 단세포 생물이다.
ㄷ. (가)는 핵이 없고, (나)는 핵이 있다.

① ㄱ ② ㄴ ③ ㄱ, ㄷ
④ ㄴ, ㄷ ⑤ ㄱ, ㄴ, ㄷ

★ 중요 생물다양성보전

12 생물다양성을 보전해야 하는 까닭으로 옳은 것을 <보기>에서 모두 고른 것은?

<보기>

ㄱ. 지구 환경을 유지할 수 있다.
ㄴ. 생물의 종류를 일정하게 제한할 수 있다.
ㄷ. 생존하는 데 필요한 다양한 자원을 얻을 수 있다.

① ㄱ ② ㄴ ③ ㄱ, ㄷ
④ ㄴ, ㄷ ⑤ ㄱ, ㄴ, ㄷ

생물다양성보전

13 생물다양성보전을 위한 노력으로 옳지 않은 것은?

① 국제 협약을 체결하여 실천한다.
② 목재를 얻기 위해 열대 우림을 개발한다.
③ 생태통로를 만들어 단절된 서식지를 연결한다.
④ 종자은행을 만들어 고유 식물의 종자를 관리한다.
⑤ 멸종 위기에 처한 생물을 멸종 위기 생물로 지정하여 관리한다.

서술형 문제

생물다양성

14 생물다양성이 포함하는 조건 세 가지를 서술하시오.

생물의 5계 분류

15 파리지옥은 잎으로 작은 벌레를 잡아먹지만 식물계로 분류하는 까닭을 서술하시오.

생물다양성보전

16 생물다양성보전을 위해 개인이 할 수 있는 노력을 두 가지 서술하시오.

III

열

대단원	중단원	배울 내용
III. 열	01. 온도와 열	1. 온도와 입자 운동
		2. 열평형
		3. 열의 이동 방식
	02. 비열과 열팽창	1. 비열
		2. 열팽창

01 온도와 열

한 컷 개념

개념 1 온도

물체를 구성하는 입자의 운동이 활발한 정도

온도가 낮은 물체

입자 운동이 둔하다.
입자 사이 거리가 가깝다.

가열 →
← 냉각

온도가 높은 물체

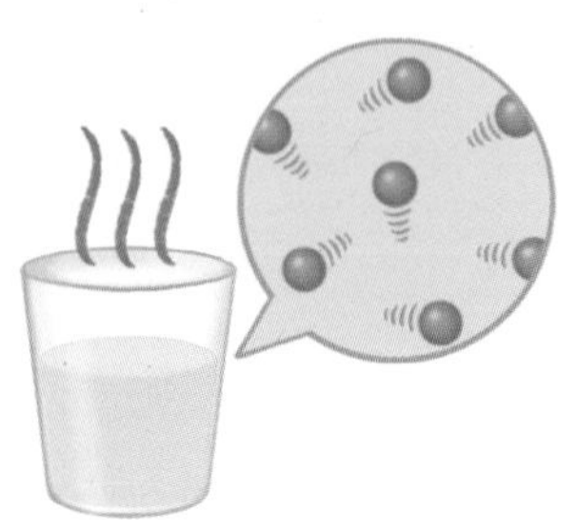

입자 운동이 활발하다.
입자 사이 거리가 멀다.

한 줄 개념 온도는 물체를 구성하는 입자의 운동이 활발한 정도를 나타낸다.

1. 빈칸에 알맞은 말을 쓰시오.

(1) (   )는 물체를 구성하는 입자의 운동이 활발한 정도를 나타낸다.

(2) 물체를 구성하는 입자의 운동이 활발할수록 물체의 온도가 (   ).

(3) 물체를 구성하는 입자의 운동이 둔할수록 물체의 온도가 (   ).

2. 알맞은 말에 ○표 하시오.

(1) 온도가 낮은 물체일수록 입자 사이 거리가 (멀다, 가깝다).

(2) 온도가 높은 물체일수록 입자 사이 거리가 (멀다, 가깝다).

개념 2 열평형

온도가 다른 두 물체가 접촉할 때 온도가 높은 물체에서 온도가 낮은 물체로 열이 이동하여 두 물체의 온도가 같아진 상태

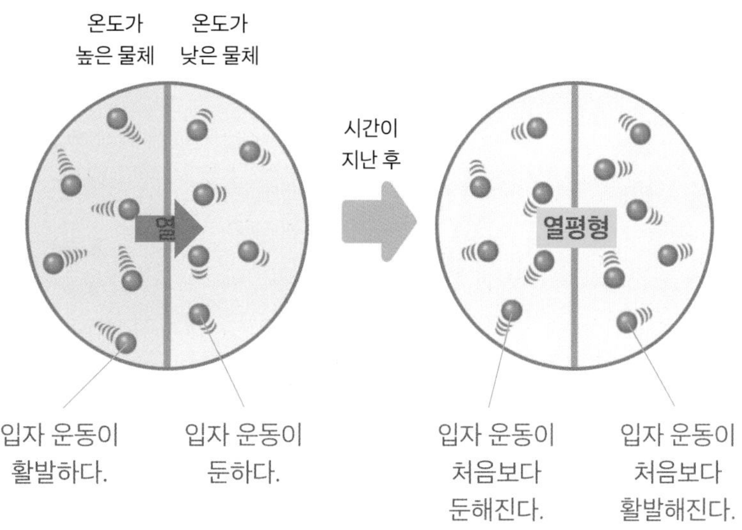

한 줄 개념 **온도가 높은 물체에서 온도가 낮은 물체로 열이 이동하여 두 물체의 온도가 같아진 상태를 열평형이라고 한다.**

1. 빈칸에 알맞은 말을 쓰시오.

(1) 온도가 다른 두 물체가 접촉할 때 온도가 (　　　　　) 물체에서 온도가 (　　　　　) 물체로 열이 이동한다.

(2) 온도가 다른 두 물체가 접촉할 때 온도가 높은 물체에서 온도가 낮은 물체로 열이 이동하여 두 물체의 온도가 같아진 상태를 (　　　　　)이라고 한다.

2. 알맞은 말에 ○표 하시오.

(1) 열평형 과정에서 온도가 높은 물체는 열을 잃어 입자 운동이 처음보다 (둔해진다, 활발해진다).

(2) 열평형 과정에서 온도가 낮은 물체는 열을 얻어 입자 운동이 처음보다 (둔해진다, 활발해진다).

개념 3 열의 이동 방식

전도

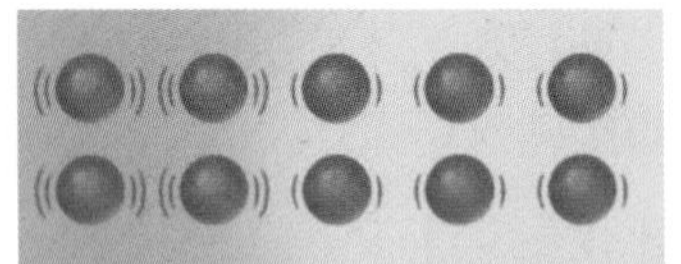

물질을 구성하는 입자의 운동이 이웃한 입자에 차례로 전달되어 열이 이동하는 방식

대류

액체나 기체 물질을 구성하는 입자가 직접 이동하며 열이 이동하는 방식

복사

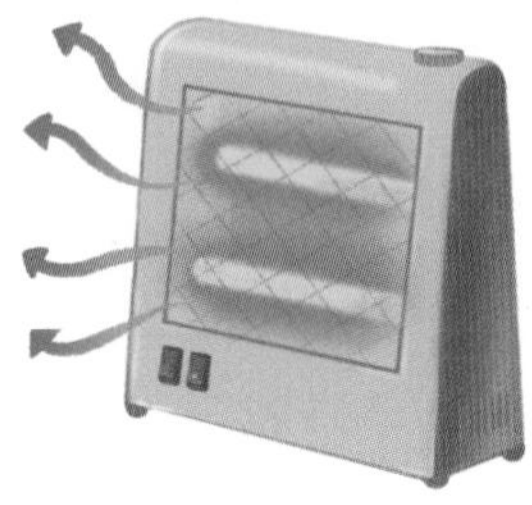

열이 물질을 통하지 않고 직접 이동하는 방식

한 줄 개념 **열의 이동 방식에는 전도, 대류, 복사가 있다.**

1. **빈칸에 알맞은 말을 쓰시오.**

(1) 물질을 구성하는 입자의 운동이 이웃한 입자에 차례로 전달되어 열이 이동하는 방식을 (　　　　) 라고 한다.

(2) 액체나 기체 물질을 구성하는 입자가 직접 이동하며 열이 이동하는 방식을 (　　　　)라고 한다.

(3) 열이 물질을 통하지 않고 직접 이동하는 방식을 (　　　　)라고 한다.

2. **열의 이동 방식과 현상을 관련 있는 것끼리 선으로 연결하시오.**

(1) 전도 •	• ㉠ 전기난로 앞에 있으면 따뜻해진다.
(2) 대류 •	• ㉡ 금속 막대의 한쪽 끝을 가열하면 막대 전체가 따뜻해진다.
(3) 복사 •	• ㉢ 물이 든 주전자의 바닥을 가열하면 물 전체가 뜨거워진다.

개념 4 효율적인 냉난방 기구의 설치

에어컨

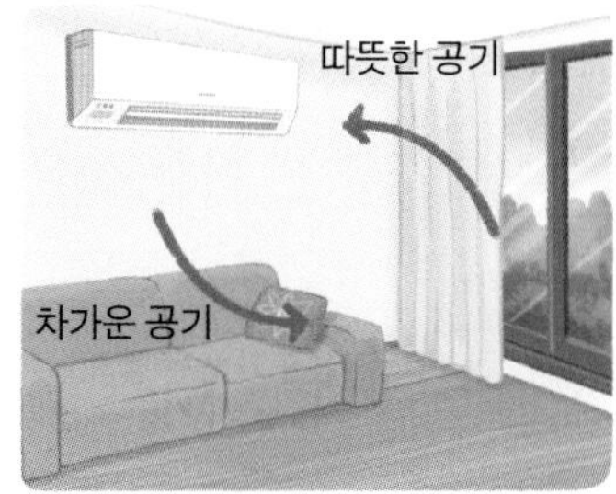

위쪽에 설치한다.
→ 차가운 공기는 아래로 내려오고, 따뜻한 공기는 위로 올라가면서 방 전체가 시원해진다.

난로

아래쪽에 설치한다.
→ 따뜻한 공기는 위로 올라가고, 차가운 공기는 아래로 내려오면서 방 전체가 따뜻해진다.

한 줄 개념 효율적으로 냉난방을 하기 위해서 에어컨은 위쪽에, 난로는 아래쪽에 설치한다.

1. 알맞은 말에 ○표 하시오.

(1) 에어컨에서 나온 차가운 공기는 (위, 아래)로 이동하고, 따뜻한 공기는 (위, 아래)로 이동하여 방 전체가 시원해진다.

(2) 난로에서 나온 따뜻한 공기는 (위, 아래)로 이동하고, 차가운 공기는 (위, 아래)로 이동하여 방 전체가 따뜻해진다.

2. 효율적으로 냉난방을 하기 위해 냉난방 기구를 설치해야 하는 알맞은 위치를 선으로 연결하시오.

(1) 난로 •	• ㉠ 위쪽
(2) 에어컨 •	• ㉡ 아래쪽

한눈에 **개념 정리**

❶ **입자**
모든 물질은 작은 입자로 이루어져 있으며, 입자는 끊임없이 움직인다.

❷ **온도에 따른 물 입자의 운동**
차가운 물에 넣은 잉크는 천천히 퍼지고, 뜨거운 물에 넣은 잉크는 빨리 퍼진다. 차가운 물에서는 입자의 운동이 둔하고, 뜨거운 물에서는 입자의 운동이 활발하기 때문이다.

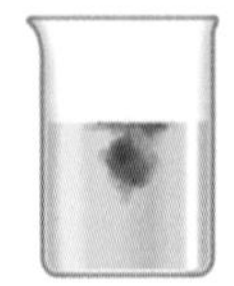
차가운 물

뜨거운 물

오개념 잡기

추운 겨울날 야외에 있는 금속 의자가 나무 의자보다 더 차가운 까닭은?
추운 겨울날 야외에 있는 금속 의자와 나무 의자는 공기와 열평형을 이루어 두 의자의 온도는 같다. 금속 의자에 앉았을 때 더 차갑게 느끼는 것은 금속이 나무보다 열을 더 잘 전도하기 때문이다.

1 온도와 입자 운동

1 온도 물체의 차고 뜨거운 정도를 숫자로 나타낸 값(단위: ℃(섭씨도))

2 온도와 입자 운동 온도는 물체를 구성하는 입자의 운동이 활발한 정도를 나타낸다.❶❷
→ 물체를 구성하는 입자의 운동이 활발할수록 물체의 온도가 높다.

① 물체를 가열하면 물체를 구성하는 입자의 운동이 활발해져 온도가 높아진다.
② 물체를 냉각하면 물체를 구성하는 입자의 운동이 둔해져 온도가 낮아진다.

2 열평형 탐구 1

1 열 온도가 높은 물체에서 온도가 낮은 물체로 이동하는 에너지

2 열평형 온도가 다른 두 물체가 접촉할 때 온도가 높은 물체에서 온도가 낮은 물체로 열이 이동하여 두 물체의 온도가 같아진 상태를 열평형이라고 한다.

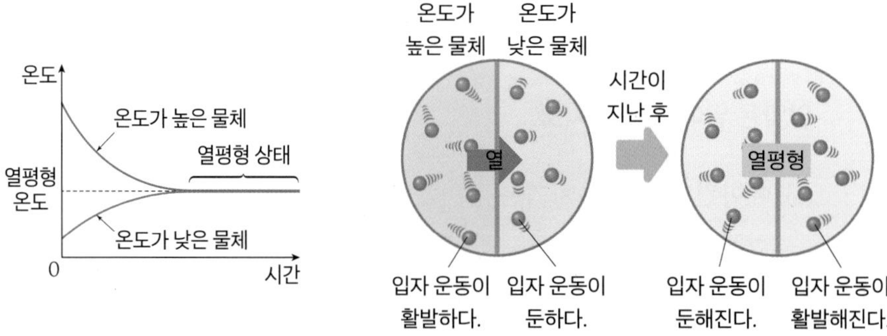

① 온도가 다른 두 물체가 접촉하면 열평형에 이르기까지 입자 운동이 달라진다.
- 온도가 높은 물체는 열을 잃어 입자 운동이 둔해지고 입자 사이 거리가 가까워진다.
- 온도가 낮은 물체는 열을 얻어 입자 운동이 활발해지고 입자 사이 거리가 멀어진다.

② 열평형에 이르기까지 온도가 높은 물체는 온도가 낮아지고, 온도가 낮은 물체는 온도가 높아진다.
③ 시간이 지나면 접촉한 두 물체의 온도가 같아진다.

3 열평형을 이용한 예
① 온도계로 물체의 온도를 측정한다.
② 즉석식품을 뜨거운 물에 넣어 데운다. (열의 이동: 물 → 즉석식품)
③ 뜨거운 삶은 달걀을 찬물에 담가 식힌다. (열의 이동: 삶은 달걀 → 찬물)
④ 생선을 얼음 위에 놓아 신선하게 보관한다. (열의 이동: 생선 → 얼음)

3 열의 이동 방식[3]

1 전도 물질을 구성하는 입자의 운동이 이웃한 입자에 차례로 전달되어 열이 이동하는 방식 탐구 2

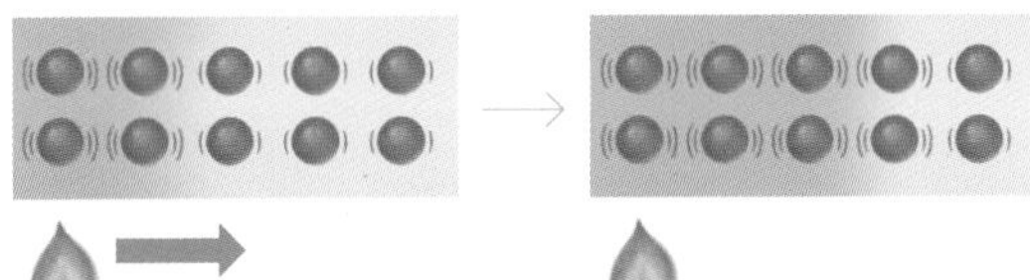

금속 막대의 한쪽 끝을 가열하면 가열한 부분의 입자 운동이 활발해지고, 이 운동이 이웃한 입자에 차례로 전달된다.

① 전도는 고체에서 주로 일어난다.

② 열이 전도되는 정도는 물질의 종류에 따라 다르다.[4]

예 금속은 나무나 플라스틱보다 열을 잘 전도한다. → 냄비의 바닥은 금속으로 만들고, 냄비의 손잡이는 나무나 플라스틱 등으로 만든다.

2 대류 액체나 기체 물질을 구성하는 입자가 직접 이동하며 열이 이동하는 방식

물	에어컨	난로
아래쪽의 뜨거워진 물은 위로 올라가고, 위쪽의 차가운 물은 아래로 내려오면서 물 전체가 따뜻해진다.	차가운 공기는 아래로 내려오고, 따뜻한 공기는 위로 올라가면서 방 전체가 시원해진다.	따뜻한 공기는 위로 올라가고, 차가운 공기는 아래로 내려오면서 방 전체가 따뜻해진다.

① 대류는 액체나 기체에서 주로 일어난다.

② 냉방기는 위쪽에, 난방기는 아래쪽에 설치하면 대류에 의한 열의 전달로 냉난방을 효율적으로 할 수 있다.

3 복사 열이 물질을 통하지 않고 직접 이동하는 방식

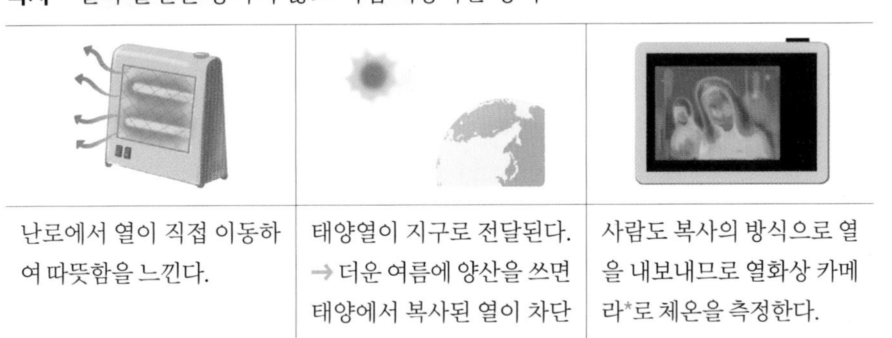

난로에서 열이 직접 이동하여 따뜻함을 느낀다.	태양열이 지구로 전달된다. → 더운 여름에 양산을 쓰면 태양에서 복사된 열이 차단되어 시원해진다.	사람도 복사의 방식으로 열을 내보내므로 열화상 카메라*로 체온을 측정한다.

③ 열의 이동 방식 비유하기
열의 이동 방식을 공의 이동 방식에 비유할 수 있다.
- 전도: 공을 이웃 사람에게 차례대로 전달한다.
- 대류: 공을 직접 들고 움직여서 전달한다.
- 복사: 공을 던져서 전달한다.

④ 물질에 따른 전도
물질마다 열이 전도되는 정도가 다르다. 은>구리>철>유리>나무>공기 순으로 열을 잘 전도한다.

오개념 잡기

복사는 고온의 물체에서만 일어날까?
복사는 난로나 태양과 같은 고온의 물체뿐만 아니라 모든 물체에서 일어난다.

용어 풀이

* **열화상 카메라** 물체의 온도를 색깔로 나타내어 보여 주는 카메라.

정답과 해설 12쪽

탐구 집중 분석

탐구 1 온도가 다른 두 물체가 접촉할 때 온도 변화

과정

1 차가운 물이 든 열량계*에 뜨거운 물이 든 알루미늄 컵을 넣고 차가운 물과 뜨거운 물에 각각 온도 센서를 꽂는다.

2 온도 센서를 스마트 기기와 연결한 후 뜨거운 물과 차가운 물의 온도 변화를 관찰한다.

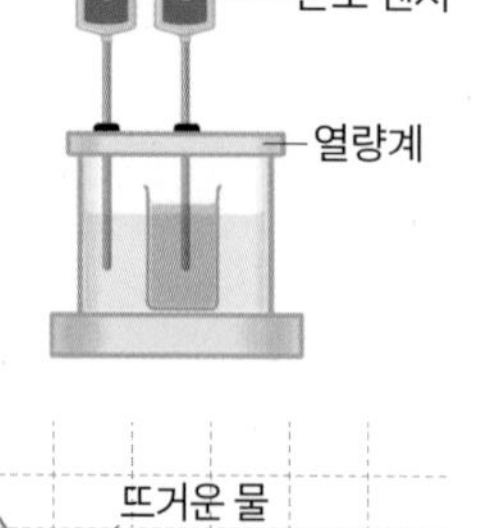

* **열량계** 열량을 재는 기구.

결과

1 뜨거운 물의 온도는 낮아지고 차가운 물의 온도는 높아져서 시간이 지나면 두 물의 온도가 같아진다.
→ 뜨거운 물에서 차가운 물로 열이 이동하기 때문이다.

2 처음 6분 동안 뜨거운 물에서 차가운 물로 열이 이동하고, 6분이 지난 후 열평형 상태에 도달한다.

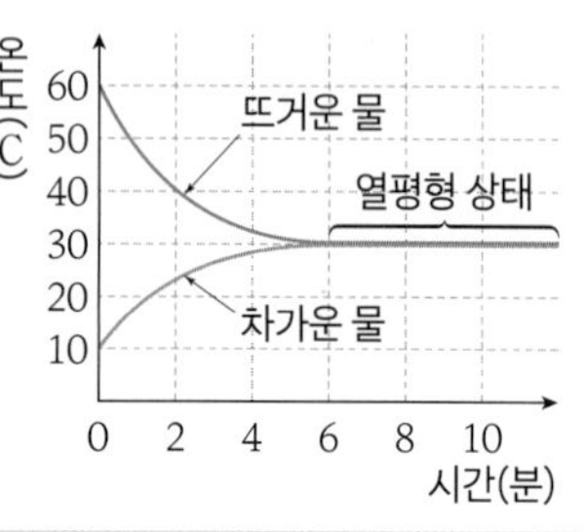

1 위 탐구에 대한 설명으로 옳은 것은 ○표, 옳지 <u>않은</u> 것은 ×표 하시오.

(1) 뜨거운 물과 차가운 물이 접촉하면 뜨거운 물의 온도는 낮아지고 차가운 물의 온도는 높아진다. ( )

(2) 시간이 지나면 뜨거운 물과 차가운 물의 온도가 같아진다. ( )

(3) 열은 차가운 물에서 뜨거운 물로 이동한다. ( )

탐구 2 열화상 카메라로 열의 전도 비교하기

과정

1 크기와 두께가 같은 철판, 유리판, 구리판을 스탠드에 고정한다.

2 세 가지 판의 끝부분을 뜨거운 물에 담그고 열화상 카메라로 판의 온도 변화를 관찰해 본다.

결과

1 구리판, 철판, 유리판 순서대로 색이 빠르게 변한다.
→ 구리판, 철판, 유리판 순서대로 열이 더 잘 이동한다.

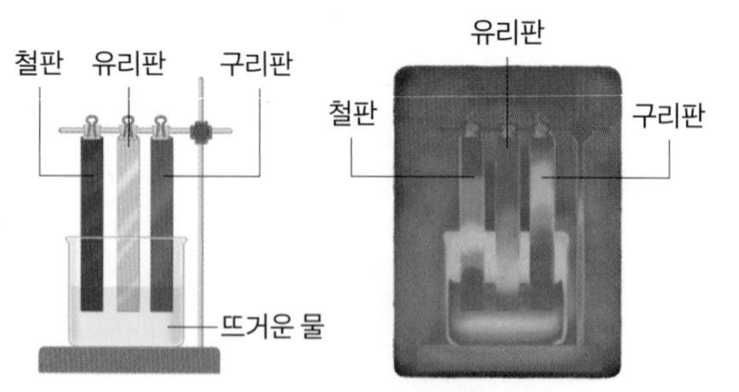

1 위 탐구에 대한 설명으로 옳은 것은 ○표, 옳지 <u>않은</u> 것은 ×표 하시오.

(1) 철판의 색이 가장 빠르게 변한다. ( )

(2) 유리판의 색이 가장 느리게 변한다. ( )

(3) 금속의 종류에 상관없이 열이 이동하는 정도가 같다. ( )

개념 다지기 문제

1 온도와 입자 운동

★중요

01 온도와 입자의 운동에 대한 설명으로 옳지 <u>않은</u> 것은?

① 온도가 높을수록 입자의 운동이 활발하다.
② 물체를 냉각하면 입자의 운동이 둔해진다.
③ 온도는 물체의 차고 뜨거운 정도를 숫자로 나타낸 값이다.
④ 물체를 가열하면 입자의 운동이 활발해져 온도가 낮아진다.
⑤ 온도는 물체를 구성하는 입자의 운동이 활발한 정도를 나타낸다.

02 그림은 온도가 다른 물체의 입자 운동을 모형으로 나타낸 것이다. (가)~(다)의 온도를 비교한 것으로 옳은 것은?

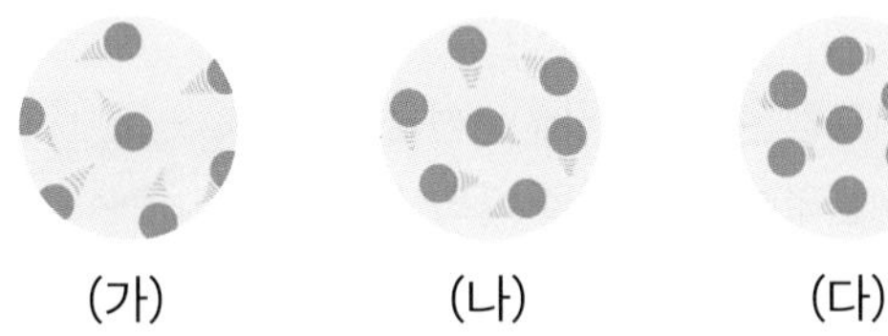

① (가)<(나)<(다)
② (가)<(다)<(나)
③ (나)<(가)<(다)
④ (나)<(다)<(가)
⑤ (다)<(나)<(가)

03 그림은 온도가 다른 물의 입자 운동을 모형으로 나타낸 것이다.

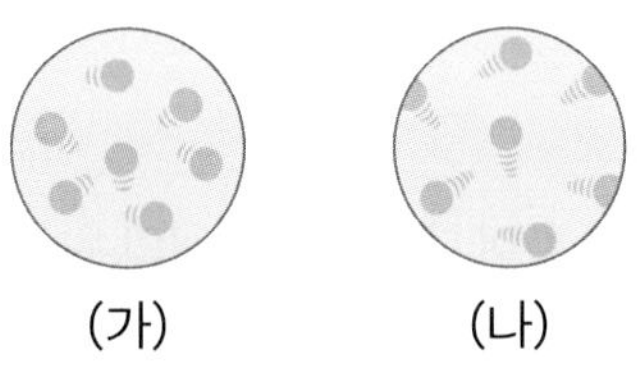

이에 대한 설명으로 옳은 것을 <보기>에서 모두 고른 것은?

<보기>

ㄱ. (가)는 (나)보다 온도가 낮다.
ㄴ. (나)는 (가)보다 입자 운동이 활발하다.
ㄷ. (가)에 열을 가하면 입자의 개수가 증가한다.

① ㄱ ② ㄷ ③ ㄱ, ㄴ
④ ㄴ, ㄷ ⑤ ㄱ, ㄴ, ㄷ

2 열평형

★중요

04 그림은 방금 삶은 뜨거운 달걀을 찬물에 넣은 모습이다. 이에 대한 설명으로 옳은 것을 <보기>에서 모두 고른 것은?

<보기>

ㄱ. 달걀은 온도가 내려가고, 찬물은 온도가 올라간다.
ㄴ. 삶은 달걀을 찬물에 넣으면 열은 달걀에서 물로 이동한다.
ㄷ. 시간이 지나면 달걀과 물의 온도가 같아진다.

① ㄱ ② ㄴ ③ ㄱ, ㄷ
④ ㄴ, ㄷ ⑤ ㄱ, ㄴ, ㄷ

★중요

05 그래프는 뜨거운 물이 든 비커를 차가운 물이 든 수조에 넣었을 때 물의 온도 변화를 나타낸 것이다.

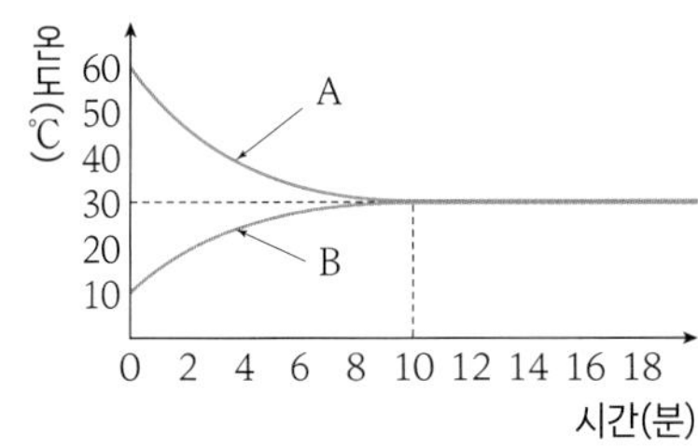

이에 대한 설명으로 옳은 것을 <보기>에서 모두 고른 것은?

<보기>

ㄱ. A는 뜨거운 물, B는 차가운 물의 온도 변화이다.
ㄴ. 처음 10분 동안 열은 A에서 B로 이동한다.
ㄷ. 처음 10분 동안 A는 열을 얻고 B는 열을 잃는다.

① ㄱ ② ㄷ ③ ㄱ, ㄴ
④ ㄴ, ㄷ ⑤ ㄱ, ㄴ, ㄷ

06 열평형 현상을 이용한 예로 옳지 않은 것은?

① 기차 철로 사이에 틈을 만든다.
② 온도계로 물체의 온도를 측정한다.
③ 즉석식품을 뜨거운 물에 넣어 데운다.
④ 뜨거운 삶은 달걀을 찬물에 담가 식힌다.
⑤ 생선을 얼음 위에 놓아 신선하게 보관한다.

3 열의 이동 방식

07 그림은 금속에서 열이 이동하는 모습을 나타낸 것이다. 이에 대한 설명으로 옳은 것은?

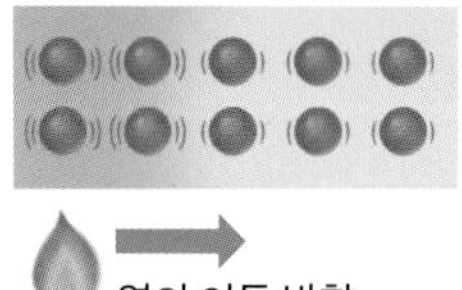

① 대류에 의해 열이 이동한다.
② 입자가 직접 이동하며 열을 전달한다.
③ 열이 물질을 통하지 않고 직접 이동한다.
④ 주로 액체와 기체에서 일어나는 현상이다.
⑤ 가열한 부분의 입자 운동이 이웃한 입자에 전달된다.

★중요

08 그림은 다양한 열의 이동 방식을 나타낸 것이다.

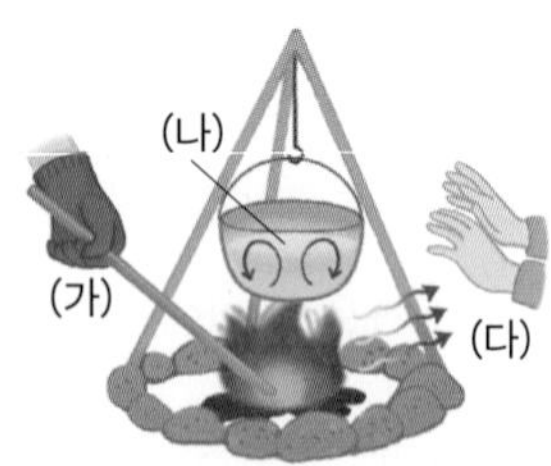

이에 대한 설명으로 옳지 않은 것은?

① (가)에서 막대 전체가 뜨거워진다.
② (가)에서는 전도에 의해 열이 전달된다.
③ (나)에서는 대류에 의해 열이 전달된다.
④ (나)에서는 물이 직접 이동하면서 열을 전달한다.
⑤ (다)에서 열은 물질을 통해 전달된다.

09 다음과 같은 방식으로 열이 이동하는 현상으로 옳은 것은?

태양열이 지구로 전달된다.

① 난로를 켜면 방 전체가 따뜻해진다.
② 에어컨을 켜면 방 전체가 시원해진다.
③ 겨울철 햇볕 아래에 있으면 따뜻하다.
④ 전기장판을 켜면 전기장판에 닿은 부분부터 따뜻해진다.
⑤ 프라이팬 위에 고기를 놓고 구우면 고기 안쪽까지 익는다.

서술형 문제

10 그림은 얼음 위에 생선을 올려놓은 모습을 나타낸 것이다. 열의 이동 방향을 서술하시오.

11 그림과 같이 에어컨은 실내의 위쪽에 설치하는 것이 효율적이다. 그 까닭을 열의 이동 방식과 관련지어 서술하시오.

실력 향상 문제

01 **그림은 뜨거운 물이 담긴 삼각 플라스크 위에 투명 필름을 얹고 차가운 물이 든 삼각 플라스크를 뒤집어 놓은 모습이다. 이에 대한 설명으로 옳은 것을 <보기>에서 모두 고른 것은?**

<보기>

ㄱ. 투명 필름을 제거하면 뜨거운 물은 위로 올라가고, 차가운 물은 아래로 내려온다.
ㄴ. 투명 필름을 제거하고 시간이 지나면 뜨거운 물과 차가운 물이 섞인다.
ㄷ. 투명 필름을 제거하면 대류에 의해 열이 이동한다.

① ㄱ ② ㄴ ③ ㄱ, ㄷ
④ ㄴ, ㄷ ⑤ ㄱ, ㄴ, ㄷ

문제 해결 팁
열의 이동 방식
뜨거운 물은 위로 올라가고 차가운 물은 아래로 내려온다.

02 **다음은 온돌의 원리를 설명한 것이다. ㉠, ㉡에 들어갈 열의 이동 방식을 옳게 짝 지은 것은?**

온돌은 방바닥 아래 구들장이라는 넓적한 돌을 깔고 아궁이에서 불을 지펴 방바닥 전체를 데우는 우리나라의 전통 난방 장치이다. 아궁이에 불을 때면 아궁이의 열이 방바닥 아래의 빈 공간을 지나면서 구들장을 달구어 (㉠)에 의해 방바닥을 따뜻하게 한다. 방바닥을 통해 전달된 열은 방 아래쪽 공기를 데우고 (㉡)에 의해 공기가 순환하여 방 전체가 따뜻해진다.

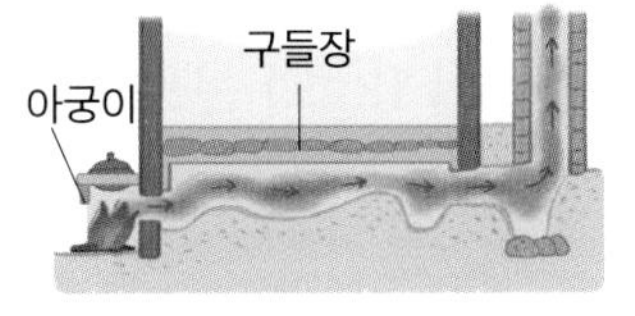

	㉠	㉡
①	전도	대류
②	전도	복사
③	대류	전도
④	대류	복사
⑤	복사	대류

문제 해결 팁
열의 이동 방식
열은 전도, 대류, 복사에 의해 이동한다.

03 **겨울철 공원에 있는 금속 의자가 나무 의자보다 더 차갑게 느껴진다. 그 까닭으로 옳은 것은?**

① 금속 의자가 나무 의자보다 온도가 더 낮기 때문이다.
② 나무 의자가 금속 의자보다 온도가 더 낮기 때문이다.
③ 금속 의자가 나무 의자보다 열을 더 잘 전도하기 때문이다.
④ 나무 의자가 금속 의자보다 열을 더 잘 전도하기 때문이다.
⑤ 금속 의자가 나무 의자보다 열팽창 정도가 더 크기 때문이다.

문제 해결 팁
열평형, 열의 이동 방식
겨울철 공원에 있는 금속 의자와 나무 의자는 공기와 열평형을 이루어 두 의자의 온도는 같다.

02 비열과 열팽창

한컷개념

개념 1 비열

어떤 물질 1kg의 온도를 1℃ 높이는 데 필요한 열량

비열이 큰 물질

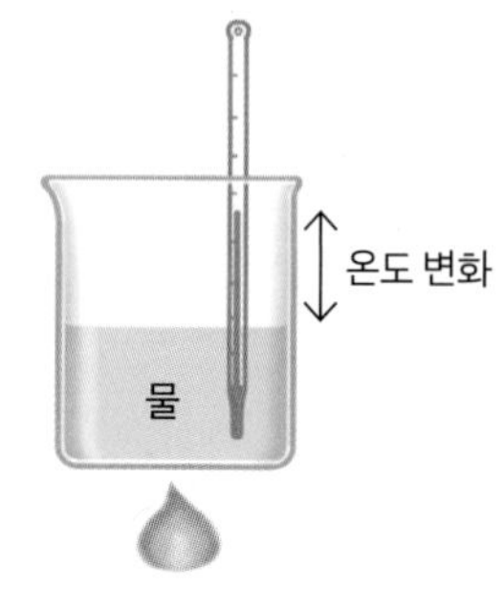

온도 변화가 작다.

비열이 작은 물질

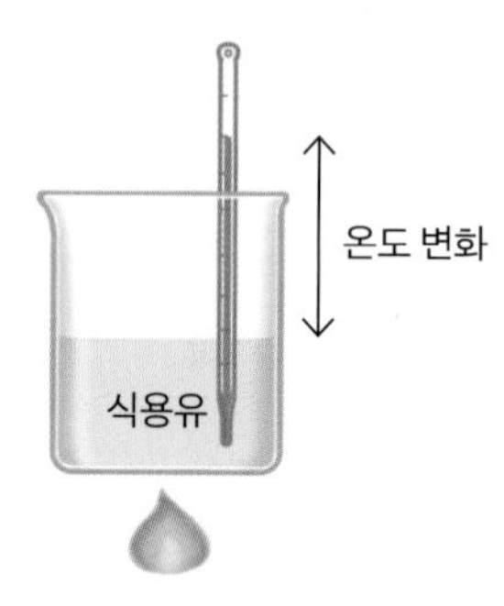

온도 변화가 크다.

한 줄 개념 **비열은 어떤 물질 1kg의 온도를 1℃ 높이는 데 필요한 열량이다.**

1. 빈칸에 알맞은 말을 쓰시오.

(1) 어떤 물질 1kg의 온도를 1℃ 높이는 데 필요한 열량을 (　　　　　　)이라고 한다.

(2) 같은 양의 열을 가할 때 비열이 큰 물질일수록 온도 변화가 (　　　　　　).

(3) 같은 양의 열을 가할 때 비열이 작은 물질일수록 온도 변화가 (　　　　　　).

2. 알맞은 말에 ○표 하시오.

(1) 식용유의 비열이 물의 비열보다 (작다, 크다).

(2) 같은 질량의 물과 식용유에 같은 열량을 가했을 때 식용유의 온도가 더 (빨리, 느리게) 올라간다.

정답과 해설 14쪽

개념 2 비열의 활용

비열이 큰 물질

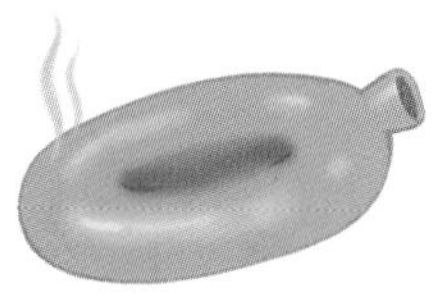

찜질 팩
따뜻한 상태를
오래 유지한다.

뚝배기
음식을 오랫동안
따뜻하게 유지한다.

비열이 작은 물질

프라이팬
빠르게 뜨거워져
음식을 익힌다.

양은 냄비
빠르게 뜨거워져
음식을 익힌다.

한 줄 개념 일상생활에서 비열이 큰 물질이나 비열이 작은 물질을 활용한다.

1. **알맞은 말에 ○표 하시오.**

(1) 찜질 팩은 비열이 (큰, 작은) 물을 넣어 따뜻한 상태를 오래 유지한다.

(2) 뚝배기는 비열이 (큰, 작은) 물질로 만들어져 있어 음식을 오랫동안 따뜻하게 유지한다.

(3) 프라이팬은 비열이 (큰, 작은) 금속으로 만들어져 있어 빠르게 뜨거워지면서 음식을 익힌다.

(4) 양은 냄비는 비열이 (큰, 작은) 물질로 만들어져 있어 빠르게 뜨거워지면서 음식을 익힌다.

2. **비열이 큰 물질과 비열이 작은 물질을 활용하는 예를 <보기>에서 골라 기호를 쓰시오.**

<보기>

ㄱ. 뚝배기　　ㄴ. 찜질 팩　　ㄷ. 프라이팬　　ㄹ. 양은 냄비

(1) 비열이 큰 물질을 활용하는 예: (　　　　　　　　)

(2) 비열이 작은 물질을 활용하는 예: (　　　　　　　　)

개념 3 열팽창

물체의 온도가 높아질 때 물체의 길이나 부피가 팽창하는 현상

고체의 열팽창

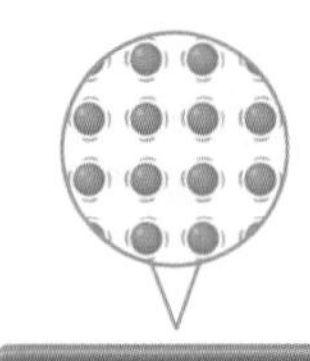

입자 운동이 활발해진다.

가열

온도가 낮을 때

온도가 높을 때

고체를 가열하면 부피가 팽창한다.

액체의 열팽창

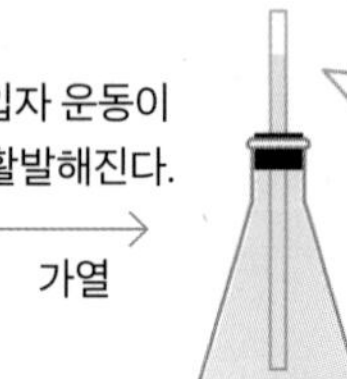

입자 운동이 활발해진다.

가열

온도가 낮을 때

온도가 높을 때

액체를 가열하면 부피가 팽창한다.

한 줄 개념 **열팽창은 물체의 온도가 높아질 때 물체의 길이나 부피가 팽창하는 현상이다.**

1. 빈칸에 알맞은 말을 쓰시오.

(1) 물체의 온도가 높아질 때 물체의 길이나 부피가 팽창하는 현상을 (　　　　　　)이라고 한다.

(2) 물질의 온도가 높아지면 물질을 구성하는 입자의 운동이 (　　　　　　)해져 입자 사이의 거리가 멀어지면서 부피가 팽창한다.

2. 알맞은 말에 ○표 하시오.

(1) 금속 막대와 같은 고체를 가열하면 부피가 (늘어난다, 줄어든다).

(2) 물과 같은 액체를 가열하면 부피가 (늘어난다, 줄어든다).

개념 4 열팽창의 활용

다리 이음매

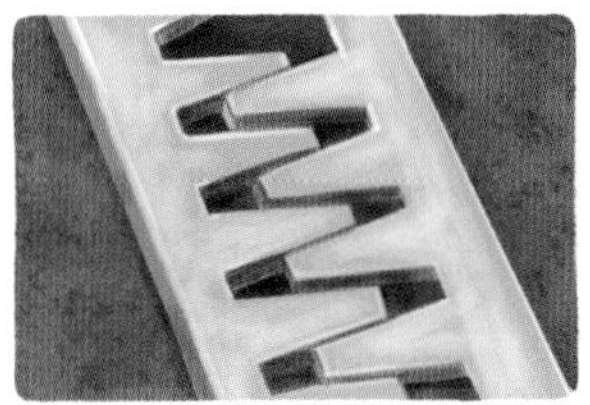

온도가 높아져 길이가 늘어났을 때 다리가 휘는 것을 막는다.

선로의 틈

온도가 높아져 길이가 늘어났을 때 선로가 휘는 것을 막는다.

가스관의 구부러진 부분

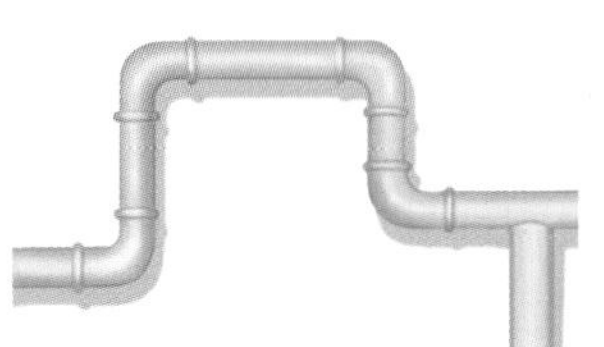

온도가 높아져 길이가 늘어났을 때 가스관이 파손되는 것을 막는다.

한 줄 개념 열팽창을 활용한 예에는 다리 이음매, 선로의 틈, 가스관의 구부러진 부분 등이 있다.

1. 알맞은 말에 ○표 하시오.

(1) 다리 이음매는 여름철 온도가 높아져 길이가 (늘어났을, 줄어들었을) 때 다리가 휘는 것을 막는다.

(2) 선로의 틈은 여름철 온도가 높아져 길이가 (늘어났을, 줄어들었을) 때 선로가 휘는 것을 막는다.

(3) 가스관의 구부러진 부분은 온도가 올라가 길이가 (늘어났을, 줄어들었을) 때 가스관이 파손되는 것을 막는다.

2. 열팽창과 관련 있는 예를 <보기>에서 모두 골라 기호를 쓰시오.

<보기>

ㄱ. 찜질 팩　　ㄴ. 선로의 틈　　ㄷ. 다리 이음매　　ㄹ. 구부러진 가스관

(　　　　　　　)

한눈에 개념 정리

1 비열

1 비열 어떤 물질 1kg의 온도를 1℃ 높이는 데 필요한 열량[1] (단위: kcal/(kg·℃))

① 비열은 물질의 고유한 값으로, 물질의 종류에 따라 다르다.[2]

② 비열이 큰 물질은 온도가 잘 변하지 않고 비열이 작은 물질은 온도가 잘 변한다.

물과 식용유의 온도 변화 비교 탐구 1

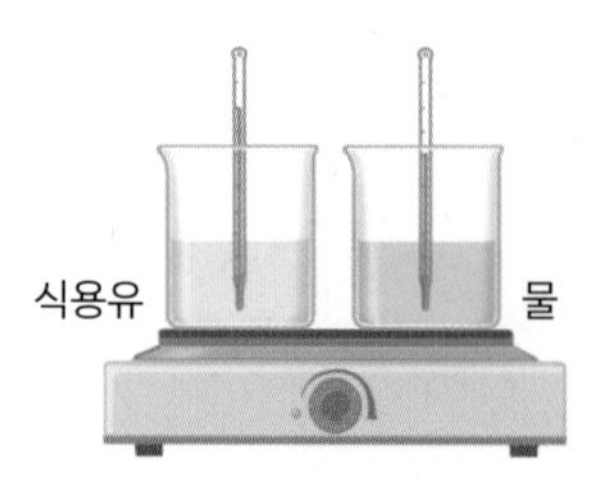

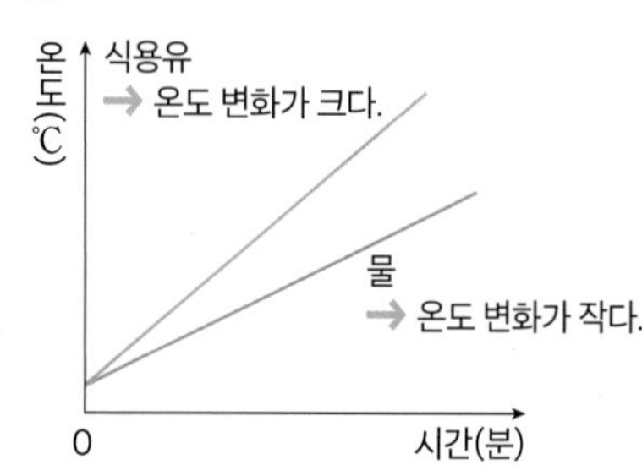

- 식용유는 물보다 비열이 작다.
- 같은 열량을 가할 때 식용유가 물보다 온도 변화가 더 크다.

③ 비열이 큰 물질일수록 같은 온도만큼 높이는 데 더 많은 열량이 필요하다.

❶ 열량
온도가 다른 물체 사이에서 이동하는 열의 양으로, 단위는 주로 kcal(킬로칼로리)를 사용한다. 1kcal는 물 1kg의 온도를 1℃ 높이는 데 필요한 열량이다.

❷ 여러 가지 물질의 비열

물질	비열
물	1.00
에탄올	0.57
콩기름	0.47
모래	0.19
철	0.11
구리	0.09

단위: kcal/(kg·℃)

2 비열의 활용

① 비열이 큰 물질의 활용 찜질 팩, 냉각수*, 뚝배기, 돌솥 등[3]

찜질 팩	냉각수	뚝배기
비열이 큰 물을 넣어 따뜻한 상태를 오래 유지한다.	물이 포함되어 있어 자동차 엔진이 지나치게 뜨거워지는 것을 막는다.	음식을 오랫동안 따뜻하게 유지할 수 있다.

② 비열이 작은 물질의 활용 난방용 온수관, 프라이팬, 양은* 냄비 등

난방용 온수관	프라이팬	양은 냄비
따뜻한 물이 지나가면 온수관이 빠르게 따뜻해지면서 바닥에 열을 전달한다.	비열이 작은 금속으로 만들어져 있어 열을 가하면 빠르게 뜨거워지면서 음식을 익힌다.	비열이 작은 금속으로 만들어져 있어 열을 가하면 음식이 빠르게 익는다.

❸ 물의 비열이 크기 때문에 나타나는 현상

- 바다는 물로 이루어져 있어 지구의 급격한 기온 변화를 막아 주는 역할을 한다.
- 우리 몸속에 있는 물은 체온을 일정하게 유지하는 데 중요한 역할을 한다.
- 바다에 가까운 해안 지방이 내륙 지방보다 일교차가 작다.
- 여름철 낮에 바닷가에서 모래가 바닷물보다 뜨겁다.
- 바닷가에서 낮에는 해풍이 불고, 밤에는 육풍이 분다.

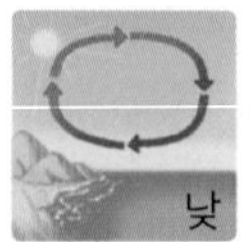

해풍

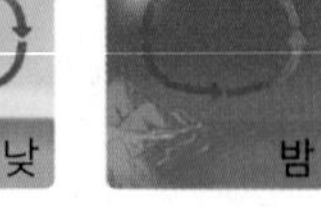

육풍

용어 풀이

* **냉각수** 높은 열을 내는 기계를 차게 식히는 데 쓰는 물.

* **양은** 구리, 아연, 니켈 등을 합금하여 만든 금속.

2 열팽창

1 열팽창 물체의 온도가 높아질 때 물체의 길이나 부피가 팽창하는 현상 탐구 2

① **열팽창하는 까닭**: 물체가 열을 받아 온도가 높아지면 입자 운동이 활발해져 입자 사이의 거리가 멀어진다. 따라서 입자가 차지하는 공간이 늘어나 물체의 길이나 부피가 팽창한다.

② 고체나 액체는 물질의 종류에 따라 열팽창 정도가 다르다.[4]

③ 물질의 상태에 따라 열팽창 정도가 다르다.(고체<액체<기체)

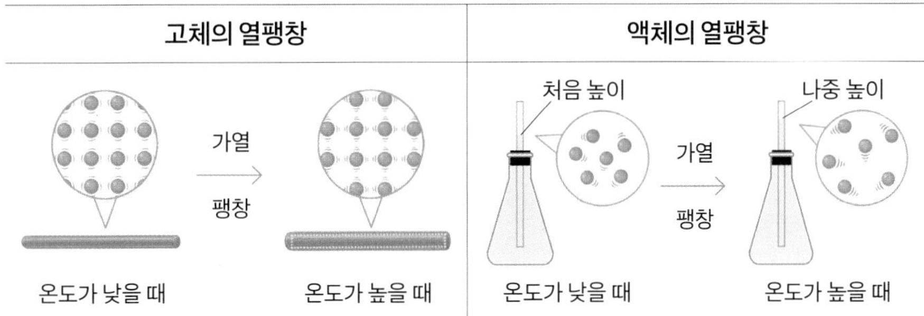

2 열팽창의 활용

① **바이메탈**: 열팽창 정도가 다른 두 금속을 붙인 것[5]

→ 온도가 높아지면 열팽창 정도가 작은 금속 쪽으로 휘어져 회로를 차단해 온도를 조절한다.

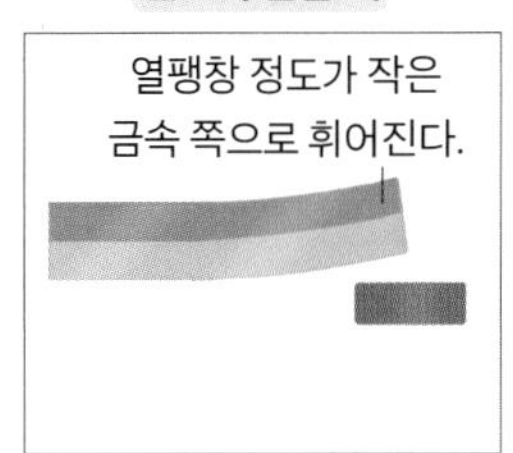

② 다리 이음매, 선로의 틈, 가스관, 철근 콘크리트* 등[6]

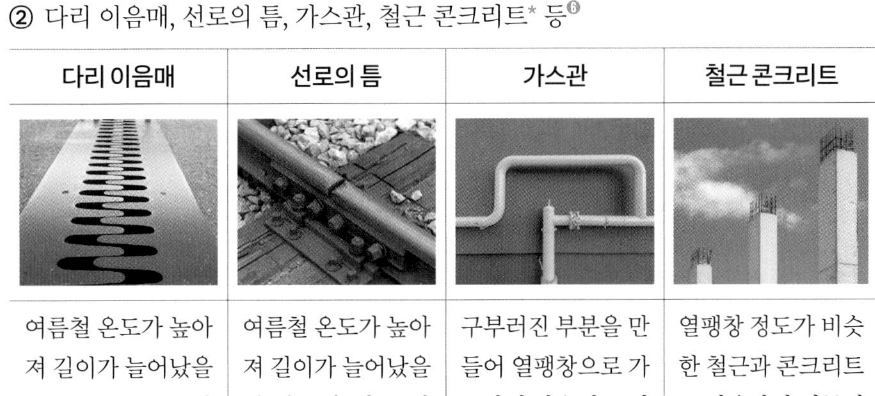

다리 이음매	선로의 틈	가스관	철근 콘크리트
여름철 온도가 높아져 길이가 늘어났을 때 다리가 휘는 것을 막는다.	여름철 온도가 높아져 길이가 늘어났을 때 선로가 휘는 것을 막는다.	구부러진 부분을 만들어 열팽창으로 가스관이 파손되는 것을 막는다.	열팽창 정도가 비슷한 철근과 콘크리트를 사용하여 건물에 균열이 생기는 것을 막는다.

④ **기체의 열팽창**
기체는 종류에 관계없이 열팽창 정도가 같다.

⑤ **바이메탈의 이용**
전기다리미, 전기 주전자, 토스터, 화재경보기 등에 쓰인다.

⑥ **열팽창과 관련된 현상**
- 여름에는 전깃줄이 늘어지고 겨울에는 전깃줄이 팽팽해진다.
- 치아 충전재는 치아와 열팽창 정도가 비슷한 물질을 사용한다.
- 음료수의 부피가 늘어나 음료수병이 깨지는 것을 막기 위해 음료수병을 가득 채우지 않는다.
- 잼 유리병의 뚜껑에 뜨거운 물을 부으면 뚜껑이 쉽게 열린다.
- 조리 도구나 실험 기구에는 열에 변형되어 깨지지 않도록 열팽창 정도가 작은 내열 유리를 사용한다.

용어 풀이
* **철근 콘크리트** 철근을 뼈대로 넣는 콘크리트.

탐구 집중 분석

탐구 1 물과 식용유의 비열 비교하기

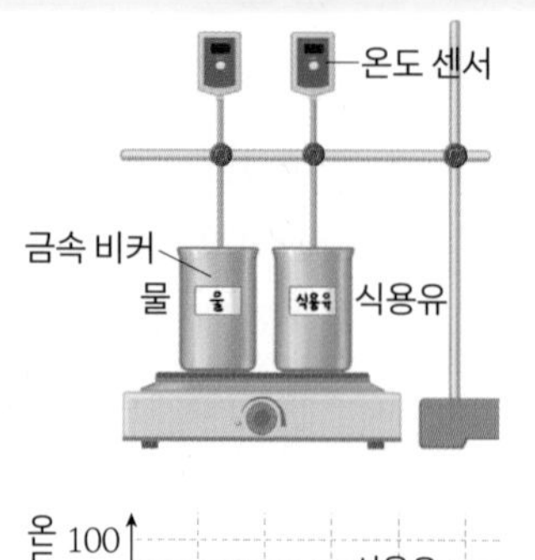

과정 ↓

1 두 개의 금속 비커에 물과 식용유를 각각 100g씩 넣고 가열 장치 위에 올려놓는다.

2 스마트 기기와 연결된 온도 센서를 두 비커에 장치한 후 가열하면서 물과 식용유의 온도 변화를 관찰한다.

결과

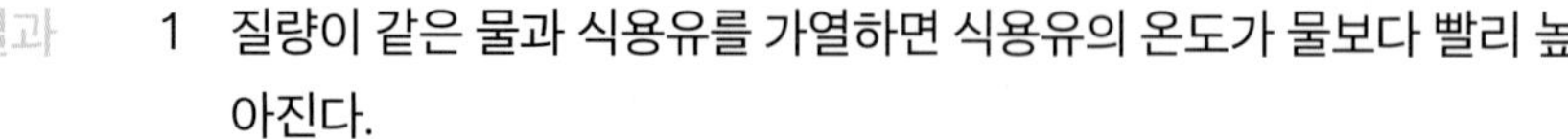

1 질량이 같은 물과 식용유를 가열하면 식용유의 온도가 물보다 빨리 높아진다.

→ 물질의 종류에 따라 온도를 높이는 데 필요한 열량이 다르기 때문이다.

2 같은 질량의 물과 식용유를 같은 온도만큼 높이는 데 필요한 열량은 물이 식용유보다 많다.

→ 물의 비열이 식용유의 비열보다 크다.

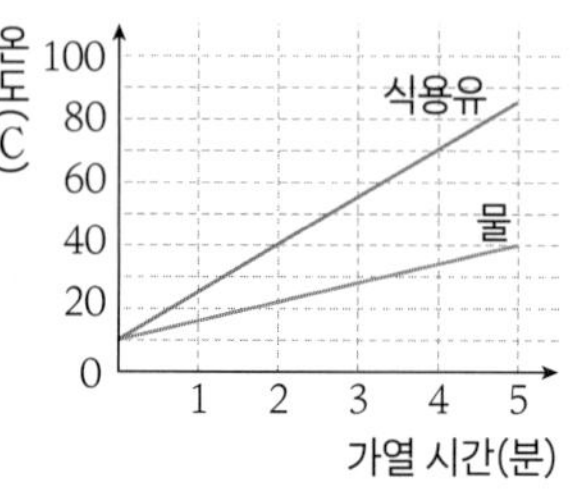

1 위 탐구에 대한 설명으로 옳은 것은 ○표, 옳지 않은 것은 ×표 하시오.

(1) 물의 온도가 식용유의 온도보다 빨리 높아진다. ( )

(2) 같은 질량의 물과 식용유를 같은 온도만큼 높이는 데 필요한 열량은 물이 식용유보다 많다. ( )

(3) 물의 비열이 식용유의 비열보다 작다. ( )

탐구 2 액체의 열팽창

과정 ↓

1 삼각 플라스크에 각각 색소를 탄 물과 에탄올을 가득 채운다.

2 삼각 플라스크 입구에 유리관을 꽂은 후 고무마개로 막고, 수조 안에 넣는다.

3 수조에 뜨거운 물을 부은 후 유리관 속 액체의 높이 변화를 관찰한다.

결과

1 물과 에탄올을 가열하면 유리관 속 액체의 높이가 높아진다.

→ 액체는 온도가 높아지면 부피가 늘어나기 때문이다.

2 에탄올이 물보다 유리관 속 액체의 높이가 더 높아진다.

→ 물질마다 열팽창하는 정도가 다르기 때문이다. 에탄올이 물보다 열팽창 정도가 크다.

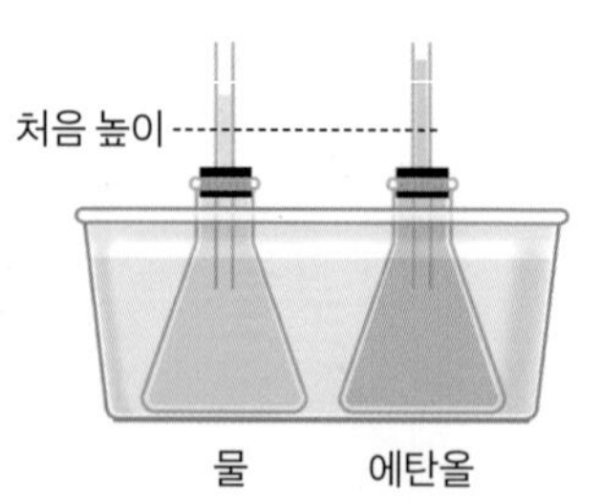

1 위 탐구에 대한 설명으로 옳은 것은 ○표, 옳지 않은 것은 ×표 하시오.

(1) 수조에 뜨거운 물을 부으면 물과 에탄올 모두 유리관 속 액체의 높이가 낮아진다. ( )

(2) 물과 에탄올은 열을 받으면 부피가 팽창한다. ( )

(3) 물과 에탄올이 열팽창하는 정도는 같다. ( )

1 비열

★ 중요

01 비열에 대한 설명으로 옳은 것을 <보기>에서 모두 고른 것은?

<보기>

ㄱ. 비열은 물질의 종류에 따라 다르다.
ㄴ. 어떤 물질의 온도를 1℃ 높이는 데 필요한 열량이다.
ㄷ. 같은 양의 열을 가했을 때 비열이 작을수록 물체의 온도가 빨리 올라간다.

① ㄱ ② ㄴ ③ ㄱ, ㄷ
④ ㄴ, ㄷ ⑤ ㄱ, ㄴ, ㄷ

02 표는 몇 가지 물질의 비열을 나타낸 것이다. 같은 질량의 세 물질 (가), (나), (다)에 같은 양의 열을 가했을 때 온도 변화가 큰 순서대로 나열한 것은?

물질	(가)	(나)	(다)
비열(kcal/(kg·℃))	1.00	0.47	0.11

① (가), (나), (다) ② (가), (다), (나)
③ (나), (가), (다) ④ (다), (가), (나)
⑤ (다), (나), (가)

03 다음 표는 같은 질량의 세 물질 A, B, C에 같은 열량을 가했을 때 온도 변화를 나타낸 것이다.

물질	A	B	C
처음 온도(℃)	24	20	18
나중 온도(℃)	36	26	34

A, B, C의 비열을 비교한 것으로 옳은 것은?

① A>B>C ② A>C>B
③ B>A>C ④ B>C>A
⑤ C>A>B

04 그래프는 질량이 같은 물질 A, B를 같은 열량으로 가열했을 때 시간에 따른 온도 변화를 나타낸 것이다. 이에 대한 설명으로 옳은 것을 <보기>에서 모두 고른 것은?

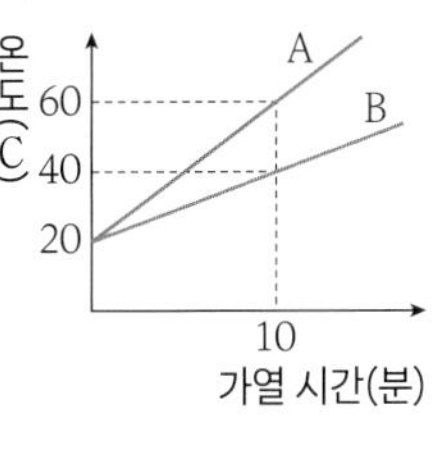

<보기>

ㄱ. A는 B보다 비열이 크다.
ㄴ. 같은 양의 열을 가했을 때 A가 B보다 온도 변화가 더 크다.
ㄷ. 같은 온도만큼 올리는데 더 많은 열량이 필요한 물질은 B이다.

① ㄱ ② ㄴ ③ ㄱ, ㄷ
④ ㄴ, ㄷ ⑤ ㄱ, ㄴ, ㄷ

2 열팽창

★ 중요

05 열팽창에 대한 설명으로 옳지 않은 것은?

① 물질의 상태에 따라 열팽창 정도가 다르다.
② 고체의 종류에 따라 열팽창 정도가 다르다.
③ 액체는 종류에 관계없이 열팽창 정도가 같다.
④ 온도가 높아질 때 물체의 길이나 부피가 늘어나는 현상이다.
⑤ 물체의 온도가 높아지면 열팽창하는 까닭은 입자 운동이 활발해져 입자 사이의 거리가 멀어지기 때문이다.

06 어떤 고체의 온도가 높아질 때 나타나는 현상으로 옳은 것을 <보기>에서 모두 고른 것은?

<보기>

ㄱ. 고체의 부피가 팽창한다.
ㄴ. 고체를 구성하는 입자 운동이 활발해진다.
ㄷ. 고체를 구성하는 입자 사이의 거리가 가까워진다.

① ㄱ ② ㄷ ③ ㄱ, ㄴ
④ ㄴ, ㄷ ⑤ ㄱ, ㄴ, ㄷ

07 그림과 같이 에탄올, 물, 식용유를 같은 양만큼 유리병에 넣은 후 뜨거운 물이 담긴 수조에 넣었더니 각 액체의 부피가 달라졌다.

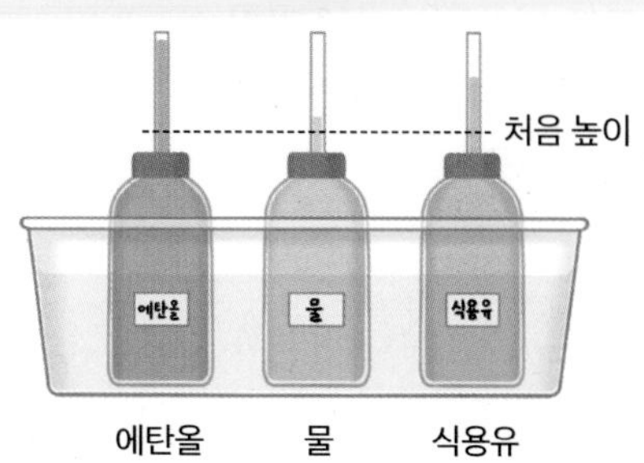

세 액체의 열팽창 정도가 큰 것부터 순서대로 나열한 것은?

① 에탄올, 식용유, 물 ② 에탄올, 물, 식용유
③ 식용유, 에탄올, 물 ④ 식용유, 물, 에탄올
⑤ 물, 식용유, 에탄올

08 고체의 열팽창과 관련된 예로 옳지 않은 것은?

① 기차선로 사이에 틈이 있다.
② 다리 이음매 부분에 틈을 만든다.
③ 알코올 온도계로 온도를 측정한다.
④ 겨울에 팽팽하던 전선이 여름에 늘어진다.
⑤ 건물을 지을 때 철근을 콘크리트 속에 넣는다.

★중요

09 그림 (가)와 같이 두 금속 A, B를 붙여서 바이메탈을 만들어 가열하였더니 그림 (나)와 같이 휘어졌다.

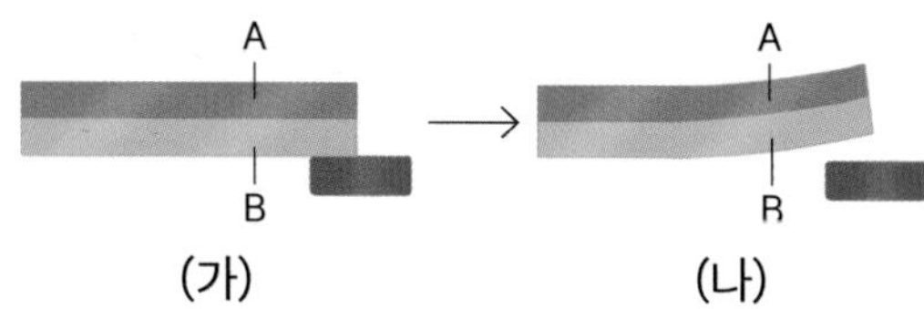

이에 대한 설명으로 옳은 것을 <보기>에서 모두 고른 것은?

<보기>

ㄱ. 금속 A가 금속 B보다 열팽창 정도가 크다.
ㄴ. 온도가 높아지면 바이메탈은 열팽창 정도가 작은 금속 쪽으로 휘어진다.
ㄷ. 그림 (나) 상태에서 온도가 다시 낮아지면 바이메탈은 원래 상태로 펴진다.

① ㄱ ② ㄷ ③ ㄱ, ㄴ
④ ㄴ, ㄷ ⑤ ㄱ, ㄴ, ㄷ

서술형 문제

10 찜질 팩에 물을 넣어 사용하는 까닭을 물의 비열과 관련지어 서술하시오.

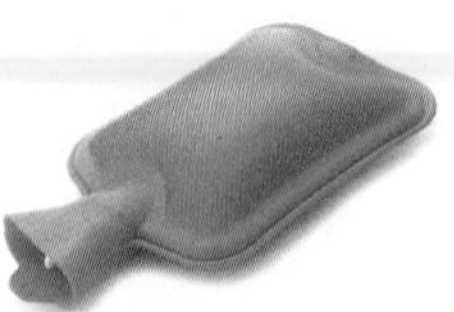

11 바닷가에서 낮에 해풍이 부는 까닭을 육지와 바다의 비열 차이와 관련지어 서술하시오.

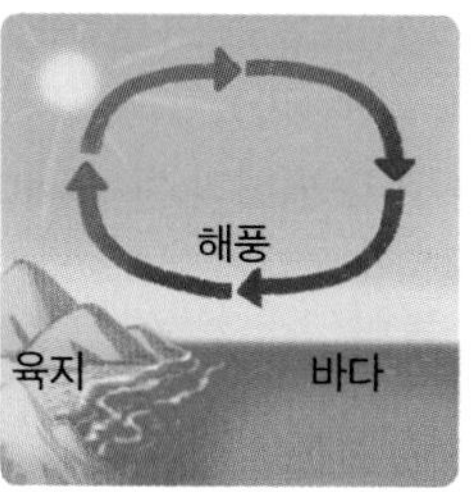

★중요

12 그림은 다리 이음매 부분의 모습이다. 다리 이음매에 틈을 만드는 까닭을 서술하시오.

실력 향상 문제

01 그래프는 질량이 같은 세 물질 A, B, C를 같은 열량으로 가열했을 때 시간에 따른 온도 변화를 나타낸 것이다. 비열이 큰 물질부터 순서대로 나열한 것은?

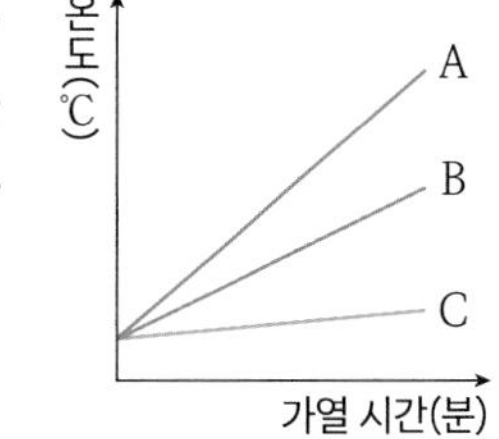

① A, B, C ② A, C, B
③ B, A, C ④ C, A, B
⑤ C, B, A

문제 해결 팁

비열
비열이 큰 물질은 온도가 잘 변하지 않고 비열이 작은 물질은 온도가 잘 변한다.

02 다음은 잼 유리병의 뚜껑을 쉽게 여는 방법을 설명한 것이다. ㉠, ㉡에 들어갈 알맞은 말을 옳게 짝 지은 것은?

> 잼 유리병의 금속 뚜껑이 잘 열리지 않을 때 뚜껑 부분을 뜨거운 물에 넣었다 빼면 뚜껑을 쉽게 열 수 있다. 유리와 금속은 (　㉠　) 정도가 다른데, 금속 뚜껑을 뜨거운 물에 넣었다 빼면 금속 뚜껑이 유리병보다 더 많이 (　㉡　)하므로 뚜껑을 쉽게 열 수 있다.

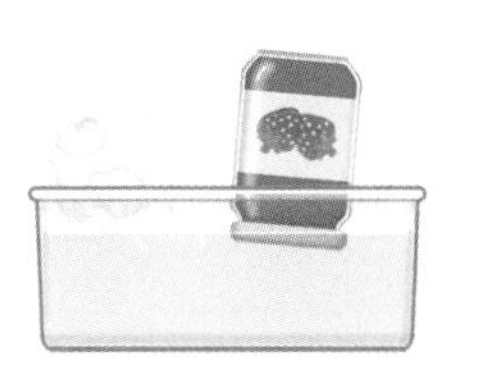

	㉠	㉡		㉠	㉡
①	비열	수축	②	비열	팽창
③	열팽창	수축	④	열팽창	팽창
⑤	열팽창	전도			

문제 해결 팁

열팽창
물체의 온도가 높아질 때 물체의 길이나 부피가 팽창하는 현상을 열팽창이라고 한다.

03 세 금속 A, B, C를 붙여서 바이메탈을 만들고 가열하였더니 그림과 같이 휘어졌다. 이에 대한 설명으로 옳은 것은?

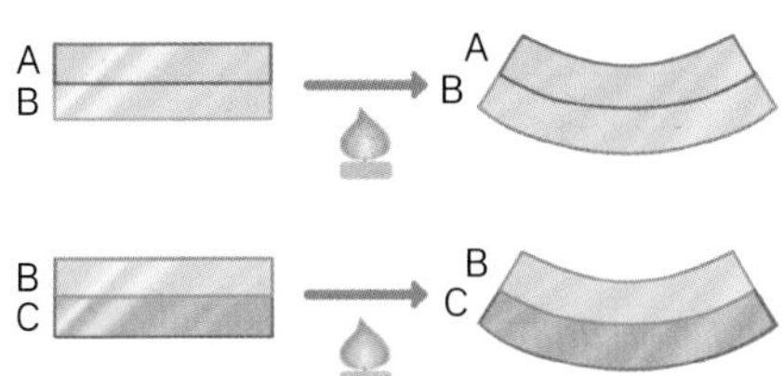

① 세 금속의 열팽창 정도는 같다.
② 금속 A와 C는 열팽창 정도가 같다.
③ 세 금속의 열팽창 정도를 비교할 수 없다.
④ 열팽창 정도가 큰 순서대로 나열하면 A, B, C이다.
⑤ 열팽창 정도가 큰 순서대로 나열하면 C, B, A이다.

문제 해결 팁

열팽창
바이메탈은 온도가 높아지면 열팽창 정도가 작은 금속 쪽으로 휘어진다.

01 온도와 열

온도	물체를 구성하는 입자의 운동이 활발한 정도 → 온도가 높을수록 입자 운동이 (❶)하고, 온도가 낮을수록 입자 운동이 둔하다.
열평형	온도가 (❷) 물체에서 온도가 (❸) 물체로 열이 이동하여 두 물체의 온도가 같아진 상태
열의 이동 방식	• (❹): 물질을 구성하는 입자의 운동이 이웃한 입자에 차례로 전달되어 열이 이동하는 방식 • (❺): 액체나 기체 물질을 구성하는 입자가 직접 이동하며 열이 이동하는 방식 • (❻): 열이 물질을 통하지 않고 직접 이동하는 방식

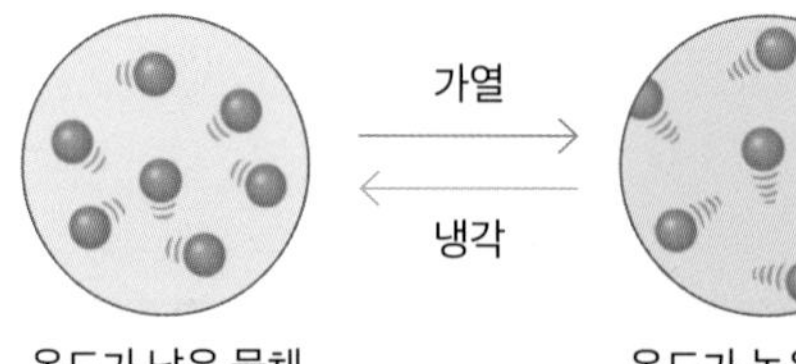

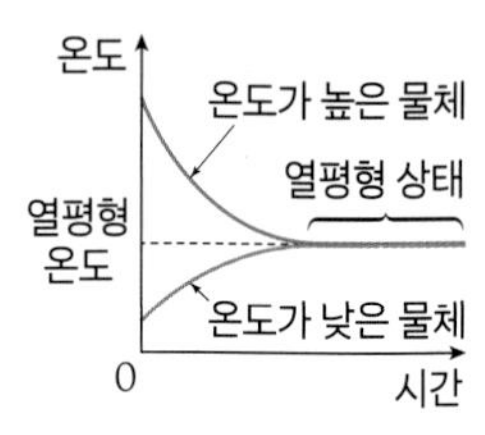

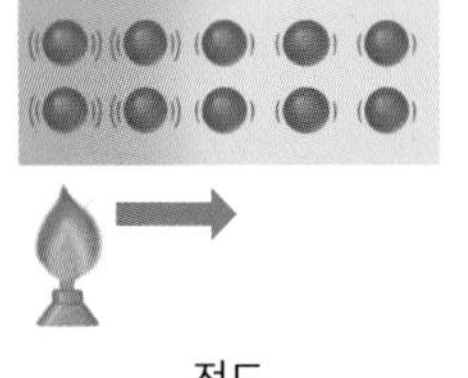
전도

대류

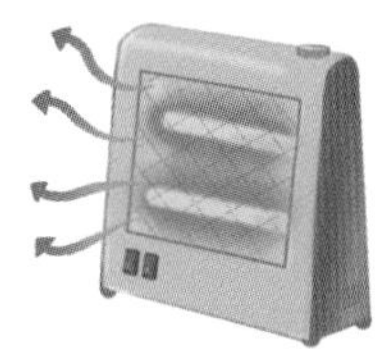
복사

02 비열과 열팽창

비열	어떤 물질 1kg의 온도를 1℃ 높이는 데 필요한 열량 → 질량이 같은 물질에 같은 열량을 가했을 때 비열이 큰 물질일수록 온도 변화가 (❼).
비열의 활용	• 비열이 큰 물질의 활용: 찜질 팩, 자동차 (❽) 등 • 비열이 작은 물질의 활용: 난방용 온수관, 프라이팬 등
열팽창	물체의 온도가 (❾)질 때 물체의 길이나 부피가 팽창하는 현상
열팽창의 활용	바이메탈, 다리 이음매, 선로의 틈, 구부러진 가스관 등

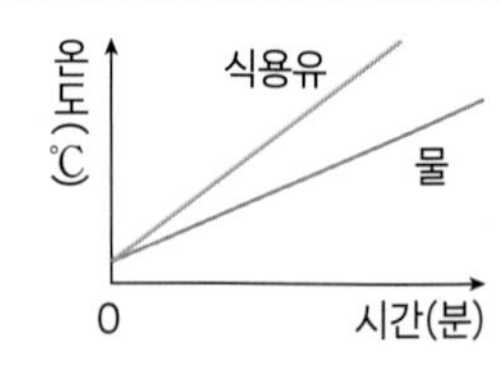

단원 평가 문제

★ 중요 온도와 입자 운동

01 온도와 열에 대한 설명으로 옳은 것을 <보기>에서 모두 고른 것은?

<보기>

ㄱ. 온도가 높을수록 입자 운동이 활발하다.
ㄴ. 열은 온도가 낮은 물체에서 온도가 높은 물체로 이동한다.
ㄷ. 온도가 다른 두 물체가 접촉하면 온도가 높은 물체의 온도는 내려간다.

① ㄱ ② ㄴ ③ ㄱ, ㄷ
④ ㄴ, ㄷ ⑤ ㄱ, ㄴ, ㄷ

온도와 입자 운동

02 그림은 온도가 다른 물의 입자 운동을 모형으로 나타낸 것이다.

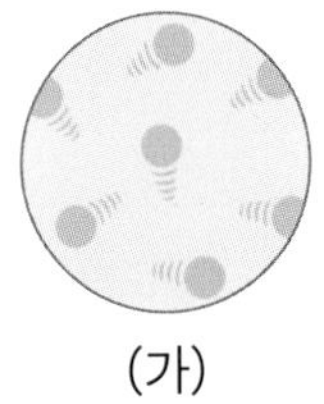
(가)

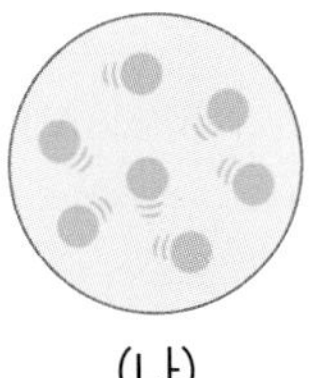
(나)

이에 대한 설명으로 옳은 것을 <보기>에서 모두 고른 것은?

<보기>

ㄱ. (가)는 (나)보다 온도가 높다.
ㄴ. (가)는 (나)보다 입자 운동이 활발하다.
ㄷ. (가)와 (나)를 접촉하면 열은 (나)에서 (가)로 이동한다.

① ㄱ ② ㄷ ③ ㄱ, ㄴ
④ ㄴ, ㄷ ⑤ ㄱ, ㄴ, ㄷ

열평형

03 빈칸에 들어갈 말로 옳은 것은?

온도가 다른 두 물체가 접촉하고 시간이 지나면 두 물체의 온도가 같아진다. 이처럼 온도가 높은 물체에서 온도가 낮은 물체로 열이 이동하여 두 물체의 온도가 같아진 상태를 (　　　　　)(이)라고 한다.

① 전도 ② 대류 ③ 복사
④ 열평형 ⑤ 열팽창

열평형

04 그림은 얼음 속에 음료수를 넣은 모습이다. 이에 대한 설명으로 옳지 않은 것은?

① 열은 음료수에서 얼음으로 이동한다.
② 음료수의 입자 운동은 점점 활발해진다.
③ 시간이 지나면 음료수와 얼음의 온도가 같아진다.
④ 얼음은 온도가 높아지고 음료수는 온도가 낮아진다.
⑤ 시간이 지나면 음료수와 얼음은 열평형에 도달한다.

★ 중요 열평형

05 그래프는 뜨거운 물이 든 비커를 차가운 물이 든 수조에 넣었을 때 물의 온도 변화를 나타낸 것이다.

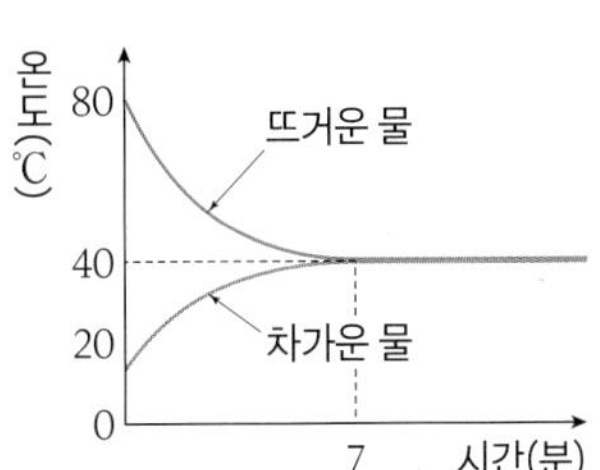

이에 대한 설명으로 옳은 것을 <보기>에서 모두 고른 것은?

<보기>

ㄱ. 뜨거운 물은 열을 잃는다.
ㄴ. 처음 7분 동안 차가운 물은 온도가 높아진다.
ㄷ. 7분이 지난 후 열평형 상태가 된다.

① ㄱ ② ㄴ ③ ㄱ, ㄷ
④ ㄴ, ㄷ ⑤ ㄱ, ㄴ, ㄷ

★중요 열의 이동 방식

06 다음은 열이 이동하는 현상을 나타낸 것이다.

(가) 프라이팬 위의 고기가 익는다.
(나) 햇볕 아래에 있으면 따뜻하다.
(다) 난로를 켜면 방 전체가 따뜻해진다.

(가)~(다)의 열의 이동 방식을 옳게 짝 지은 것은?

	(가)	(나)	(다)
①	전도	대류	복사
②	전도	복사	대류
③	대류	전도	복사
④	대류	복사	전도
⑤	복사	대류	전도

열의 이동 방식

07 그림은 각 물체에서 열이 이동하는 모습을 나타낸 것이다.

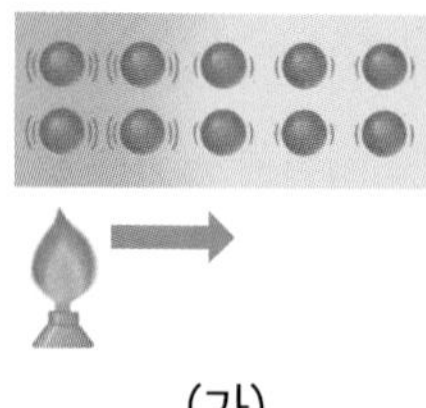
(가)

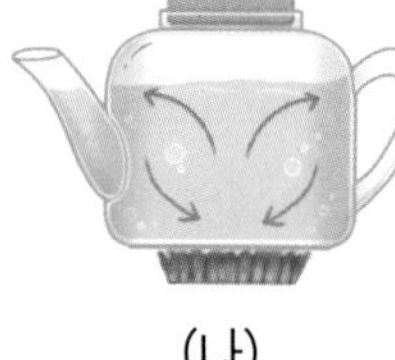
(나)

이에 대한 설명으로 옳은 것을 <보기>에서 모두 고른 것은?

<보기>

ㄱ. 고체는 주로 (가)와 같은 방법으로 열을 전달한다.
ㄴ. 액체나 기체는 주로 (나)와 같은 방법으로 열을 전달한다.
ㄷ. (가)의 원리에 의해 전기난로 앞에 있으면 따뜻해진다.
ㄹ. (나)의 원리에 의해 에어컨은 아래쪽에, 난로는 위쪽에 설치한다.

① ㄱ, ㄴ ② ㄴ, ㄷ ③ ㄷ, ㄹ
④ ㄱ, ㄴ, ㄷ ⑤ ㄱ, ㄴ, ㄹ

★중요 비열

08 그래프는 질량이 같은 액체 A, B를 같은 열량으로 가열했을 때 온도 변화를 나타낸 것이다.

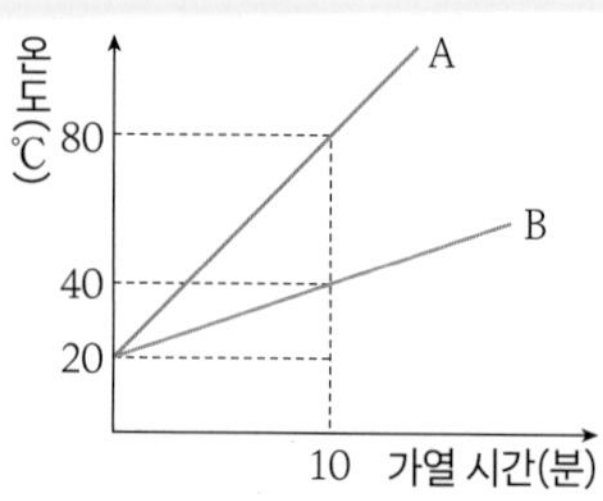

이에 대한 설명으로 옳은 것을 <보기>에서 모두 고른 것은?

<보기>

ㄱ. A가 B보다 비열이 크다.
ㄴ. 같은 시간 동안 온도 변화가 더 큰 물질은 A이다.
ㄷ. 같은 온도만큼 올리는 데 필요한 열량은 B가 A보다 많다.

① ㄱ ② ㄷ ③ ㄱ, ㄴ
④ ㄴ, ㄷ ⑤ ㄱ, ㄴ, ㄷ

비열

09 비열과 관련된 현상으로 옳지 않은 것은?

① 자동차 냉각수로 물을 사용한다.
② 찜질 팩 안에 물을 넣어 사용한다.
③ 해안 지방이 내륙 지방보다 일교차가 작다.
④ 바닷가에서 낮에는 육풍, 밤에는 해풍이 분다.
⑤ 여름철 낮에 바닷가에서 모래가 바닷물보다 뜨겁다.

★중요 열팽창

10 액체의 온도가 높아질 때 나타나는 현상에 대한 설명으로 옳은 것을 <보기>에서 모두 고른 것은?

<보기>

ㄱ. 액체의 부피가 늘어난다.
ㄴ. 액체를 구성하는 입자의 운동이 둔해진다.
ㄷ. 액체를 구성하는 입자 사이의 거리가 멀어진다.

① ㄱ ② ㄴ ③ ㄱ, ㄷ
④ ㄴ, ㄷ ⑤ ㄱ, ㄴ, ㄷ

열팽창

11 다음 현상과 가장 관련이 높은 것은?

- 에펠 탑의 높이는 겨울보다 여름에 더 높다.
- 여름에는 전깃줄이 늘어지지만 겨울에는 전깃줄이 팽팽하다.

① 전도 ② 대류 ③ 복사 ④ 열평형 ⑤ 열팽창

열팽창

12 그림은 전기다리미의 내부 구조를 나타낸 것이다.

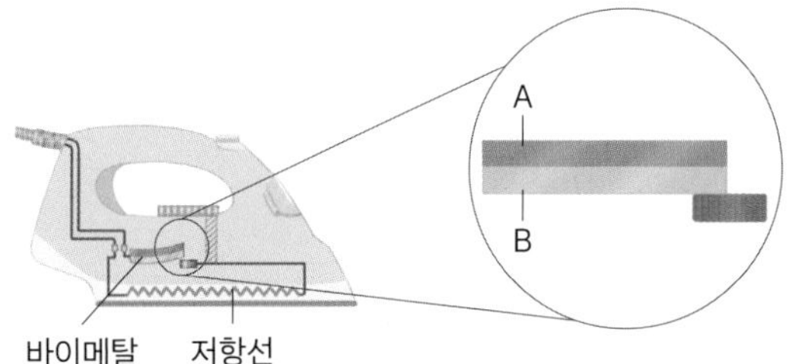

이에 대한 설명으로 옳은 것을 <보기>에서 모두 고른 것은?

<보기>

ㄱ. A가 B보다 열팽창 정도가 크다.
ㄴ. 온도가 높아지면 바이메탈이 위쪽으로 휘어진다.
ㄷ. 온도가 낮아지면 바이메탈은 원래 상태로 펴진다.

① ㄱ ② ㄷ ③ ㄱ, ㄴ ④ ㄴ, ㄷ ⑤ ㄱ, ㄴ, ㄷ

열팽창

13 열팽창과 관련된 예로 옳지 않은 것은?

① 선로 사이에 틈을 만든다.
② 프라이팬으로 음식을 빨리 익힌다.
③ 실험 기구에 내열 유리를 사용한다.
④ 가스관 중간에 구부러진 부분을 만든다.
⑤ 음료수병에 음료수를 가득 채우지 않는다.

서술형 문제

열평형

14 온도계로 물체의 온도를 측정하는 원리를 열평형과 관련지어 서술하시오.

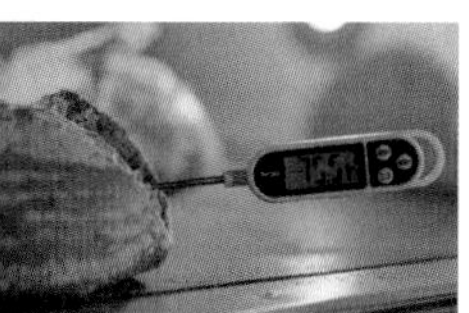

열의 이동 방식

15 프라이팬의 몸체는 금속으로 만들고 손잡이는 플라스틱이나 나무로 만드는 까닭을 열의 이동 방식과 관련지어 서술하시오.

비열

16 양은 냄비와 뚝배기로 음식을 했을 때, 양은 냄비보다 뚝배기에 담긴 음식이 오랫동안 따뜻한 상태를 유지하는 까닭을 비열과 관련지어 서술하시오.

양은 냄비

뚝배기

IV
물질의 상태 변화

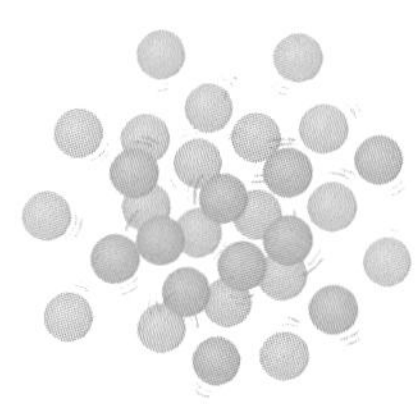

대단원	중단원	배울 내용
IV. 물질의 상태 변화	01. 입자의 운동	1. 입자의 운동
		2. 확산
		3. 증발
	02. 물질의 상태 변화	1. 물질의 세 가지 상태
		2. 물질의 상태 변화
		3. 물질의 상태 변화에 따른 입자 배열의 변화
	03. 상태 변화와 열에너지	1. 열에너지를 흡수하는 상태 변화
		2. 열에너지를 방출하는 상태 변화
		3. 상태 변화할 때 출입하는 열에너지의 이용

한 컷 개념

01 입자의 운동

개념 1 입자의 운동

물질을 구성하는 입자는 스스로 끊임없이 운동한다.

확산

입자가 스스로 운동하여 멀리 퍼져 나가는 현상

증발

입자가 스스로 운동하여 액체 표면에서 기체로 변하는 현상

한 줄 개념 **확산과 증발은 입자가 스스로 운동하기 때문에 나타나는 현상이다.**

1. 빈칸에 알맞은 말을 쓰시오.

(1) 물질을 구성하는 ( )는 스스로 끊임없이 운동한다.

(2) 입자가 스스로 운동하여 멀리 퍼져 나가는 현상을 ( )이라고 한다.

(3) 입자가 스스로 운동하여 액체 표면에서 기체로 변하는 현상을 ( )이라고 한다.

(4) 확산과 증발은 입자가 스스로 ( )하기 때문에 나타나는 현상이다.

2. 알맞은 말에 ○표 하시오.

(1) 향수 냄새가 방 안 전체로 퍼지는 것은 향수 입자가 (증발, 확산)하기 때문이다.

(2) 어항 속 물이 줄어드는 것은 물 입자가 (증발, 확산)하기 때문이다.

개념 2 확산과 증발의 예

확산 / **증발**

꽃향기가 퍼진다.

음식 냄새가 퍼진다.

젖은 빨래가 마른다.

염전에서 소금을 얻는다.

한 줄 개념 확산과 증발의 예를 일상생활에서 찾을 수 있다.

1. 확산과 관련된 현상은 '확산', 증발과 관련된 현상은 '증발'이라고 쓰시오.

(1) 젖은 빨래가 마른다. ( )

(2) 꽃향기가 주변으로 퍼진다. ( )

(3) 어항 속 물이 점점 줄어든다. ( )

(4) 향수 냄새가 방 전체로 퍼진다. ( )

(5) 음식 냄새가 방 전체로 퍼진다. ( )

(6) 염전에서 바닷물을 가두어 소금을 얻는다. ( )

2. 알맞은 말에 ○표 하시오.

(1) 꽃향기가 퍼지는 것은 향기 입자가 스스로 운동하여 공기 중으로 (증발, 확산)하기 때문이다.

(2) 젖은 빨래가 마르는 것은 물 입자가 스스로 운동하여 액체 표면에서 (증발, 확산)하기 때문이다.

한눈에 **개념 정리**

1 입자의 운동

1 입자의 운동 물질을 구성하는 입자는 스스로 끊임없이 운동한다.[1]

2 입자 운동의 증거 입자의 운동으로 나타나는 현상에는 확산과 증발이 있다.

2 확산 탐구 1

1 확산 입자가 스스로 운동하여 멀리 퍼져 나가는 현상[2]

잉크의 확산	향수의 확산
잉크 입자	향수 입자
물에 잉크를 떨어뜨리면 물 전체가 잉크 색으로 변한다. → 잉크 입자가 스스로 운동하여 물속으로 퍼져 나가기 때문이다.	향수를 뿌리면 향수 냄새가 모든 방향으로 퍼진다. → 향수 입자가 스스로 운동하여 공기 중으로 퍼져 나가기 때문이다.

2 확산의 예[3]

① 향수 냄새가 퍼진다.
② 꽃밭 근처에서 꽃향기가 난다.
③ 음식 냄새가 집 안으로 퍼진다.
④ 전기 모기향을 피워 모기를 쫓는다.
⑤ 마약 탐지견이 냄새로 마약을 찾는다.
⑥ 물에 티백을 넣으면 차 성분이 퍼진다.

3 증발 탐구 2

1 증발 입자가 스스로 운동하여 액체 표면에서 기체로 변하는 현상

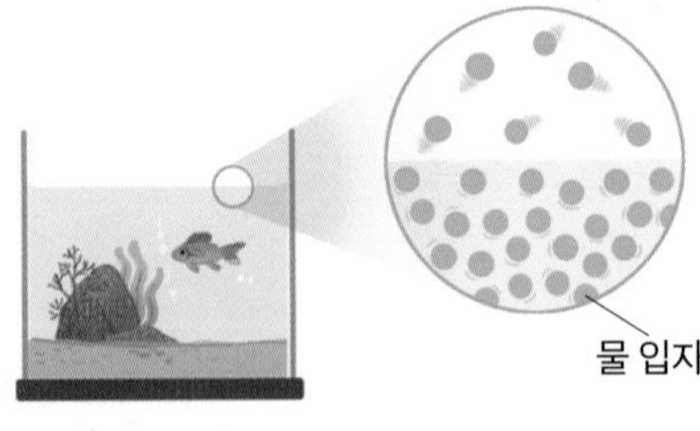

물 표면에서 물 입자가 스스로 움직여 기체로 변해 공기 중으로 퍼져 나간다.

2 증발의 예[4]

① 젖은 빨래가 마른다.
② 어항 속 물이 줄어든다.
③ 염전에서 소금을 얻는다.
④ 오징어나 고추를 말린다.
⑤ 운동장의 물웅덩이가 마른다.
⑥ 해가 뜨면 풀잎에 맺힌 이슬이 사라진다.

---

❶ **온도와 입자의 운동**
온도가 높아지면 입자의 운동이 활발해져 확산과 증발이 잘 일어난다.
• 화장실 냄새가 겨울보다 여름에 더 심하게 난다.(확산)
• 젖은 머리카락이 차가운 바람보다 뜨거운 바람에서 더 빨리 마른다.(증발)

❷ **진공 속 확산**
확산은 액체나 기체뿐만 아니라 진공 속에서도 일어난다.

❸ **확산의 예**

전기 모기향

마약 탐지견

❹ **증발의 예**

염전

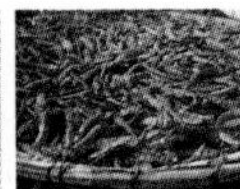
고추 말리기

탐구 집중 분석

탐구 1 아세트산의 확산

과정

1 페트리 접시에 BTB 용액을 일정한 간격으로 한 방울씩 떨어뜨린다.
2 페트리 접시 중앙에 식초를 한 방울 떨어뜨린 후 뚜껑을 덮는다.
3 페트리 접시 안의 변화를 관찰한다.

* 식초에 들어 있는 아세트산이 BTB 용액을 노랗게 변화시킨다.

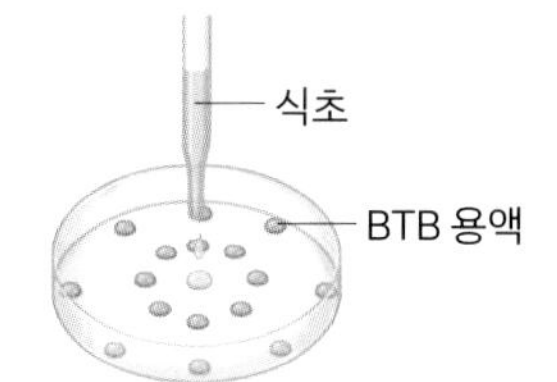

결과

1 시간이 지나면서 BTB 용액의 색깔이 중심에서부터 모든 방향으로 노랗게 변한다.
→ 식초에 들어 있는 아세트산 입자가 스스로 운동하여 모든 방향으로 확산하기 때문이다.
2 아세트산 입자의 운동을 모형으로 나타낸다.

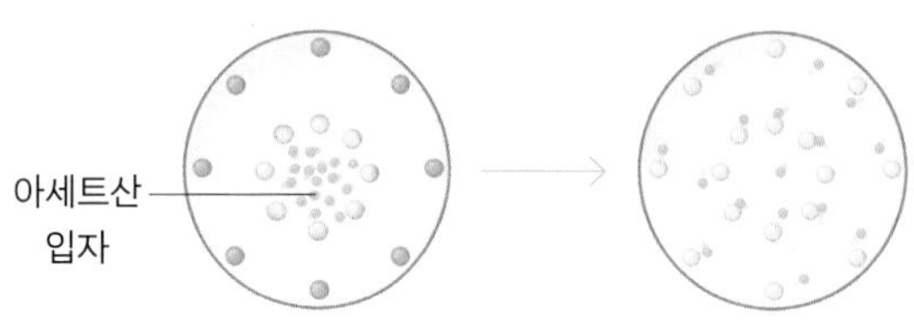

1 위 탐구에 대한 설명으로 옳은 것은 ○표, 옳지 않은 것은 ×표 하시오.

(1) BTB 용액의 색깔은 식초와 먼 쪽에서부터 변한다. ( )
(2) 시간이 지나면 BTB 용액의 색깔이 모든 방향에서 변한다. ( )
(3) 이 실험을 통해 식초에 들어 있는 아세트산 입자가 확산하는 것을 알 수 있다. ( )

탐구 2 아세톤의 증발

과정

1 거름종이가 놓인 페트리 접시를 전자저울 위에 놓고 영점을 맞춘다.
2 거름종이에 아세톤*을 몇 방울 떨어뜨린 후 아세톤의 질량 변화를 관찰한다.

* **아세톤** 독특한 냄새가 있는 무색투명한 휘발성 액체로, 물에 잘 녹고 불이 잘 붙는다.

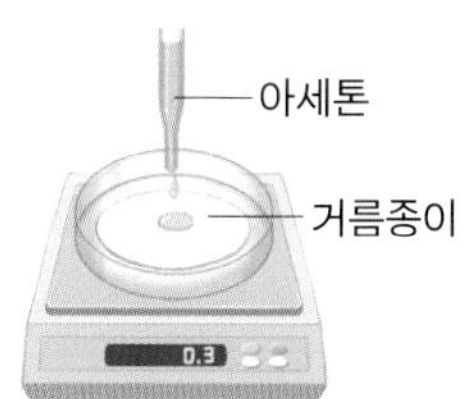

결과

1 시간이 지나면서 거름종이에 묻은 아세톤의 흔적이 사라지고, 거름종이 위 아세톤의 질량이 감소한다.
→ 액체 상태의 아세톤 입자가 스스로 운동하여 기체가 되어 공기 중으로 날아가기 때문이다.
2 아세톤의 입자 운동을 모형으로 나타낸다.

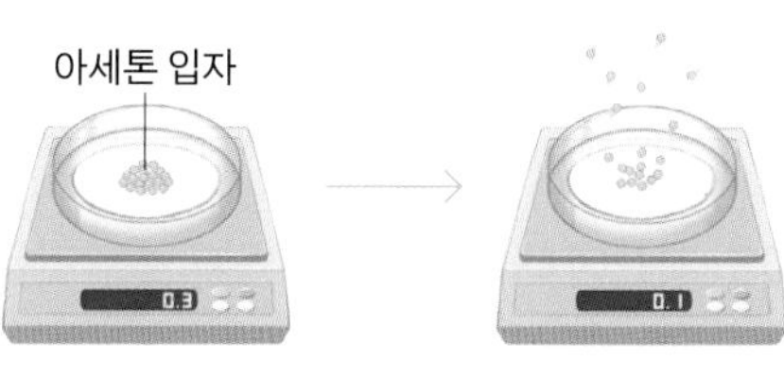

1 위 탐구에 대한 설명으로 옳은 것은 ○표, 옳지 않은 것은 ×표 하시오.

(1) 시간이 지나면서 거름종이 위 아세톤의 질량이 증가한다. ( )
(2) 시간이 지나면 액체 상태의 아세톤 입자가 기체가 되어 공기 중으로 날아간다. ( )
(3) 이 실험을 통해 아세톤 입자가 증발하는 것을 알 수 있다. ( )

개념 다지기 문제

1 입자의 운동

★중요

01 입자의 운동에 대한 설명으로 옳지 않은 것은?

① 입자가 스스로 운동한다.
② 입자는 끊임없이 움직인다.
③ 입자는 한 방향으로 움직인다.
④ 입자의 운동으로 확산과 증발이 일어난다.
⑤ 온도가 높아지면 입자의 운동이 활발해진다.

02 다음과 같은 현상이 일어나는 까닭으로 옳은 것은?

> 젖은 머리카락을 말릴 때 차가운 바람보다 뜨거운 바람으로 말리면 더 빨리 마른다.

① 온도가 낮을수록 입자의 개수가 많아져 증발이 잘 일어나기 때문이다.
② 온도가 높을수록 입자의 개수가 많아져 증발이 잘 일어나기 때문이다.
③ 온도가 낮을수록 입자의 운동이 활발해져 증발이 잘 일어나기 때문이다.
④ 온도가 높을수록 입자의 운동이 활발해져 증발이 잘 일어나기 때문이다.
⑤ 온도가 높을수록 입자의 크기가 작아져서 증발이 잘 일어나기 때문이다.

2 확산

★중요

03 확산에 대한 설명으로 옳지 않은 것은?

① 진공에서도 확산이 일어난다.
② 확산은 모든 방향으로 일어난다.
③ 액체에서는 확산이 일어나지 않는다.
④ 온도가 높을수록 확산이 잘 일어난다.
⑤ 입자가 스스로 운동하기 때문에 나타나는 현상이다.

04 확산의 예로 옳은 것을 <보기>에서 모두 고른 것은?

<보기>

ㄱ. 젖은 머리카락이 마른다.
ㄴ. 꽃밭 근처에서 꽃향기가 난다.
ㄷ. 풀잎에 맺힌 이슬이 사라진다.
ㄹ. 부엌에서 요리하는 음식 냄새가 집 안으로 퍼진다.

① ㄱ, ㄴ　② ㄱ, ㄷ　③ ㄴ, ㄷ
④ ㄴ, ㄹ　⑤ ㄷ, ㄹ

05 향수 냄새가 방 전체로 퍼지는 것과 원리가 같은 현상은?

① 염전에서 소금을 얻는다.
② 마당에 뿌린 물이 마른다.
③ 햇볕에 고추를 널어 말린다.
④ 손등에 바른 알코올이 마른다.
⑤ 마약 탐지견이 냄새로 마약을 찾는다.

06 그림은 페트리 접시에 BTB 용액을 일정한 간격으로 떨어뜨리고 접시의 가운데에 식초를 한 방울을 떨어뜨린 후 뚜껑을 덮은 모습이다. 이에 대한 설명으로 옳지 않은 것은?

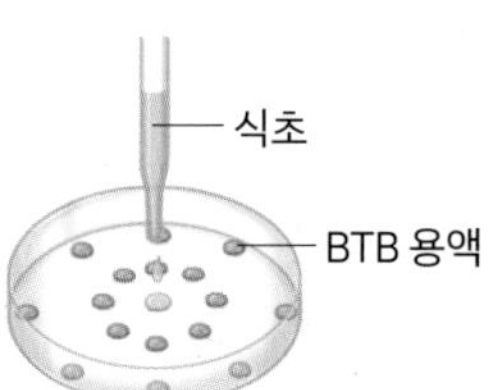

① 식초에서 멀리 있는 BTB 용액부터 색깔이 바뀐다.
② 시간이 지나면 BTB 용액의 색깔이 모든 방향에서 변한다.
③ 식초에 들어 있는 아세트산 입자는 사방으로 퍼져 나간다.
④ 식초에 들어 있는 아세트산 입자가 스스로 운동하는 것을 알 수 있다.
⑤ 식초에 들어 있는 아세트산 입자가 확산하기 때문에 나타나는 현상이다.

3 증발

★중요

07 그림은 액체에서 일어나는 현상을 입자 모형으로 나타낸 것이다. 이에 대한 설명으로 옳지 않은 것은?

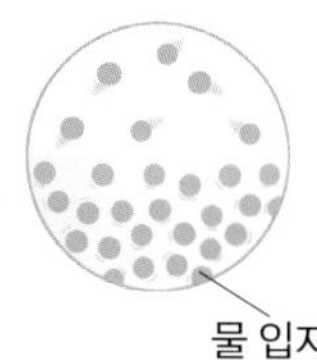

① 액체가 증발한다.
② 액체가 기체로 변한다.
③ 액체의 내부에서 일어나는 현상이다.
④ 젖은 빨래가 마르는 원리를 설명할 수 있다.
⑤ 입자가 스스로 운동하기 때문에 나타나는 현상이다.

08 증발의 예로 옳은 것을 <보기>에서 모두 고른 것은?

<보기>

ㄱ. 햇볕에 고추를 말린다.
ㄴ. 어항 속 물의 양이 줄어든다.
ㄷ. 빵집 근처에서 빵 냄새가 난다.
ㄹ. 물에 티백을 넣으면 차 성분이 퍼진다.

① ㄱ, ㄴ ② ㄱ, ㄷ ③ ㄴ, ㄷ
④ ㄴ, ㄹ ⑤ ㄷ, ㄹ

09 그림은 전자저울 위에 거름종이를 올려놓고 아세톤을 몇 방울 떨어뜨린 모습이다. 이에 대한 설명으로 옳지 않은 것은?

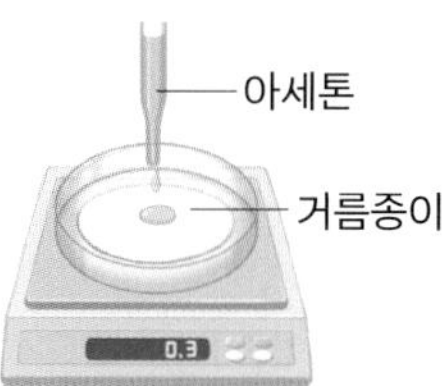

① 아세톤 입자가 증발하는 것을 알 수 있다.
② 시간이 지나면서 저울의 숫자가 작아진다.
③ 시간이 지나면서 아세톤 입자의 크기가 작아진다.
④ 시간이 지나면서 거름종이 위 아세톤의 질량이 줄어든다.
⑤ 시간이 지나면서 액체 상태의 아세톤 입자가 기체로 변한다.

서술형 문제

★중요

10 다음 단어를 이용하여 확산의 의미를 서술하시오.

입자 / 운동

11 다음과 같은 현상이 나타나는 공통적인 원인을 서술하시오.

• 어항 속 물의 양이 줄어든다.
• 염전에서 바닷물을 가두어 소금을 얻는다.

★중요

12 우리 주변에서 볼 수 있는 확산과 증발의 예를 한 가지씩 쓰시오.

02 물질의 상태 변화

한 컷 개념

개념 1 물질의 세 가지 상태

고체	액체	기체
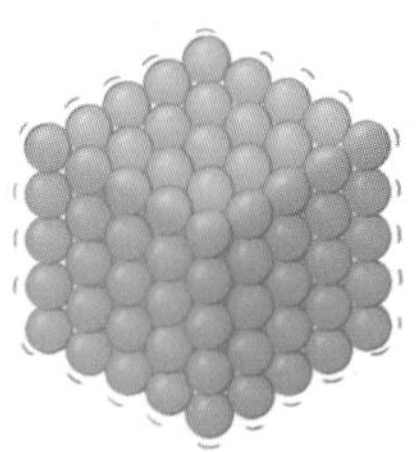	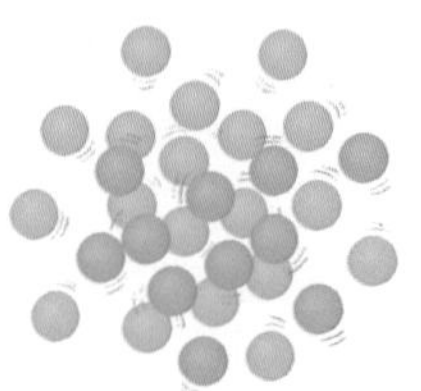	
입자가 **규칙적**으로 배열되어 있다.	입자가 **불규칙적**으로 배열되어 있다.	입자가 **매우 불규칙적**으로 배열되어 있다.
입자 사이의 거리가 **매우 가깝다.**	입자 사이의 거리가 **고체보다 멀다.**	입자 사이의 거리가 **매우 멀다.**

한 줄 개념 물질의 상태에 따라 입자 배열, 입자 사이의 거리 등이 다르다.

1. 빈칸에 알맞은 말을 쓰시오.

(1) 고체는 입자가 ( )적으로 배열되어 있다.

(2) 액체는 입자가 ( )적으로 배열되어 있다.

(3) 기체는 입자가 매우 ( )적으로 배열되어 있다.

2. 알맞은 말에 ○표 하시오.

(1) 고체는 입자 사이의 거리가 매우 (가깝다, 멀다).

(2) 액체는 입자 사이의 거리가 고체보다 (가깝다, 멀다).

(3) 기체는 입자 사이의 거리가 매우 (가깝다, 멀다).

개념 2 물질의 상태 변화

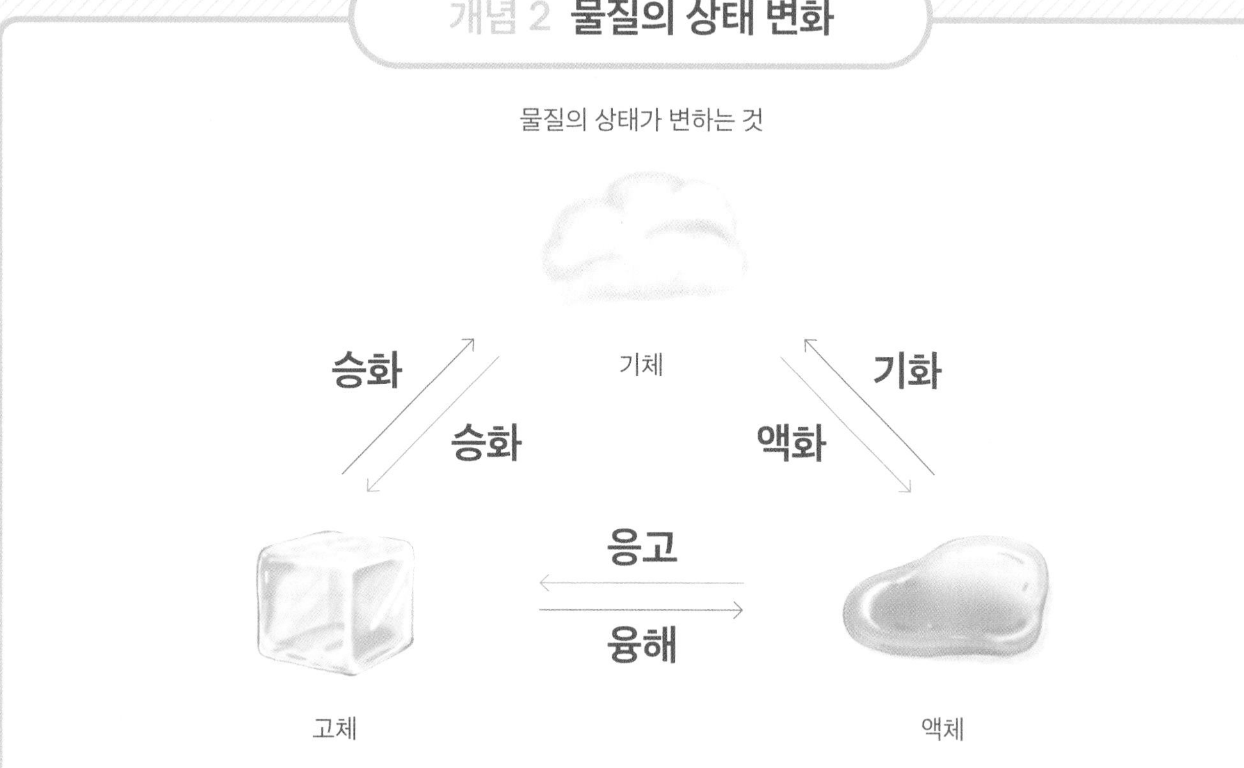

한 줄 개념 물질의 상태가 변하는 것을 물질의 상태 변화라고 한다.

1. 빈칸에 알맞은 말을 쓰시오.

(1) 물질의 상태가 변하는 것을 물질의 (　　　　　　)라고 한다.

(2) 고체에서 액체로 상태가 변하는 현상을 (　　　　　　)라고 한다.

(3) 액체에서 고체로 상태가 변하는 현상을 (　　　　　　)라고 한다.

(4) 액체에서 기체로 상태가 변하는 현상을 (　　　　　　)라고 한다.

(5) 기체에서 액체로 상태가 변하는 현상을 (　　　　　　)라고 한다.

(6) 고체에서 액체를 거치지 않고 기체로 상태가 변하는 현상을 (　　　　　　)라고 한다.

(7) 기체에서 액체를 거치지 않고 고체로 상태가 변하는 현상을 (　　　　　　)라고 한다.

2. 물질의 상태 변화에 대한 설명으로 옳은 것은 ○표, 옳지 않은 것은 ×표 하시오.

(1) 물질은 한 가지 상태에서 다른 상태로 변할 수 있다. (　　　)

(2) 고체에서 기체로 상태가 변하려면 반드시 액체 상태를 거쳐야 한다. (　　　)

개념 3 물질의 상태 변화 예

융해	기화	승화(고체 → 기체)

아이스크림이 녹는다.	물이 끓는다.	드라이아이스가 작아진다.
응고	**액화**	**승화(기체 → 고체)**

고드름이 생긴다.	이슬이 맺힌다.	서리가 생긴다.

한 줄 개념 **우리 주변에서 물질의 상태 변화의 예를 찾을 수 있다.**

1. 다음 현상에서 나타나는 상태 변화의 종류를 선으로 연결하시오.

(1) 물이 끓는다. •	• ㉠ 융해
(2) 고드름이 생긴다. •	• ㉡ 응고
(3) 아이스크림이 녹는다. •	• ㉢ 기화
(4) 풀잎에 이슬이 맺힌다. •	• ㉣ 액화
(5) 드라이아이스가 작아진다. •	• ㉤ 고체에서 기체로의 승화
(6) 겨울철 나뭇잎에 서리가 생긴다. •	• ㉥ 기체에서 고체로의 승화

2. 다음 현상에서 공통으로 일어나는 상태 변화를 쓰시오.

• 이른 새벽 풀잎에 이슬이 맺힌다. • 차가운 컵 표면에 물방울이 맺힌다.

( )

개념 4 상태 변화에 따른 물질의 질량과 부피 변화

질량 변화

부피 변화

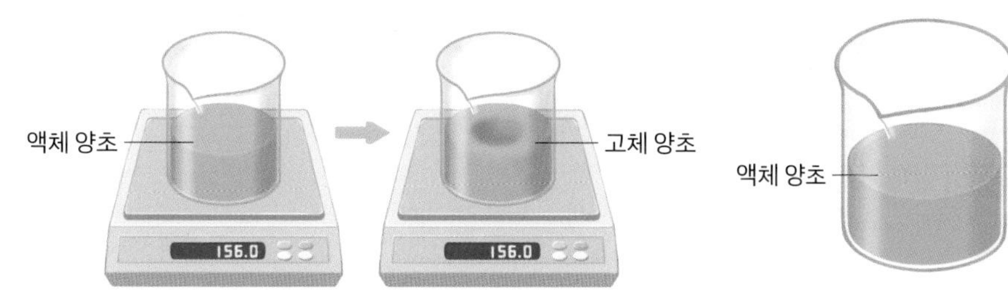

물질의 질량이 **변하지 않는다.**
→ **입자의 종류와 개수**가 변하지 않기 때문이다.

물질의 부피가 **변한다.**
→ **입자 배열**이 변하기 때문이다.

한 줄 개념 물질의 상태가 변할 때 물질의 질량은 변하지 않고 부피는 변한다.

1. **빈칸에 알맞은 말을 쓰시오.**

(1) 물질의 상태가 변할 때 물질의 (   )과 성질은 변하지 않는다.

(2) 물질의 상태가 변할 때 물질의 (   )는 변한다.

2. **물질의 상태가 변할 때 변하는 것과 변하지 않는 것을 <보기>에서 골라 기호를 쓰시오.**

<보기>

ㄱ. 입자의 종류　　　ㄴ. 입자의 개수　　　ㄷ. 입자의 배열

(1) 물질의 상태가 변할 때 변하는 것: (   )

(2) 물질의 상태가 변할 때 변하지 않는 것: (   )

한눈에 **개념 정리**

1 물질의 세 가지 상태

1 물질의 세 가지 상태 대부분의 물질은 고체, 액체, 기체의 세 가지 상태로 구분한다.[1]

고체	액체	기체
• 단단하다. • 모양과 부피가 일정하다. 예 돌, 나무, 얼음 등	• 흐르는 성질이 있다. • 모양은 일정하지 않지만 부피는 일정하다. 예 주스, 물 등	• 담는 그릇을 가득 채운다. • 모양과 부피가 일정하지 않다. 예 공기, 산소, 수증기 등

2 물질의 상태와 입자 모형[2]

고체	액체	기체
• 입자 배열이 규칙적이다. • 입자 사이의 거리가 매우 가깝다. • 입자가 제자리에서 운동한다.	• 입자 배열이 불규칙하다. • 입자 사이의 거리가 고체보다 멀다. • 입자가 비교적 활발하게 움직인다.	• 입자 배열이 매우 불규칙하다. • 입자 사이의 거리가 매우 멀다. • 입자가 매우 활발하게 움직인다.

3 물질의 상태에 따라 특징이 다른 까닭 물질의 상태에 따라 입자의 배열, 입자 사이의 상대적 거리, 입자의 운동성이 다르기 때문이다.

❶ **물질의 상태에 따른 모양과 부피 변화**

• 고체: 모양과 부피가 일정하다.

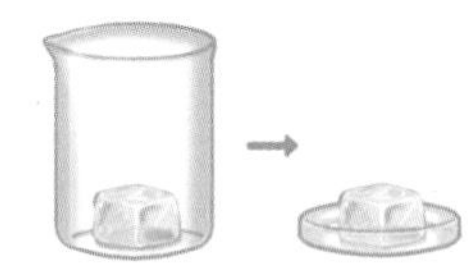

• 액체: 모양은 변하지만 부피는 일정하다.

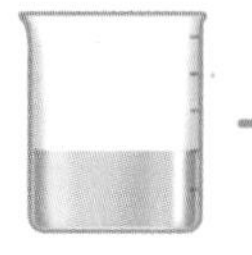

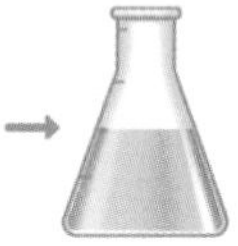

• 기체: 모양과 부피가 일정하지 않다.

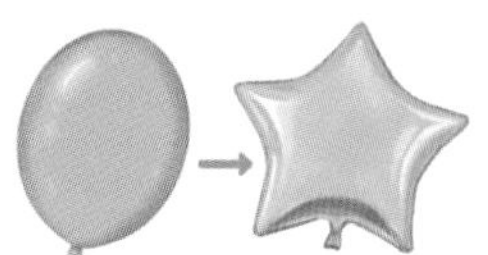

❷ **입자 모형**

물질을 구성하는 입자는 눈으로 볼 수 없기 때문에 모형을 이용하여 나타내면 편리하다. 이처럼 물질을 구성하는 입자를 모형으로 나타낸 것을 입자 모형이라고 한다.

2 물질의 상태 변화

1 물질의 상태 변화 물질의 상태가 변하는 것을 물질의 상태 변화라고 한다.

2 상태 변화의 종류

① 고체와 액체 사이의 상태 변화

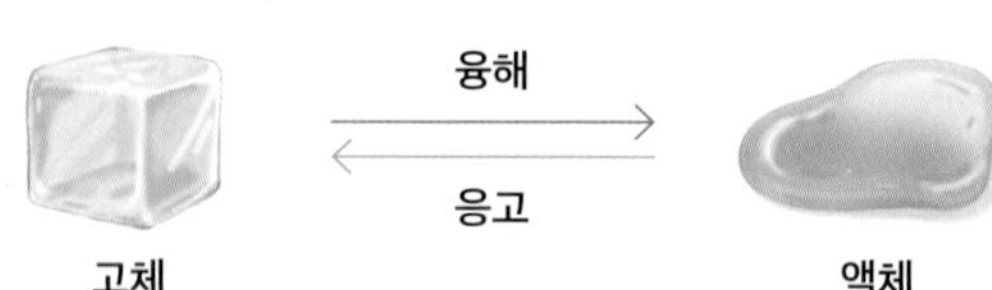

구분	융해	응고
뜻	고체에서 액체로 상태가 변하는 현상	액체에서 고체로 상태가 변하는 현상
예	• 고드름이 녹는다. • 아이스크림이 녹는다. • 철이 녹아 쇳물이 된다.	• 쇳물이 식어 철이 된다. • 흘러내리던 촛농이 굳는다. • 처마 끝에 고드름이 생긴다.

② 액체와 기체 사이의 상태 변화 탐구 1

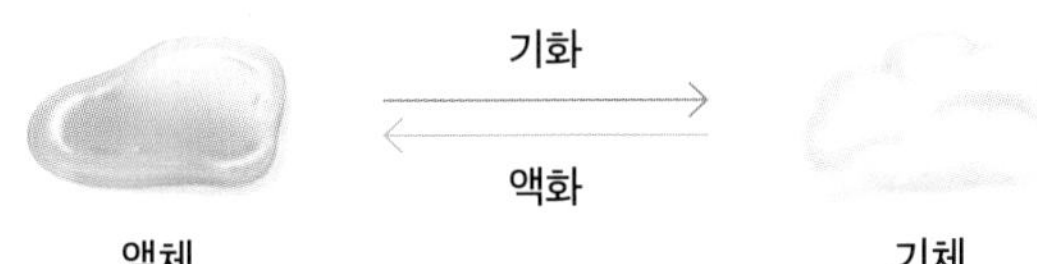

구분	기화	액화❸
뜻	액체에서 기체로 상태가 변하는 현상	기체에서 액체로 상태가 변하는 현상
예	• 젖은 빨래가 마른다. • 물이 끓어 수증기가 된다. • 손에 바른 손 소독제가 마른다.	• 풀잎에 이슬이 맺힌다. • 차가운 컵 표면에 물방울이 맺힌다. • 추운 곳에서 따뜻한 곳으로 들어가면 안경이 뿌옇게 흐려진다.

③ 고체와 기체 사이의 상태 변화 탐구 2

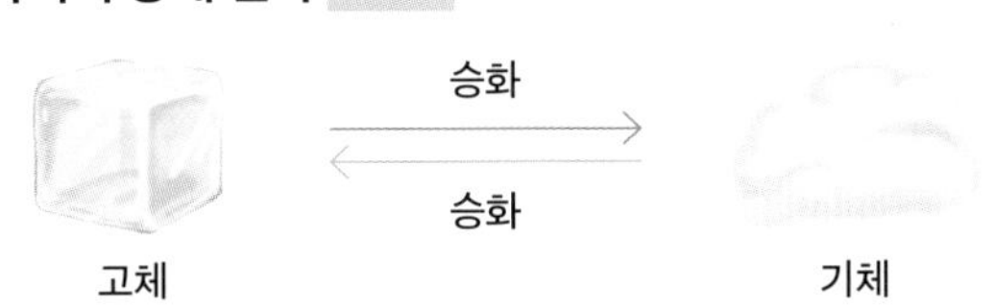

구분	승화(고체 → 기체)	승화(기체 → 고체)
뜻	고체에서 액체를 거치지 않고 기체로 상태가 변하는 현상	기체에서 액체를 거치지 않고 고체로 상태가 변하는 현상
예	• 드라이아이스* 크기가 작아진다. • 냉동실에 넣어 둔 얼음이 작아진다. • 추운 겨울 그늘에 있던 눈사람이 작아진다. • 영하의 온도에서 얼어 있던 명태가 마른다.	• 겨울철 나뭇잎에 서리가 생긴다. • 겨울철 유리창에 성에가 생긴다.

❸ **하얀 김**
주전자에 물을 넣고 끓이면 주전자 입구에서 하얀 김이 보인다. 김은 수증기가 액화한 작은 물방울이다.

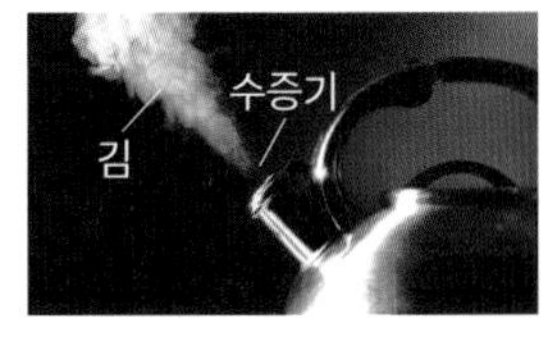

오개념 잡기

물질이 응고할 때 항상 부피가 줄어들까?
물은 일반적인 물질과 달리 응고할 때 부피가 늘어난다. 겨울철 수도 계량기가 터지거나 유리병에 물을 가득 담아 얼리면 유리병이 깨지는 것은 이 때문이다.

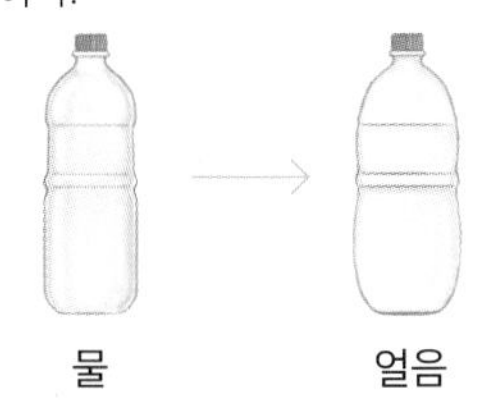

3 물질의 상태 변화에 따른 입자 배열의 변화 탐구 3 탐구 4

1 상태 변화에 따른 질량과 성질의 변화 물질의 상태가 변할 때 물질의 질량*과 성질은 변하지 않는다. → 물질을 구성하는 입자의 종류와 개수가 변하지 않기 때문이다.

2 상태 변화에 따른 부피의 변화 물질의 상태가 변할 때 물질의 부피는 변한다. → 물질을 구성하는 입자의 배열이 달라지기 때문이다.

① **부피가 증가하는 변화** 일반적으로 융해, 기화, 고체에서 기체로의 승화가 일어날 때는 입자 사이의 거리가 멀어져 부피가 늘어난다.

② **부피가 감소하는 변화** 일반적으로 응고, 액화, 기체에서 고체로의 승화가 일어날 때는 입자 사이의 거리가 가까워져 부피가 줄어든다.

용어 풀이

* **드라이아이스** 이산화 탄소를 압축·냉각하여 만든 고체.
* **질량** 물질의 고유한 양.

탐구 1 물의 상태 변화

과정

1 뜨거운 물이 들어 있는 비커 위에 얼음이 담긴 시계 접시*를 올려놓고 변화를 관찰한다.

2 비커 안의 물과 시계 접시 아랫면에 맺힌 액체에 푸른색 염화 코발트 종이*를 대어 색 변화를 관찰한다.

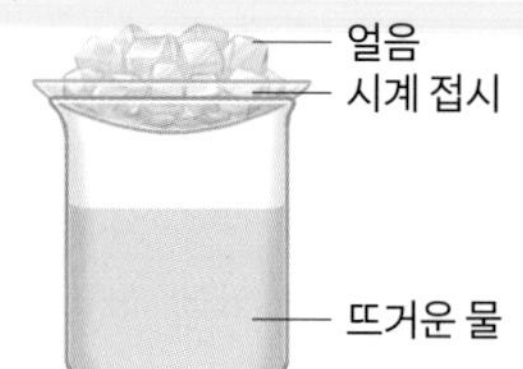

* **시계 접시** 화학 실험에 사용하는 오목한 접시 모양의 유리.
* **염화 코발트 종이** 건조한 상태에서는 푸른색을 띠고 물에 닿으면 붉게 변하는 종이.

결과

1 각 부분의 변화
- 비커 안의 물이 수증기로 변한다.(기화)
- 시계 접시 아랫면에 수증기가 식어 물방울이 맺힌다.(액화)
- 시계 접시 위의 얼음이 녹아 물이 된다.(융해)

2 비커 안의 물과 시계 접시 아랫면에 생긴 물방울에 닿은 푸른색 염화 코발트 종이가 붉게 변한다.
→ 물은 상태 변화가 일어나도 성질이 변하지 않는다.

1 위 탐구에 대한 설명으로 옳은 것은 ○표, 옳지 않은 것은 ×표 하시오.

(1) 비커 안의 물은 액화한다. ( )
(2) 시간이 지나면 시계 접시 위의 얼음은 융해된다. ( )
(3) 시간이 지나면 시계 접시 아랫면에 물방울이 맺힌다. ( )

탐구 2 드라이아이스의 상태 변화

과정

1 비닐 주머니 속에 드라이아이스를 넣은 후 공기를 최대한 빼고 입구를 막는다.

2 비닐 주머니 안의 드라이아이스가 어떻게 변하는지 관찰한다.

결과

비닐 주머니 속의 드라이아이스 조각은 크기가 점점 작아지고 비닐 주머니는 부풀어 오른다.
→ 드라이아이스가 고체 상태에서 기체 상태로 변했기 때문이다.(승화)

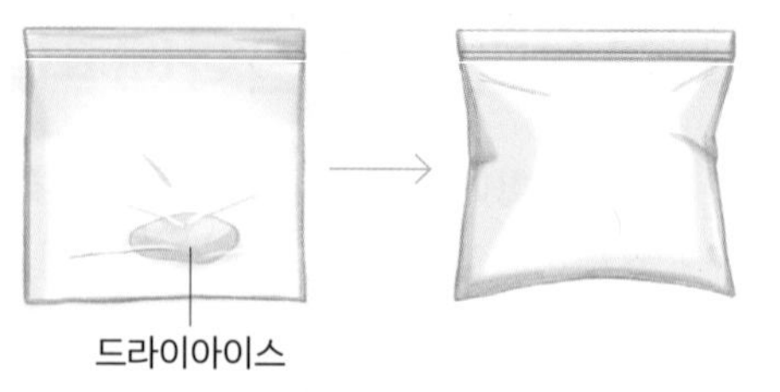

1 위 탐구에 대한 설명으로 옳은 것은 ○표, 옳지 않은 것은 ×표 하시오.

(1) 시간이 지나면 비닐 주머니가 부풀어 오른다. ( )
(2) 시간이 지나도 드라이아이스 크기는 변하지 않는다. ( )
(3) 시간이 지나면 드라이아이스가 고체 상태에서 액체 상태로 변한다. ( )

탐구 3 드라이아이스의 상태가 변할 때 질량과 부피 변화

과정

1 드라이아이스를 넣은 비닐 주머니를 감압 용기에 넣고 감압 용기의 공기를 뺀다.
2 전자저울로 감압 용기의 질량을 측정한다.
3 5분 동안 감압 용기에 들어 있는 비닐 주머니의 부피 변화를 관찰하고, 감압 용기의 질량을 측정한다.

* 질량을 정확하게 측정하기 위해 비닐 주머니를 감압 용기에 넣고 공기를 빼내 공기의 영향을 줄인다.

결과

1 감압 용기 전체의 질량은 변하지 않는다.
→ 드라이아이스가 승화할 때 질량이 변하지 않는다.
2 드라이아이스가 들어 있는 비닐 주머니가 부풀어 오른다.
→ 드라이아이스가 승화할 때 부피가 증가한다.

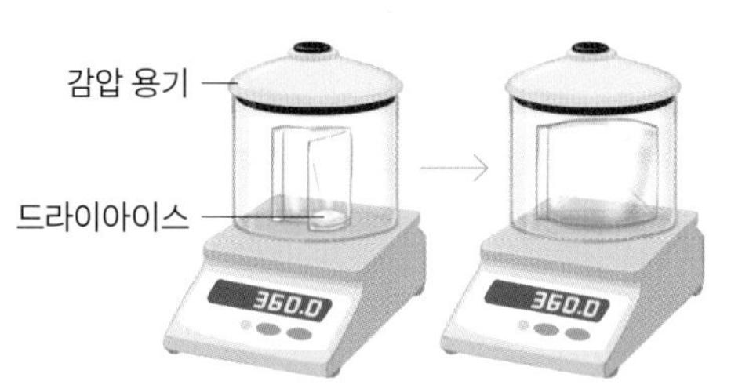

1 위 탐구에 대한 설명으로 옳은 것은 ○표, 옳지 않은 것은 ×표 하시오.

(1) 드라이아이스의 상태는 고체에서 기체로 변한다. ( )
(2) 드라이아이스의 상태가 변할 때 질량이 감소한다. ( )
(3) 드라이아이스의 상태가 변할 때 부피는 변하지 않는다. ( )

탐구 4 양초의 상태가 변할 때 질량과 부피 변화

과정

1 녹은 양초의 질량을 측정하고 부피를 표시한다.
2 양초가 굳으면 질량을 측정하고 부피를 표시한다.

결과

1 액체 양초가 응고할 때 질량은 변하지 않는다.
→ 물질의 상태가 변할 때 물질을 구성하는 입자의 종류와 개수는 변하지 않기 때문이다.
2 녹은 양초가 굳으면 가운데 부분이 오목하게 들어간다. 즉 액체 양초가 응고할 때 부피가 감소한다.
→ 액체 양초가 응고하면 입자 배열이 규칙적으로 변하고 입자 사이의 거리가 가까워지기 때문이다.

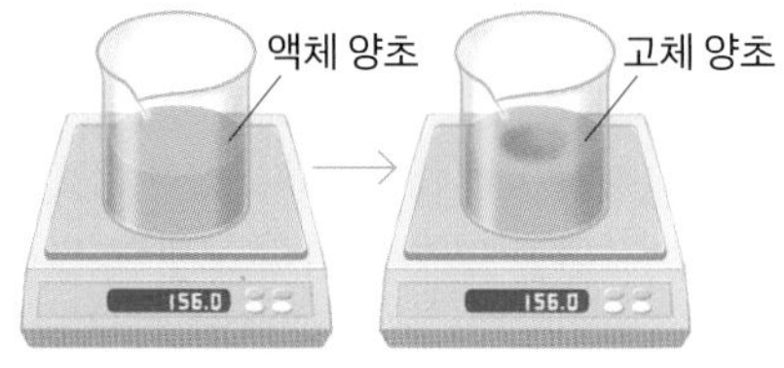

1 위 탐구에 대한 설명으로 옳은 것은 ○표, 옳지 않은 것은 ×표 하시오.

(1) 녹은 양초가 굳으면 가운데 부분이 볼록하게 튀어나온다. ( )
(2) 녹은 양초가 굳을 때 질량이 변하지 않는다. ( )
(3) 액체 양초가 응고할 때 부피가 감소한다. ( )

1 물질의 세 가지 상태

★중요

01 물질의 세 가지 상태에 대한 설명으로 옳은 것은?

① 고체는 흐르는 성질이 있다.
② 고체는 모양과 부피가 변한다.
③ 액체는 담는 그릇을 가득 채운다.
④ 액체는 모양과 부피가 일정하지 않다.
⑤ 기체는 모양과 부피가 일정하지 않다.

02 상온(25°C)에서 담는 그릇을 가득 채우며, 온도와 압력에 따라 부피가 쉽게 변하는 물질을 <보기>에서 모두 고른 것은?

<보기>

ㄱ. 돌	ㄴ. 물	ㄷ. 공기
ㄹ. 나무	ㅁ. 주스	ㅂ. 수증기

① ㄱ, ㄷ　② ㄱ, ㄹ　③ ㄴ, ㅁ
④ ㄷ, ㅂ　⑤ ㄹ, ㅂ

03 다음과 같은 특징을 가진 물질을 옳게 짝 지은 것은?

- 흐르는 성질이 있다.
- 담는 그릇에 따라 모양이 변한다.
- 담는 그릇이 달라져도 부피가 변하지 않는다.

① 얼음, 암석
② 물, 식용유
③ 수은, 수증기
④ 산소, 이산화 탄소
⑤ 드라이아이스, 주스

★중요

04 그림은 물질의 세 가지 상태를 입자 모형으로 나타낸 것이다.

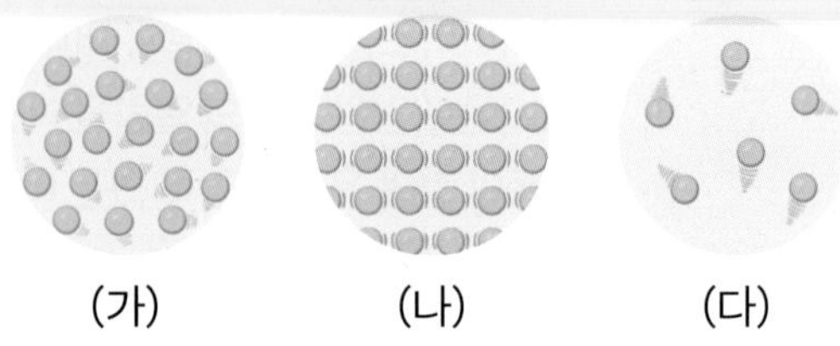
(가)　(나)　(다)

(가)~(다)의 특징을 옳게 설명한 것은?

① (가)는 입자가 규칙적으로 배열되어 있다.
② (가)는 입자가 비교적 자유롭게 움직인다.
③ (나)는 입자가 불규칙적으로 배열되어 있다.
④ (다)는 입자 사이의 거리가 매우 가깝다.
⑤ (가)는 (나)보다 입자 사이의 거리가 가깝다.

05 그림은 같은 물질의 세 가지 상태를 입자 모형으로 나타낸 것이다. 입자 사이의 거리를 비교한 것으로 옳은 것은?

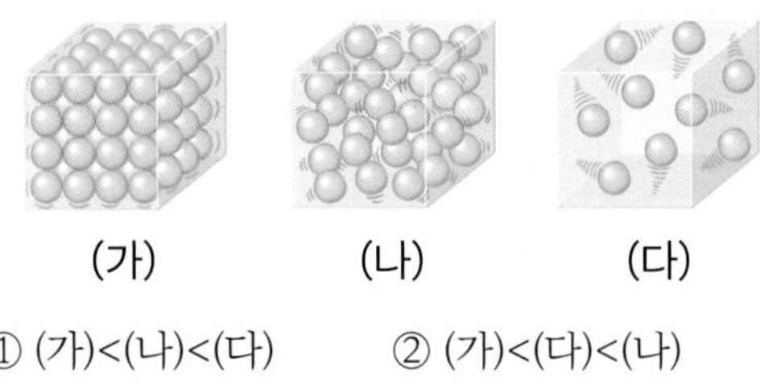
(가)　(나)　(다)

① (가)<(나)<(다)　② (가)<(다)<(나)
③ (나)<(가)<(다)　④ (나)<(다)<(가)
⑤ (다)<(가)<(나)

2 물질의 상태 변화

06 다음 현상에서 공통으로 일어나는 상태 변화의 종류로 옳은 것은?

- 촛농이 식어서 굳는다.
- 쇳물이 식어서 철이 된다.
- 처마 끝에 고드름이 생긴다.

① 기화　② 액화　③ 융해
④ 응고　⑤ 승화

07 그림은 나뭇잎에 이슬이 맺힌 모습이다. 이때 일어나는 상태 변화와 종류가 같은 것은?

① 고드름이 녹는다.
② 젖은 빨래가 마른다.
③ 흘러내리던 촛농이 굳는다.
④ 겨울철 유리창에 성에가 생긴다.
⑤ 차가운 컵 표면에 물방울이 맺힌다.

08 그림은 뜨거운 물이 들어 있는 비커 위에 얼음이 담긴 시계 접시를 올려놓은 모습이다. A와 B에서 일어나는 상태 변화로 옳은 것은?

	A	B
①	응고	융해
②	융해	응고
③	액화	융해
④	융해	액화
⑤	승화	승화

09 비닐 주머니에 드라이아이스 조각을 넣고 입구를 막은 후 시간이 지나자 비닐 주머니가 부풀어 올랐다.

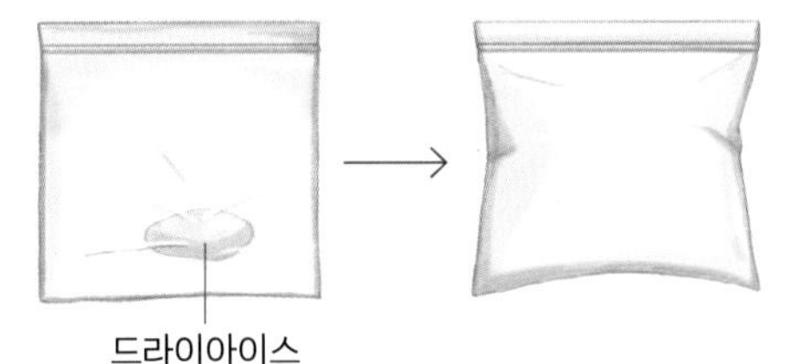

비닐 주머니 속에서 일어나는 상태 변화의 종류로 옳은 것은?

① 기화 ② 액화 ③ 융해
④ 응고 ⑤ 승화

★ 중요

10 그림은 물질의 상태 변화를 나타낸 것이다.

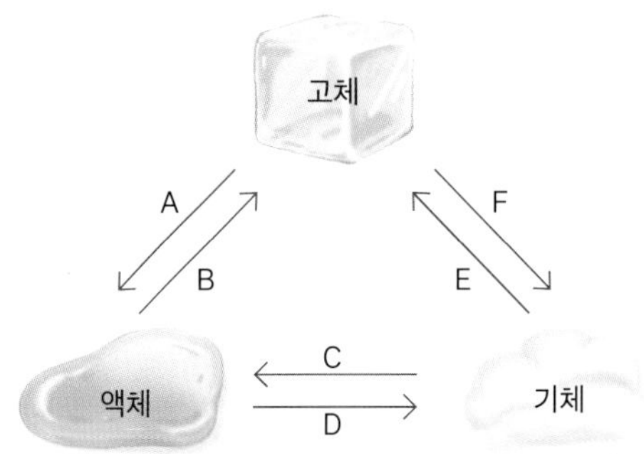

A ~ F에 해당하는 예를 옳게 짝 지은 것은?

① A: 고깃국이 식으면 기름이 굳는다.
② B: 아이스크림이 녹는다.
③ C: 물을 끓이면 물의 양이 줄어든다.
④ D: 냉동실에 넣어 둔 얼음이 작아진다.
⑤ E: 겨울철 나뭇잎에 서리가 생긴다.

3 물질의 상태 변화에 따른 입자 배열의 변화

11 상태 변화가 일어날 때 변하지 않는 것을 모두 고르면?(2개)

① 입자의 종류 ② 입자의 배열
③ 입자의 개수 ④ 입자의 운동성
⑤ 입자 사이의 거리

12 양초가 액체 상태에서 고체 상태로 변할 때 질량과 부피의 변화로 옳은 것은?

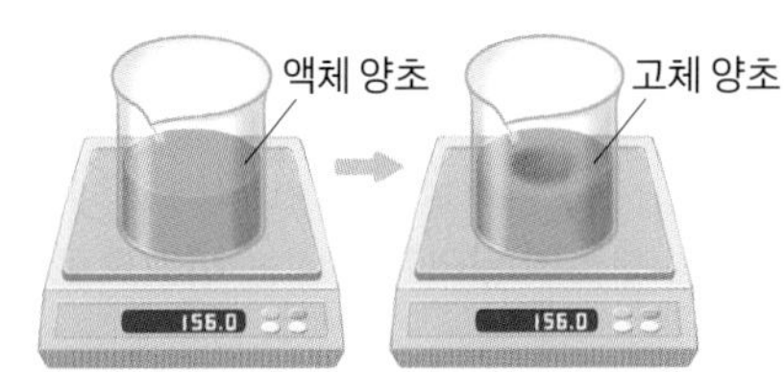

	질량	부피
①	변한다.	증가한다.
②	변한다.	감소한다.
③	변하지 않는다.	증가한다.
④	변하지 않는다.	감소한다.
⑤	변하지 않는다.	변하지 않는다.

13 비닐봉지에 아세톤을 넣고 입구를 묶은 후 비닐봉지에 뜨거운 물을 붓고 놓아두었다. 이에 대한 설명으로 옳지 않은 것은?

① 아세톤이 기화한다.
② 비닐봉지가 부풀어 오른다.
③ 아세톤 입자의 종류는 변하지 않는다.
④ 아세톤 입자 사이의 거리가 가까워진다.
⑤ 아세톤의 입자 배열이 불규칙적으로 변한다.

★중요

14 그림은 일반적인 물질의 상태 변화를 입자 모형으로 나타낸 것이다.

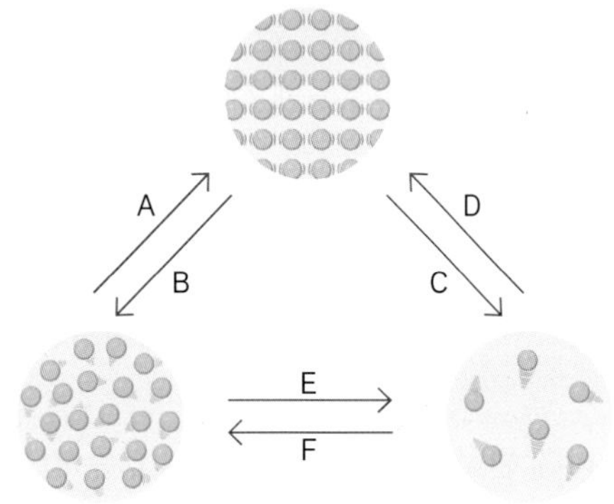

이에 대한 설명으로 옳지 않은 것은?

① A, D, F - 부피가 감소한다.
② A, D, F - 입자의 종류가 변하지 않는다.
③ B, C, E - 부피가 증가한다.
④ B, C, E - 입자의 운동이 활발해진다.
⑤ B, C, E - 입자 사이의 거리가 가까워진다.

15 고체 상태의 초콜릿을 녹여 액체 상태로 만들어도 초콜릿의 맛이 달라지지 않는 까닭으로 옳은 것은?

① 입자의 배열이 변하지 않기 때문에
② 입자 사이의 거리가 변하지 않기 때문에
③ 입자의 종류와 개수가 변하지 않기 때문에
④ 입자의 종류는 변하지만 배열은 변하지 않기 때문에
⑤ 입자의 종류는 변하지만 개수는 변하지 않기 때문에

서술형 문제

16 다음 단어를 이용하여 고체 상태와 기체 상태의 입자 배열의 특징을 비교하여 서술하시오.

입자 / 배열 / 규칙적 / 불규칙적

★중요

17 다음 단어를 이용하여 상태 변화가 일어날 때 변하는 것과 변하지 않는 것을 서술하시오.

질량 / 성질 / 부피

18 그림은 용광로에서 쇳물을 부어 철제품을 만드는 모습이다.

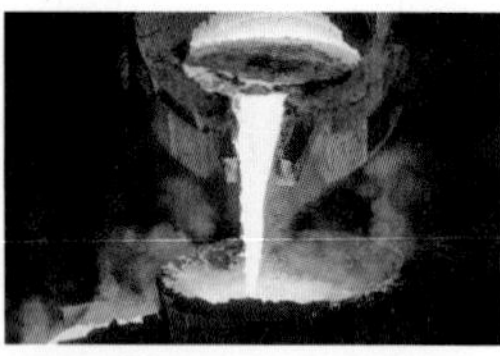

(1) 이때 일어나는 상태 변화의 종류를 쓰시오.

(2) 이때 입자 배열이 어떻게 변하는지 서술하시오.

실력 향상 문제

01 다음은 초가 탈 때 나타나는 현상을 설명한 것이다.

> 초의 심지에 불을 붙이면 고체 상태의 초가 녹아 심지를 타고 올라간다. 온도가 더 올라가면 액체 상태의 초는 기체 상태로 변한다. 심지 주변의 초는 녹아 흘러내리다가 다시 굳는다.

이 글에서 나타나지 않은 상태 변화를 모두 고르면?(2개)

① 기화 ② 액화 ③ 융해
④ 응고 ⑤ 승화

문제 해결 팁

초가 탈 때 나타나는 상태 변화
- 고체 상태의 초가 녹는다.(융해)
- 액체 상태의 초가 기체 상태로 변한다.(기화)
- 초가 흘러내리다가 다시 굳는다.(응고)

02 다음은 우주 식품을 만드는 방법을 설명한 것이다. 밑줄 친 부분과 같은 종류의 상태 변화가 일어나는 현상은?

> 우주선이나 우주 정거장 등에서 우주인이 먹을 수 있도록 만든 음식을 우주 식품이라고 한다. 우주 식품을 만들 때는 음식물을 얼려 음식물 속의 물을 얼음으로 만든 다음, 얼음을 바로 수증기로 바꿔 음식물 속의 수분을 제거하는데, 이를 동결 건조라고 한다.

① 아이스크림이 녹는다.
② 촛농이 식어서 굳는다.
③ 쇳물이 식어 철이 된다.
④ 드라이아이스 크기가 작아진다.
⑤ 겨울철 유리창에 성에가 생긴다.

문제 해결 팁

얼음이 수증기로 변하는 상태 변화
얼음이 수증기로 변하는 것은 고체에서 기체로의 승화이다.

03 그림과 같이 물을 끓일 때 주전자 입구에서 하얀 김이 보인다. 이에 대한 설명으로 옳지 않은 것은?

① 물이 기화할 때 입자 배열이 변한다.
② 하얀 김은 수증기가 액화한 작은 물방울이다.
③ 수증기가 액화할 때 입자의 종류는 변하지 않는다.
④ 수증기가 김으로 변할 때 입자 사이의 거리가 멀어진다.
⑤ 물을 끓이면 액체 상태에서 기체 상태로 상태가 변한다.

문제 해결 팁

물을 끓일 때 나타나는 상태 변화
- 물이 수증기로 변한다.(기화)
- 수증기가 김으로 변한다.(액화)

03 상태 변화와 열에너지

한 컷 개념

개념 1 상태 변화와 열에너지 출입

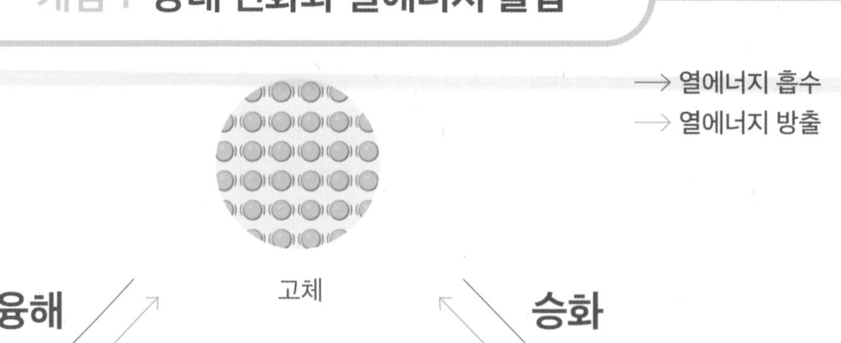

한 줄 개념 물질은 상태가 변할 때 열에너지를 흡수하거나 방출한다.

1. 빈칸에 알맞은 말을 쓰시오.

(1) 물질은 상태가 변할 때 ( )를 흡수하거나 방출한다.

(2) 물질이 융해, 기화, 고체에서 기체로 승화할 때는 열에너지를 ( )한다.

(3) 물질이 응고, 액화, 기체에서 고체로 승화할 때는 열에너지를 ( )한다.

2. 알맞은 상태 변화의 종류를 찾아 기호를 쓰시오.

(1) 열에너지를 흡수하는 상태 변화: ( )

(2) 열에너지를 방출하는 상태 변화: ( )

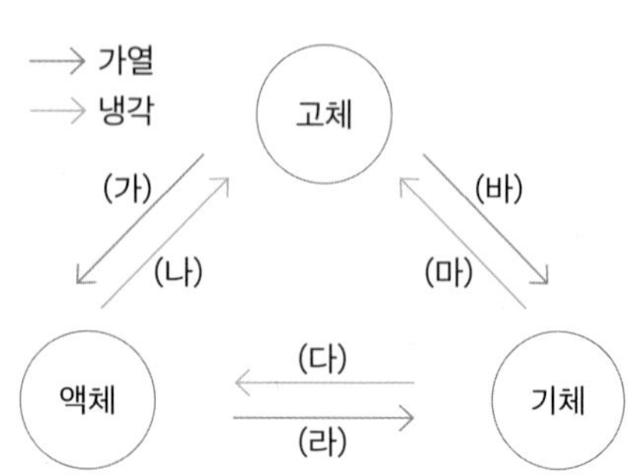

개념 2 상태 변화와 온도 변화

열에너지를 흡수하는 상태 변화

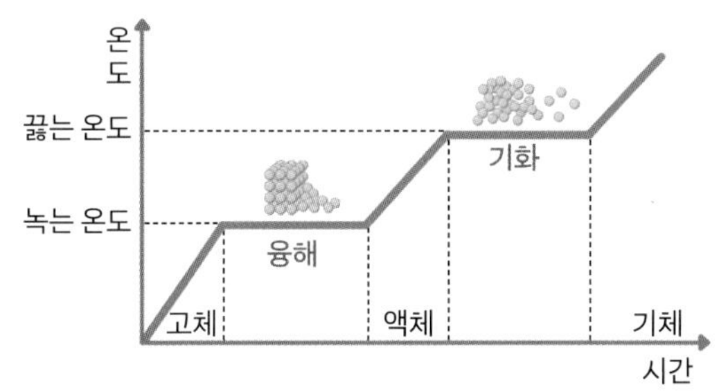

물질이 융해, 기화하는 동안에는
온도가 일정하게 유지된다.

열에너지를 방출하는 상태 변화

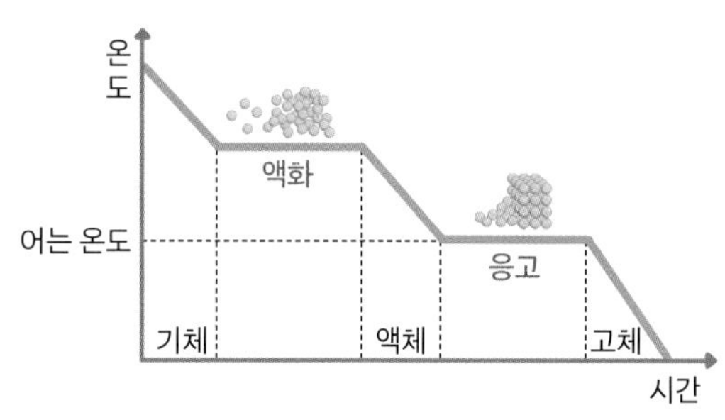

물질이 액화, 응고하는 동안에는
온도가 일정하게 유지된다.

한 줄 개념 물질의 상태가 변하는 동안에는 온도가 일정하게 유지된다.

1. 알맞은 말에 ○표 하시오.

(1) 고체를 가열하여 액체로 상태가 변하는 동안 온도는 (높아진다, 일정하다).

(2) 액체를 가열하여 기체로 상태가 변하는 동안 온도는 (높아진다, 일정하다).

(3) 기체를 냉각하여 액체로 상태가 변하는 동안 온도는 (낮아진다, 일정하다).

(4) 액체를 냉각하여 고체로 상태가 변하는 동안 온도는 (낮아진다, 일정하다).

2. 빈칸에 알맞은 말을 쓰시오.

(1) 물질이 열에너지를 (　　　　　　　)하면 입자의 배열이 불규칙하게 변한다.

(2) 물질이 열에너지를 (　　　　　　　)하면 입자의 배열이 규칙적으로 변한다.

개념 3 열에너지를 흡수하는 상태 변화 이용

열에너지를 흡수하는 상태 변화가 일어나면 주위의 온도가 낮아진다.

융해	기화	승화(고체 → 기체)
	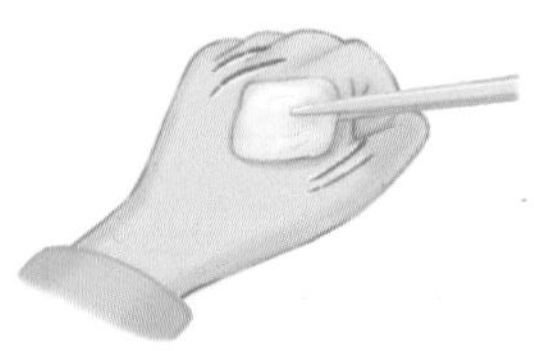	
얼음 조각 옆에 있으면 시원해진다.	알코올을 묻힌 솜을 문지르면 시원해진다.	아이스크림을 보관할 때 드라이아이스를 넣는다.

한 줄 개념 열에너지를 흡수하는 상태 변화가 일어나면 주위의 온도가 낮아진다.

1. 알맞은 말에 ○표 하시오.

(1) 열에너지를 흡수하는 상태 변화가 일어나면 주위의 온도가 (낮아진다, 높아진다).

(2) 얼음 조각 옆에 있으면 얼음이 융해하면서 열에너지를 (흡수, 방출)하므로 시원해진다.

(3) 알코올을 묻힌 솜을 손등에 문지르면 알코올이 기화하면서 열에너지를 (흡수, 방출)하므로 시원해진다.

(4) 아이스크림을 보관할 때 드라이아이스를 넣으면 드라이아이스가 승화하면서 열에너지를 (흡수, 방출)하므로 아이스크림이 잘 녹지 않는다.

2. 상태 변화가 일어날 때 주위의 온도가 낮아지는 경우를 <보기>에서 모두 골라 기호를 쓰시오.

<보기>

ㄱ. 기화	ㄴ. 액화	ㄷ. 융해
ㄹ. 응고	ㅁ. 고체에서 기체로의 승화	ㅂ. 기체에서 고체로의 승화

( )

개념 4 열에너지를 방출하는 상태 변화 이용

열에너지를 방출하는 상태 변화가 일어나면 주위의 온도가 높아진다.

응고

오렌지에 물을 뿌려 냉해를 막는다.

액화

소나기가 내리기 전에 후텁지근하다.

승화(기체 → 고체)

눈이 내릴 때는 포근하다.

한 줄 개념 열에너지를 방출하는 상태 변화가 일어나면 주위의 온도가 높아진다.

1. 알맞은 말에 ○표 하시오.

(1) 열에너지를 방출하는 상태 변화가 일어나면 주위의 온도가 (낮아진다, 높아진다).

(2) 갑자기 날씨가 추워질 때 오렌지에 물을 뿌리면 물이 응고하면서 열에너지를 (흡수, 방출)하므로 오렌지가 얼지 않는다.

(3) 소나기가 내리기 전에는 수증기가 액화하면서 열에너지를 (흡수, 방출)하므로 후텁지근하다.

(4) 눈이 내릴 때는 수증기가 승화하면서 열에너지를 (흡수, 방출)하므로 날씨가 포근하다.

2. 상태 변화가 일어날 때 주위의 온도가 높아지는 경우를 <보기>에서 모두 골라 기호를 쓰시오.

<보기>

ㄱ. 기화	ㄴ. 액화	ㄷ. 융해
ㄹ. 응고	ㅁ. 고체에서 기체로의 승화	ㅂ. 기체에서 고체로의 승화

( )

한눈에 **개념 정리**

1 열에너지를 흡수하는 상태 변화

1 열에너지를 흡수하는 상태 변화 융해, 기화, 고체에서 기체로의 승화가 일어날 때 물질이 열에너지*를 흡수한다.

2 물질을 가열할 때의 온도 변화 물질을 가열하면 온도가 높아지는데, 물질의 상태가 변하는 동안에는 온도가 일정하게 유지된다. → 가해 준 열에너지가 상태 변화에 모두 사용되기 때문이다.[1] 탐구 1

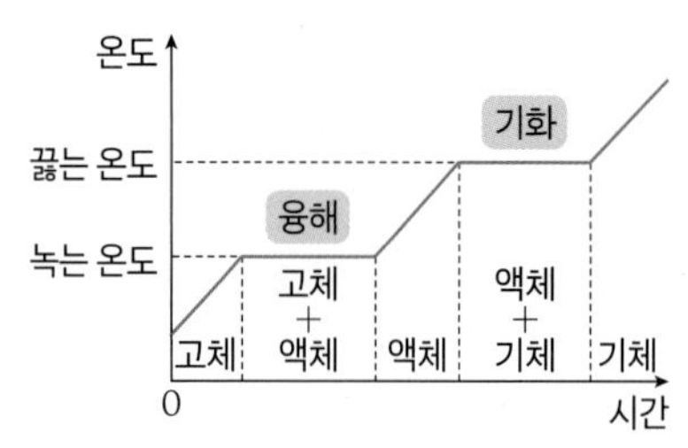

- 융해가 일어날 때는 고체와 액체 상태가 함께 존재한다.
- 기화가 일어날 때는 액체와 기체 상태가 함께 존재한다.

➊ 종이 냄비로 물을 끓일 때 종이 냄비가 타지 않는 까닭
종이 냄비의 물이 끓는 동안 흡수한 열에너지는 물의 상태 변화에 사용되어 물의 온도가 종이가 타는 온도까지 올라가지 않기 때문이다.

3 열에너지를 흡수하는 상태 변화와 입자 모형 물질이 열에너지를 흡수하면 입자 운동이 활발해지고, 입자 배열이 불규칙하게 변하고, 입자 사이의 거리가 멀어지면서 상태 변화가 일어난다.

2 열에너지를 방출하는 상태 변화

1 열에너지를 방출하는 상태 변화 응고, 액화, 기체에서 고체로의 승화가 일어날 때 물질이 열에너지를 방출한다.

2 물질을 냉각할 때의 온도 변화 물질을 냉각하면 온도가 낮아지는데, 물질의 상태가 변하는 동안에는 온도가 일정하게 유지된다. → 상태 변화하는 동안 방출하는 열에너지가 온도가 낮아지는 것을 막아 주기 때문이다. 탐구 2

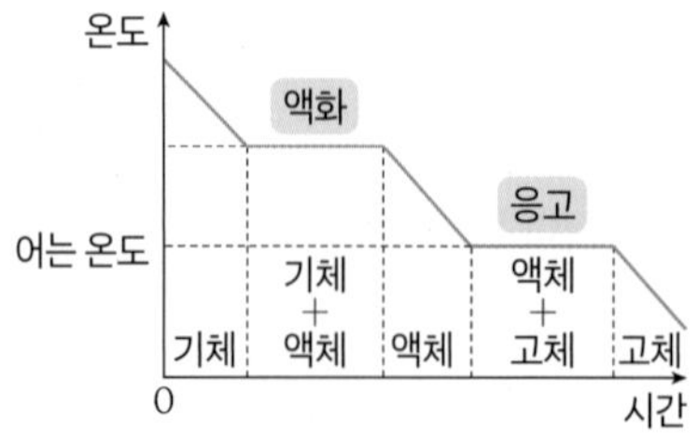

- 액화가 일어날 때는 기체와 액체 상태가 함께 존재한다.
- 응고가 일어날 때는 액체와 고체 상태가 함께 존재한다.

3 열에너지를 방출하는 상태 변화와 입자 모형 물질이 열에너지를 방출하면 입자 운동이 둔해지고, 입자 배열이 규칙적으로 변하고, 입자 사이의 거리가 가까워지면서 상태 변화가 일어난다.

용어 풀이

* **열에너지** 온도가 다른 두 물체 사이에서 이동하는 에너지.

3 상태 변화할 때 출입하는 열에너지의 이용❷

1 상태 변화가 일어날 때 흡수하는 열에너지의 이용

① 융해, 기화, 고체에서 기체로의 승화가 일어날 때는 열에너지를 흡수하므로 주위의 온도가 낮아진다.

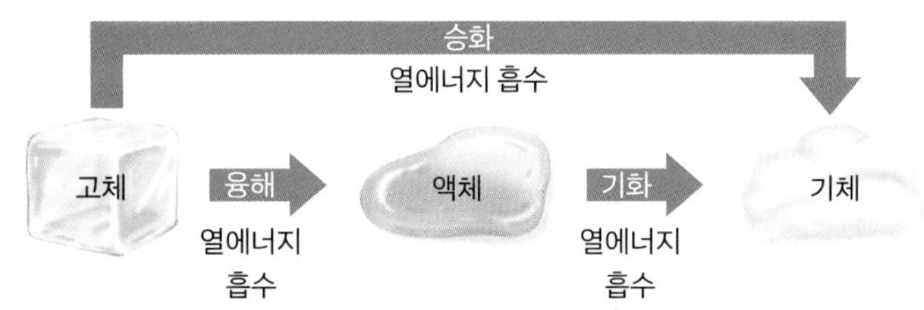

② 흡수하는 열에너지의 이용❸

융해	기화	승화(고체→기체)
• 얼음 조각 근처에 있으면 시원하다. • 아이스박스에 얼음을 넣어 음료수를 차갑게 보관한다.	• 여름철 도로에 물을 뿌려 시원하게 한다. • 물놀이 후 물 밖으로 나오면 춥게 느껴진다. • 알코올을 묻힌 솜을 손등에 문지르면 시원하다.	• 아이스크림을 보관할 때 드라이아이스를 넣는다.

2 상태 변화가 일어날 때 방출하는 열에너지의 이용

① 응고, 액화, 기체에서 고체로의 승화가 일어날 때는 열에너지를 방출하므로 주위의 온도가 높아진다.

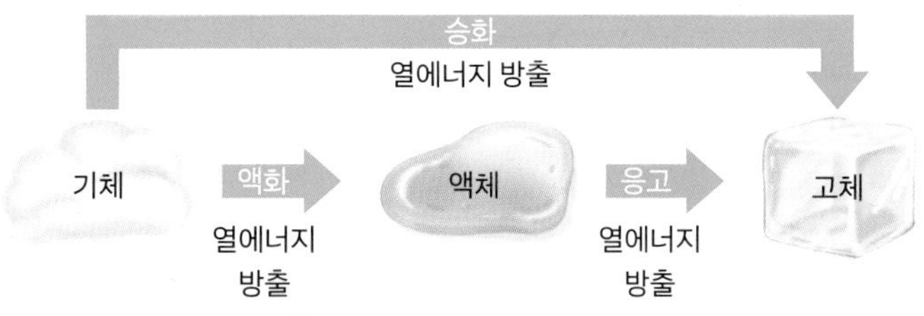

② 방출하는 열에너지의 이용❹

응고	액화	승화(기체→고체)
• 액체 파라핀*이 응고하면서 손을 따뜻하게 한다. • 얼음집* 안에 물을 뿌려 내부를 따뜻하게 한다. • 날씨가 갑자기 추워지면 오렌지에 물을 뿌려 냉해*를 막는다.	• 소나기가 내리기 전에 후텁지근하다. • 냉방이 잘 된 곳에서 밖으로 나오면 후텁지근하다. • 커피 기계의 수증기가 액화되면서 우유를 데운다.	• 눈이 내릴 때는 날씨가 포근하다.

❷ **에어컨과 증기 난방기의 원리** 특강
- 에어컨: 에어컨의 실내기에서 액체 상태의 냉매가 기화하면서 열에너지를 흡수하여 실내를 시원하게 한다.
- 증기 난방기: 증기 난방기의 방열기에서 수증기가 액화하면서 열에너지를 방출하여 실내를 따뜻하게 한다.

❸ **냉장고의 원리**
냉장고 안은 증발기에서 냉매가 기화하며 열에너지를 흡수해서 시원하고, 냉장고 뒤쪽은 응축기에서 냉매가 액화하며 열에너지를 방출해서 뜨겁다.

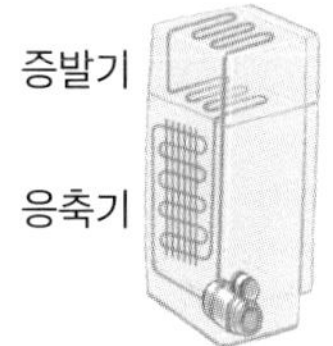

❹ **방출하는 열에너지의 이용**
- 소나기가 내리기 전에는 공기 중의 수증기가 액화하면서 열에너지를 방출하기 때문에 후텁지근하다.
- 냉방이 잘 된 곳에서 밖으로 나오면 공기 중의 수증기가 차가운 피부에 닿을 때 액화하면서 열에너지를 방출하기 때문에 후텁지근하다.
- 눈이 내릴 때는 공기 중의 수증기가 승화하면서 열에너지를 방출하기 때문에 포근하다.

용어 풀이
- * **파라핀** 원유를 정제할 때 생기는, 희고 반투명한 고체. 양초, 연고 등을 만드는 데 쓴다.
- * **얼음집** 얼음과 눈덩이로 둥글게 만든 이누이트의 집. (= 이글루)
- * **냉해** 여름철의 이상 저온 등으로 농작물이 자라는 도중에 입는 피해.

탐구 집중 분석

탐구 1 물이 끓을 때 온도 변화

과정
1 삼각 플라스크에 물을 $\frac{1}{3}$ 정도 넣고 끓임쪽*을 넣는다.
2 삼각 플라스크를 가열하면서 2분 간격으로 온도를 측정하고, 물이 끓기 시작하면 온도를 5분 정도 더 측정한다.

* **끓임쪽** 액체가 갑자기 끓어오르는 것을 막기 위한 돌이나 유리 조각.

결과
1 가열 시간에 따른 온도 변화 그래프를 그려 본다.
2 물이 끓는 온도는 100℃이다.
3 물을 가열하면 온도가 높아지다가 100℃가 되어 물이 끓기 시작하면 온도가 일정하게 유지된다.

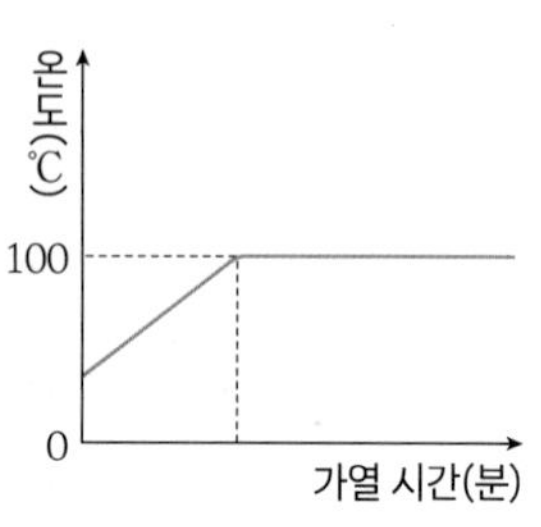

1 위 탐구에 대한 설명으로 옳은 것은 ○표, 옳지 않은 것은 ×표 하시오.

(1) 물이 끓는 온도는 100℃이다. ( )
(2) 물을 가열하면 온도가 계속 높아진다. ( )
(3) 물이 끓어 기체로 상태가 변하는 동안 온도가 일정하게 유지된다. ( )

탐구 2 물이 얼 때 온도 변화

과정
1 얼음과 소금을 3 : 1의 비율로 스타이로폼 컵에 넣고 잘 섞는다.
2 물을 $\frac{1}{3}$ 정도 넣은 시험관을 스타이로폼 컵에 넣고, 2분 간격으로 온도를 측정한다.

결과
1 냉각 시간에 따른 온도 변화 그래프를 그려 본다.
2 물이 어는 온도는 0℃이다.
3 물을 냉각하면 온도가 낮아지다가 0℃가 되어 물이 얼기 시작하면 온도가 일정하게 유지된다. 물이 모두 얼면 다시 온도가 낮아진다.

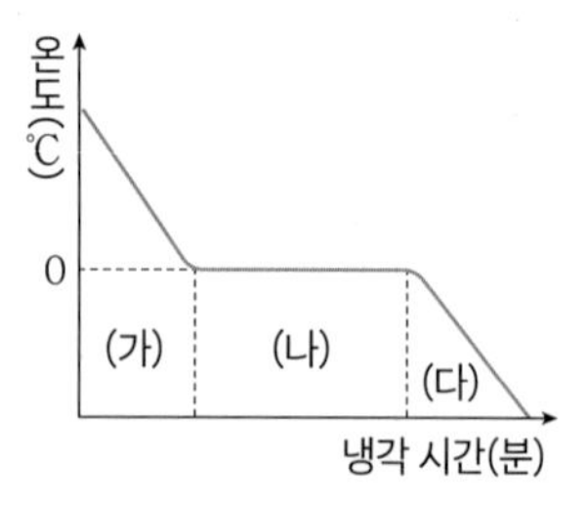

1 위 탐구에 대한 설명으로 옳은 것은 ○표, 옳지 않은 것은 ×표 하시오.

(1) 물이 어는 온도는 0℃이다. ( )
(2) 물이 어는 동안 온도가 계속 낮아진다. ( )
(3) 위 탐구의 그래프에서 상태 변화가 일어나는 구간은 (다)이다. ( )

정답과 해설 22쪽

〈특강〉

1 에어컨의 원리

액체 냉매*가 기체로 기화하면서 열에너지를 흡수하여 실내 공기를 시원하게 한다.

- 실내기: 액체 상태의 냉매가 기화하면서 열에너지를 흡수하여 시원한 공기를 만든다.
- 실외기: 기체 상태의 냉매가 액화하면서 열에너지를 방출하여 더운 공기를 만든다.

* **냉매** 냉장고나 에어컨과 같은 장치에서 액체에서 기체로, 기체에서 액체로 상태가 변하면서 열에너지를 흡수하거나 방출하는 물질.

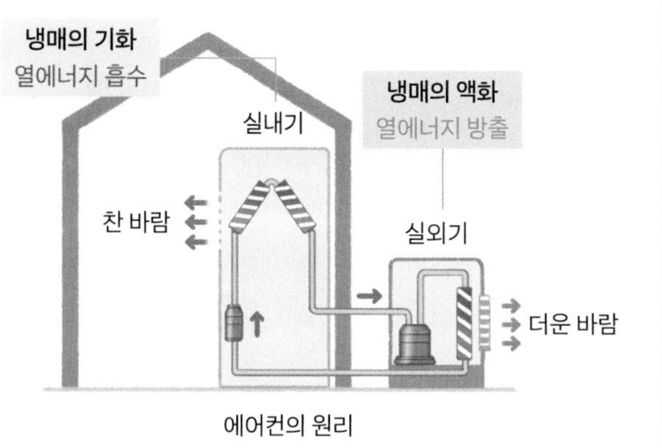

에어컨의 원리

2 증기 난방기의 원리

수증기가 물로 액화하면서 열에너지를 방출하여 실내 공기를 따뜻하게 한다.

- 방열기: 수증기가 물로 액화하면서 열에너지를 방출하여 실내가 따뜻해진다.
- 보일러: 물이 수증기로 기화하면서 열에너지를 흡수한다.

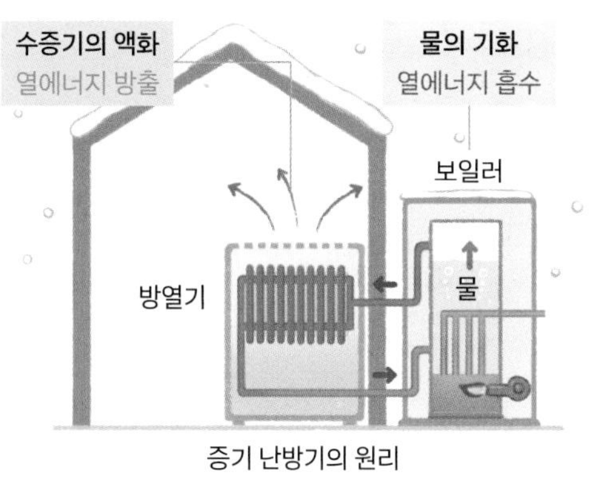

증기 난방기의 원리

1 에어컨에 대한 설명으로 옳은 것은 ○표, 옳지 않은 것은 ×표 하시오.

(1) 에어컨의 실내기에서 냉매는 액화한다. ( )
(2) 에어컨의 실외기에서 냉매는 기화한다. ( )
(3) 에어컨의 실내기에서는 열에너지를 흡수한다. ( )
(4) 에어컨의 실외기에서는 열에너지를 방출한다. ( )

2 증기 난방기에 대한 설명으로 옳은 것은 ○표, 옳지 않은 것은 ×표 하시오.

(1) 증기 난방기의 방열기에서 수증기가 액화한다. ( )
(2) 증기 난방기의 보일러에서 물이 기화한다. ( )
(3) 증기 난방기의 방열기에서는 열에너지를 흡수한다. ( )
(4) 증기 난방기의 보일러에서는 열에너지를 방출한다. ( )

1 열에너지를 흡수하는 상태 변화

01 열에너지를 흡수하는 상태 변화를 모두 고르면?(2개)

① 기화　② 액화　③ 융해
④ 응고　⑤ 기체에서 고체로의 승화

[02~03] 그림은 어떤 고체 물질을 가열하면서 측정한 온도 변화를 나타낸 것이다.

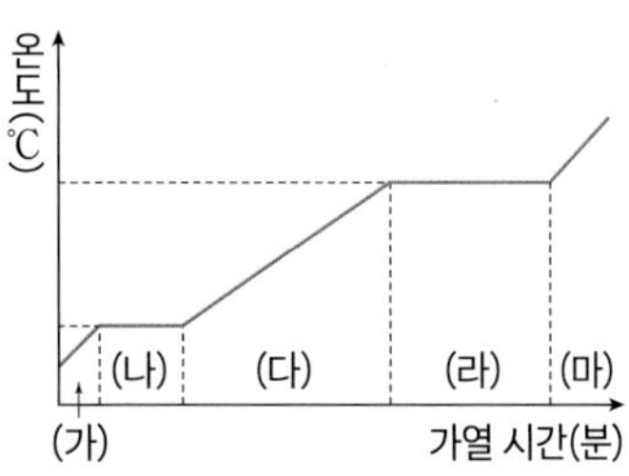

★중요

02 구간 (가)~(마) 중 상태 변화가 일어나는 구간을 모두 고르면?(2개)

① (가)　② (나)　③ (다)
④ (라)　⑤ (마)

03 다음 각 구간에서 물질의 상태를 옳게 짝 지은 것은?

① (가) - 기체
② (나) - 액체
③ (다) - 고체와 액체
④ (라) - 액체와 기체
⑤ (마) - 고체

2 열에너지를 방출하는 상태 변화

04 열에너지를 방출하는 상태 변화를 <보기>에서 모두 고른 것은?

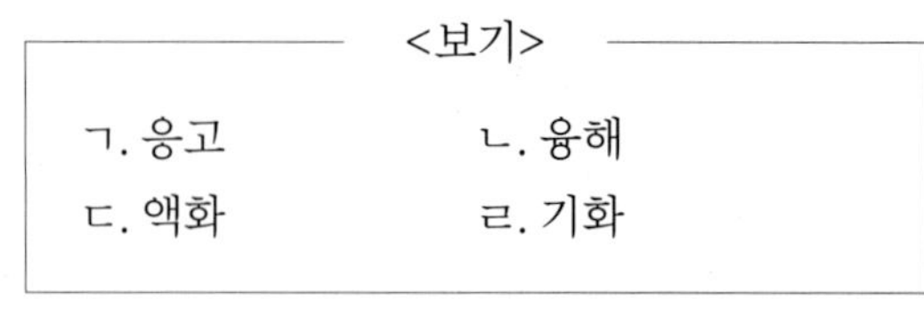
<보기>

ㄱ. 응고　ㄴ. 융해
ㄷ. 액화　ㄹ. 기화

① ㄱ, ㄴ　② ㄱ, ㄷ　③ ㄱ, ㄹ
④ ㄴ, ㄷ　⑤ ㄴ, ㄹ

[05~06] 그림은 물의 냉각 곡선을 나타낸 것이다.

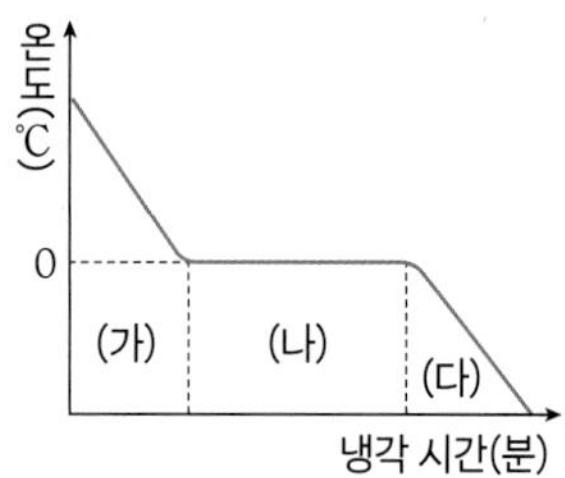

05 이에 대한 설명으로 옳은 것은?

① (가) 구간에서는 입자 배열이 규칙적이다.
② (나) 구간에서 온도는 일정하게 유지된다.
③ (나) 구간에서는 입자가 제자리에서 진동한다.
④ (다) 구간에서는 상태 변화가 일어난다.
⑤ (다) 구간에서는 입자 사이의 거리가 매우 멀다.

★중요

06 (나) 구간에서 온도가 일정하게 유지되는 까닭으로 옳은 것은?

① 가해 준 열에너지가 물질에 전달되지 않기 때문에
② 가해 준 열에너지가 상태 변화에 모두 사용되기 때문에
③ 상태가 변하는 동안 열에너지가 출입하지 않기 때문에
④ 상태가 변하는 동안 흡수하는 열에너지가 온도가 높아지는 것을 막아 주기 때문에
⑤ 상태가 변하는 동안 방출하는 열에너지가 온도가 낮아지는 것을 막아 주기 때문에

3 상태 변화할 때 출입하는 열에너지의 이용

07 그림은 물질의 상태 변화를 모형으로 나타낸 것이다. 주위의 온도가 높아지는 과정을 모두 고른 것은?

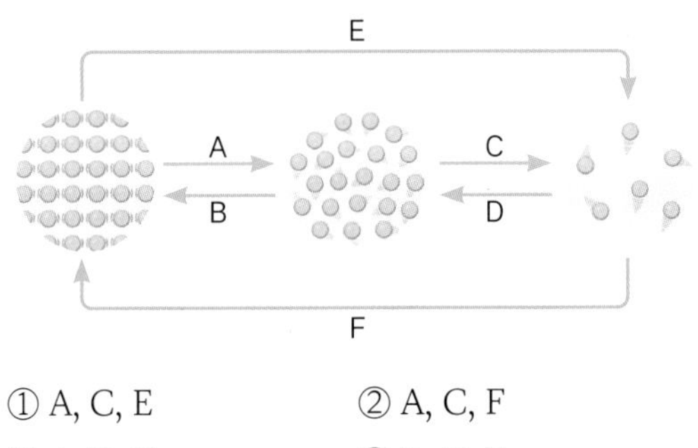

① A, C, E　② A, C, F
③ A, D, F　④ B, C, E
⑤ B, D, F

08 그림은 물질의 상태 변화를 입자 모형으로 나타낸 것이다.

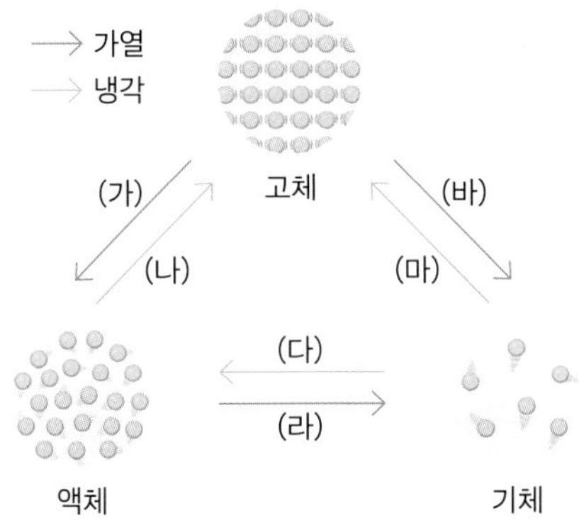

다음 현상과 관련 있는 상태 변화와 열에너지의 출입을 옳게 짝 지은 것은?

> 날씨가 갑자기 추워지면 오렌지에 물을 뿌려 냉해를 막는다.

① (가) - 열에너지 흡수
② (나) - 열에너지 방출
③ (다) - 열에너지 흡수
④ (라) - 열에너지 방출
⑤ (마) - 열에너지 흡수

★ 중요

09 열에너지를 흡수하는 상태 변화의 예를 <보기>에서 모두 고른 것은?

<보기>

ㄱ. 얼음 조각 근처에 있으면 시원하다.
ㄴ. 소나기가 내리기 전에 후텁지근하다.
ㄷ. 여름철 도로에 물을 뿌려 시원하게 한다.

① ㄱ　② ㄴ　③ ㄱ, ㄷ
④ ㄴ, ㄷ　⑤ ㄱ, ㄴ, ㄷ

10 물질의 상태 변화가 일어날 때 열에너지를 방출하는 예로 옳은 것은?

① 눈이 내릴 때는 날씨가 포근하다.
② 물놀이 후 물 밖으로 나오면 춥게 느껴진다.
③ 알코올을 묻힌 솜을 손등에 문지르면 시원하다.
④ 아이스박스에 얼음을 넣어 음료수를 차갑게 보관한다.
⑤ 여름철 안개형 냉각 장치에서 물방울을 뿜어 거리를 시원하게 한다.

11 액체 파라핀에 손을 담갔다 빼면 따뜻해진다. 이와 관련된 상태 변화의 종류와 열에너지의 출입을 옳게 짝 지은 것은?

① 응고, 열에너지 방출
② 응고, 열에너지 흡수
③ 융해, 열에너지 방출
④ 기화, 열에너지 방출
⑤ 기화, 열에너지 흡수

★중요

12 그림은 에어컨의 구조를 나타낸 것이다. 이에 대한 설명으로 옳은 것은?

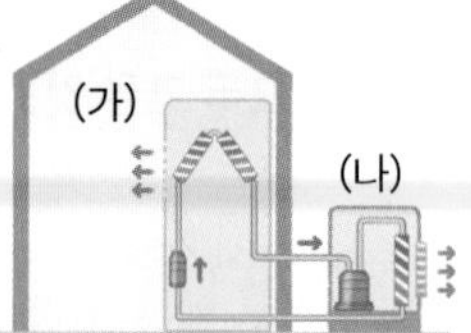

① (가)는 실외기이다.
② (나)는 실내기이다.
③ (가)에서 냉매가 액화한다.
④ (나)에서 열에너지를 흡수한다.
⑤ 에어컨은 냉매의 상태 변화를 이용하여 실내 공기를 시원하게 한다.

13 그림은 증기 난방기의 구조를 나타낸 것이다.

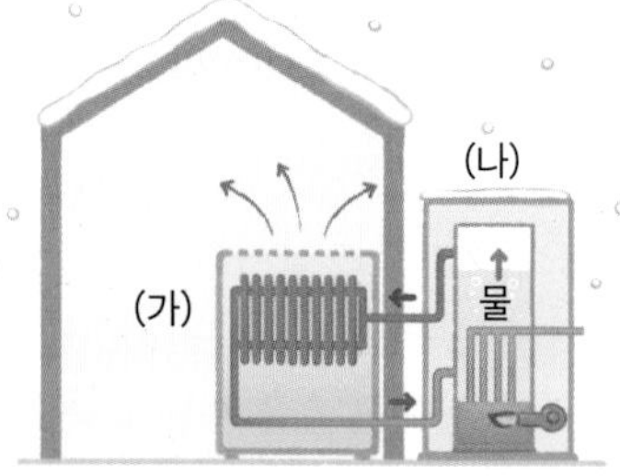

이에 대한 설명으로 옳지 않은 것은?

① (가)는 방열기이다.
② (나)는 보일러이다.
③ (가)에서는 물이 수증기로 변한다.
④ (나)에서는 열에너지를 흡수한다.
⑤ 증기 난방기는 물의 상태 변화를 이용하여 실내 공기를 따뜻하게 한다.

14 다음과 같은 상황에서 일어나는 현상에 대한 설명으로 옳지 않은 것은?

여름에 분수대 옆을 지나면 시원하다.

① 열에너지를 흡수한다.
② 입자의 운동이 활발해진다.
③ 입자 사이의 거리가 멀어진다.
④ 입자의 종류가 변하지 않는다.
⑤ 입자의 배열이 규칙적으로 변한다.

서술형 문제

★중요

15 그림은 물의 가열 곡선을 나타낸 것이다. (나) 구간에서 온도가 일정하게 유지되는 까닭을 서술하시오.

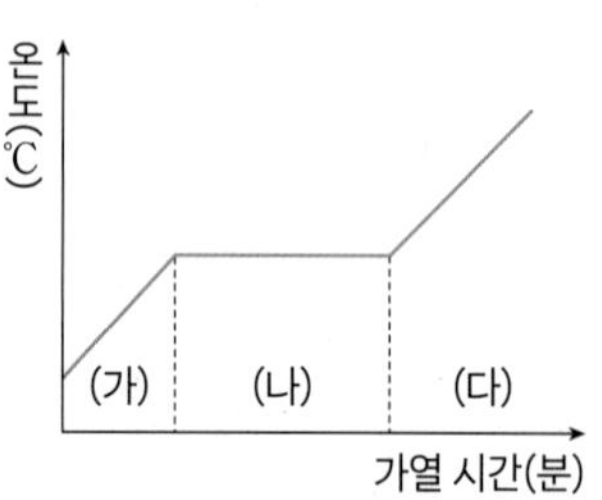

16 아이스크림 케이크를 포장할 때는 아이스크림 케이크가 녹지 않도록 드라이아이스를 함께 넣어 포장한다. 그 까닭을 물질의 상태 변화와 열에너지 출입 관계로 설명하시오.

17 우리 조상들은 추운 겨울 과일 창고에 큰 물그릇을 두어 과일이 어는 것을 막았다. 다음 단어를 이용하여 그 까닭을 서술하시오.

응고 / 열에너지 / 방출

정답과 해설 23쪽

01 그림은 어떤 고체 물질의 가열·냉각 곡선을 나타낸 것이다.

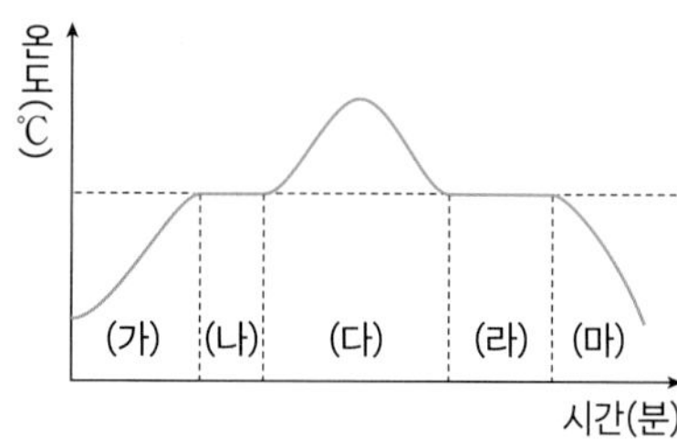

이에 대한 설명으로 옳은 것은?

① (가) 구간에서는 상태 변화가 일어난다.
② (나) 구간에서는 입자의 배열이 규칙적으로 변한다.
③ (다) 구간에서는 고체와 액체 상태가 존재한다.
④ (라) 구간에서는 열에너지를 방출한다.
⑤ (마) 구간에서는 흡수한 열에너지가 상태 변화에 모두 사용된다.

문제 해결 팁

가열·냉각 곡선
그래프에서 온도가 일정하게 유지되는 구간이 상태 변화가 일어나는 구간이다.

02 다음은 항아리 냉장고의 원리를 설명한 것이다. 밑줄 친 부분과 같은 종류의 상태 변화가 일어나는 현상은?

> 항아리 냉장고는 음식물을 시원하게 보관할 수 있는 장치이다. 항아리 냉장고는 큰 항아리와 작은 항아리 사이에 젖은 모래를 넣고, 작은 항아리 안에 음식물을 넣어 사용한다. 젖은 모래의 물이 기화하면서 주위의 열을 흡수하는 원리를 이용한 것이다.

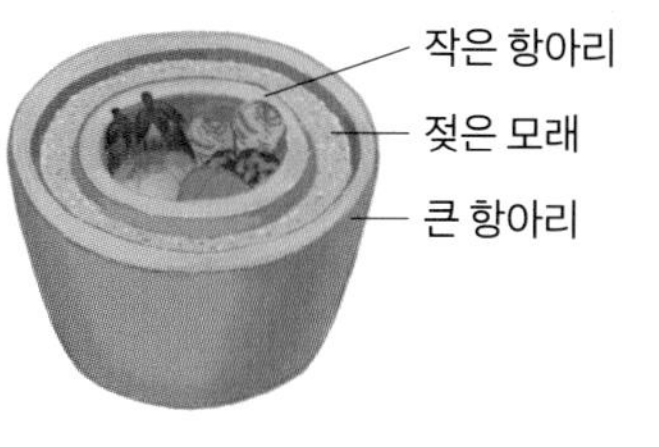

① 얼음 조각 근처에 있으면 시원하다.
② 소나기가 내리기 전에 후텁지근하다.
③ 물놀이 후 물 밖으로 나오면 춥게 느껴진다.
④ 아이스크림을 보관할 때 드라이아이스를 넣는다.
⑤ 냉방이 잘 된 곳에서 밖으로 나오면 후텁지근하다.

문제 해결 팁

항아리 냉장고의 원리
젖은 모래의 물이 수증기로 기화하면서 주위의 열을 흡수한다.

01 입자의 운동

확산	입자가 스스로 운동하여 멀리 퍼져 나가는 현상
증발	입자가 스스로 운동하여 액체 (❶)에서 기체로 변하는 현상

02 물질의 상태 변화

물질의 세 가지 상태	대부분의 물질은 고체, 액체, 기체 상태로 구분한다. • 고체: 입자가 (❷)적으로 배열되어 있다. • 액체: 입자가 불규칙적으로 배열되어 있다. • 기체: 입자가 매우 (❸)적으로 배열되어 있다.
물질의 상태 변화	물질의 상태가 변하는 것 • (❹): 고체에서 액체로 상태가 변하는 현상 • 응고: 액체에서 고체로 상태가 변하는 현상 • (❺): 액체에서 기체로 상태가 변하는 현상 • 액화: 기체에서 액체로 상태가 변하는 현상 • (❻): 고체에서 기체로, 기체에서 고체로 상태가 변하는 현상
상태 변화에 따른 입자 배열의 변화	물질의 상태가 변할 때 물질의 질량과 성질은 변하지 않고, 부피는 변한다. → 입자의 종류와 개수는 변하지 않고 입자 배열이 변하기 때문이다.

03 상태 변화와 열에너지

열에너지를 흡수하는 상태 변화

• 열에너지를 (❼)하는 상태 변화: 융해, 기화, 고체에서 기체로의 승화
• 물질의 상태가 변하는 동안에는 온도가 일정하게 유지된다.

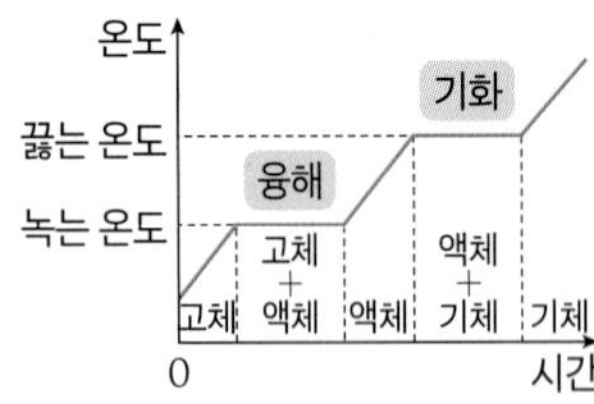

열에너지를 방출하는 상태 변화

• 열에너지를 (❽)는 상태 변화: 응고, 액화, 기체에서 고체로의 승화
• 물질의 상태가 변하는 동안에는 온도가 일정하게 유지된다.

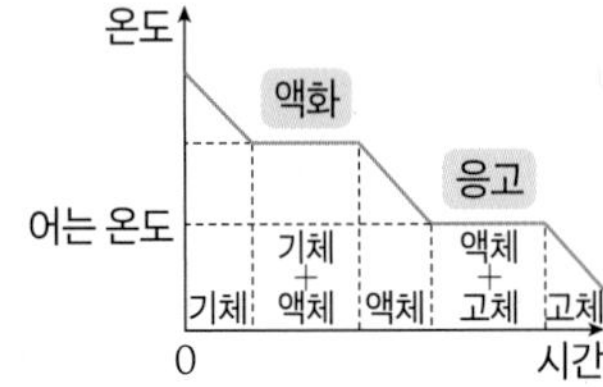

단원 평가 문제

★ 중요 입자의 운동

01 확산과 증발에 설명으로 옳지 않은 것은?

① 확산은 기체에서만 일어난다.
② 확산은 모든 방향으로 일어난다.
③ 증발은 액체의 표면에서 일어난다.
④ 온도가 높을수록 확산과 증발이 잘 일어난다.
⑤ 확산과 증발 모두 입자의 운동 때문에 나타나는 현상이다.

입자의 운동

02 확산 현상의 예로 옳지 않은 것은?

① 염전에서 소금을 얻는다.
② 향수 냄새가 방 전체로 퍼진다.
③ 꽃밭 근처를 지나면 꽃향기가 난다.
④ 전기 모기향을 피워 모기를 쫓는다.
⑤ 물에 잉크를 떨어뜨리면 물 전체로 퍼져 나간다.

입자의 운동

03 그림과 같이 전자저울 위에 거름종이를 올려놓고 아세톤을 몇 방울 떨어뜨렸더니 시간이 지나면서 저울에 표시된 숫자가 작아졌다.

이 실험과 원리가 같은 현상으로 옳은 것은?

① 아이스크림이 녹는다.
② 웅덩이에 고인 물이 줄어든다.
③ 빵집 근처에서 빵 냄새가 난다.
④ 이른 새벽 풀잎에 이슬이 맺힌다.
⑤ 추운 겨울 나뭇잎에 서리가 생긴다.

★ 중요 물질의 세 가지 상태

04 상온(25℃)에서 다음 물질이 가지는 공통적인 성질로 옳은 것은?

산소, 공기, 수증기

① 단단하다.
② 입자 사이의 거리가 가깝다.
③ 입자가 제자리에서 진동한다.
④ 입자가 규칙적으로 배열되어 있다.
⑤ 담는 그릇에 따라 모양과 부피가 변한다.

물질의 세 가지 상태

05 그림은 물질의 세 가지 상태를 입자 모형으로 나타낸 것이다.

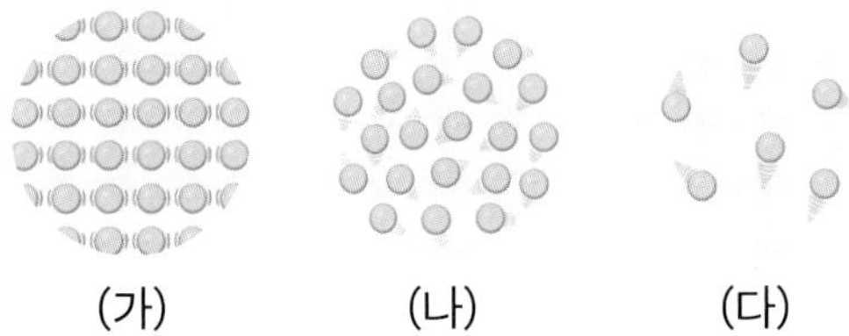

(가) ~ (다)에 대한 설명으로 옳은 것은?

① (가)에서 (다)로 변하면 부피가 줄어든다.
② 입자의 운동이 가장 활발한 것은 (가)이다.
③ 입자 사이의 거리가 가장 먼 것은 (다)이다.
④ 입자가 가장 규칙적으로 배열되어 있는 것은 (나)이다.
⑤ (다)에서 (나)로 변하면 입자 사이의 거리가 멀어진다.

물질의 상태 변화

06 다음 현상에서 공통으로 일어나는 상태 변화의 종류로 옳은 것은?

- 고드름이 녹는다.
- 용광로에서 철이 녹아 쇳물이 된다.

① 기화 ② 액화 ③ 융해
④ 응고 ⑤ 승화

물질의 상태 변화

07 그림은 물질의 상태 변화를 나타낸 것이다.

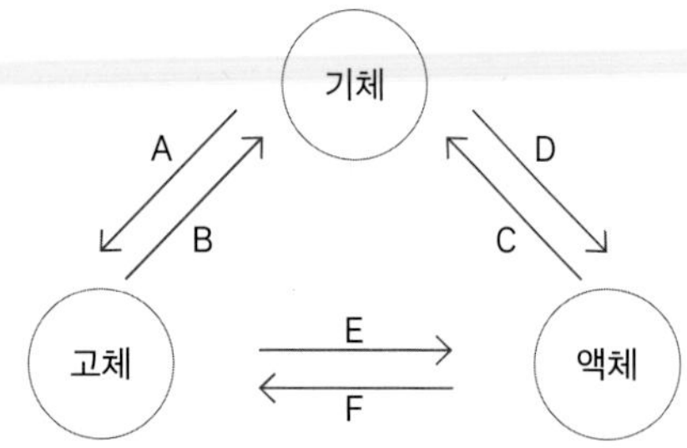

A ~ F에 해당하는 예를 옳게 짝 지은 것은?

① A: 드라이아이스 크기가 작아진다.
② B: 겨울철 유리창에 성에가 생긴다.
③ C: 풀잎에 이슬이 맺힌다.
④ D: 젖은 빨래가 마른다.
⑤ F: 쇳물이 식어서 철이 된다.

물질의 상태 변화

08 비닐봉지에 아세톤을 넣고 입구를 묶은 후 뜨거운 물을 붓고 놓아두었더니 비닐봉지가 부풀었다. 비닐봉지 속에서 일어나는 상태 변화의 종류로 옳은 것은?

① 기화 ② 액화 ③ 융해
④ 응고 ⑤ 승화

상태 변화에 따른 입자 배열의 변화

09 비닐 주머니에 드라이아이스 조각을 넣고 입구를 막은 후 시간이 지나자 비닐 주머니가 부풀어 올랐다.

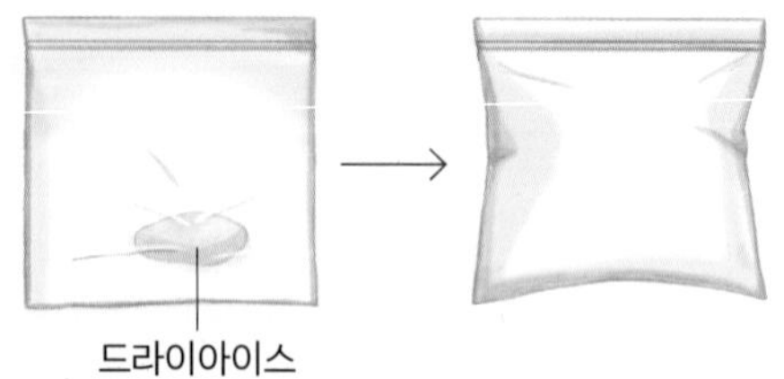

이에 대한 설명으로 옳은 것은?

① 드라이아이스가 기화한다.
② 드라이아이스의 질량이 변한다.
③ 드라이아이스 입자의 운동이 활발해진다.
④ 드라이아이스 입자의 배열이 규칙적으로 된다.
⑤ 드라이아이스 입자 사이의 거리가 가까워진다.

★ 중요 상태 변화에 따른 입자 배열의 변화

10 그림은 물질의 상태 변화를 입자 모형으로 나타낸 것이다.

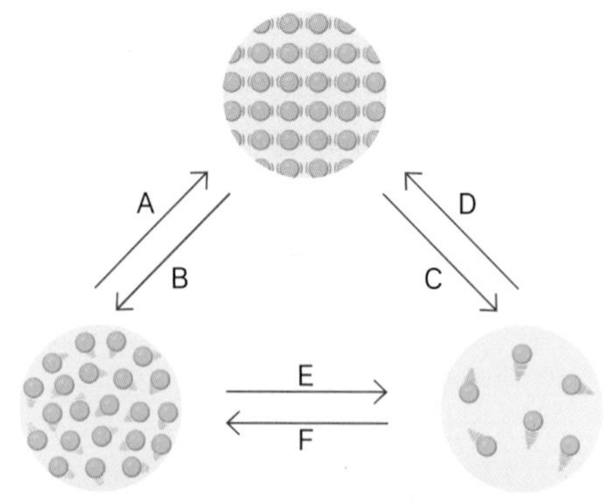

겨울철 나뭇잎에 서리가 생기는 현상과 관련된 상태 변화의 종류와 기호를 옳게 짝 지은 것은?

① 기화, E ② 액화, F ③ 융해, B
④ 승화, C ⑤ 승화, D

상태 변화에 따른 입자 배열의 변화

11 물질의 상태 변화에 대한 설명으로 옳은 것은?

① 물질의 상태가 변하면 입자의 개수가 변한다.
② 물질의 상태가 변할 때 입자의 종류가 변한다.
③ 물질의 상태가 변해도 물질의 성질은 변하지 않는다.
④ 물질의 상태가 변해도 입자의 배열은 변하지 않는다.
⑤ 물질의 상태가 변해도 물질의 부피는 변하지 않는다.

상태 변화에 따른 입자 배열의 변화

12 입자 사이의 거리가 멀어지는 상태 변화의 예를 모두 고른 것은?

<보기>

ㄱ. 촛농이 굳는다.
ㄴ. 손에 바른 손 소독제가 마른다.
ㄷ. 차가운 컵 표면에 물방울이 맺힌다.
ㄹ. 드라이아이스의 크기가 점점 작아진다.

① ㄱ, ㄴ ② ㄱ, ㄷ ③ ㄱ, ㄹ
④ ㄴ, ㄷ ⑤ ㄴ, ㄹ

열에너지를 흡수하는 상태 변화

[13~14] 그림은 얼음의 가열 곡선을 나타낸 것이다.

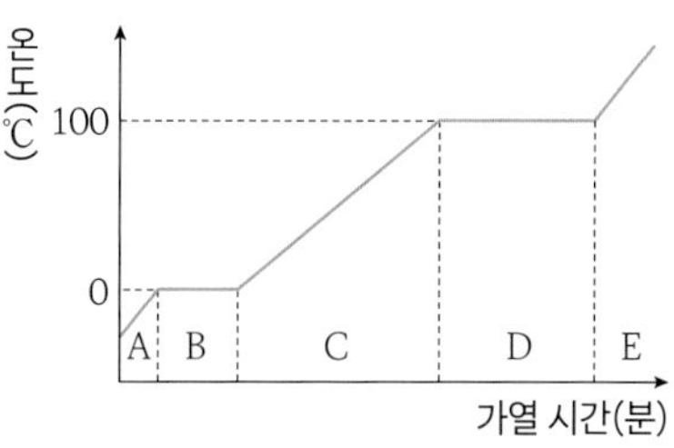

★ 중요

13 B와 D 구간에서 일어나는 상태 변화의 종류를 옳게 짝 지은 것은?

	B	D
①	융해	기화
②	융해	액화
③	융해	승화
④	응고	기화
⑤	응고	액화

14 D 구간에 대한 설명으로 옳은 것은?

① 부피가 감소한다.
② 질량이 증가한다.
③ 입자 운동이 둔해진다.
④ 액체에서 기체로 상태가 변하면서 열에너지를 방출한다.
⑤ 가해 준 열에너지가 상태 변화에 쓰이기 때문에 온도가 일정하다.

열에너지를 방출하는 상태 변화

15 그림은 물의 냉각 곡선을 나타낸 것이다. 이에 대한 설명으로 옳은 것은?

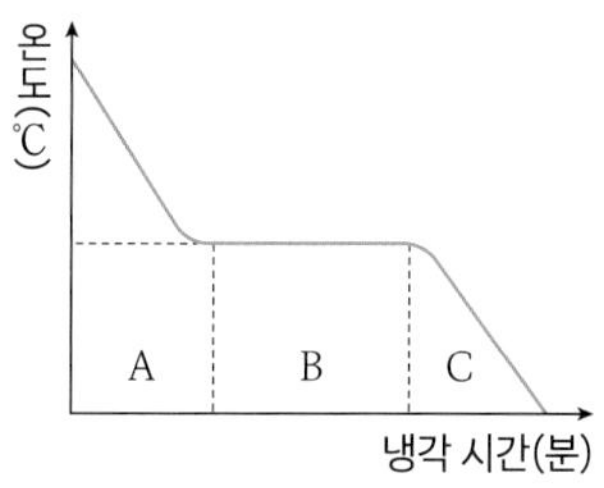

① A 구간에서는 응고가 일어난다.
② B 구간에서는 입자 배열이 변한다.
③ C 구간에서는 상태 변화가 일어난다.
④ A 구간보다 C 구간에서 입자 운동이 활발하다.
⑤ A 구간보다 C 구간에서 입자 배열이 불규칙적이다.

★ 중요

상태 변화할 때 출입하는 열에너지의 이용

16 물질의 상태 변화가 일어날 때 열에너지를 흡수하는 예가 아닌 것은?

① 무더운 여름철 도로에 물을 뿌린다.
② 얼음 조각 근처에 있으면 시원하다.
③ 얼음집 내부에 물을 뿌려 내부를 따뜻하게 한다.
④ 아이스크림을 보관할 때 드라이아이스를 넣는다.
⑤ 아이스박스에 얼음을 넣어 음식물을 차게 보관한다.

상태 변화할 때 출입하는 열에너지의 이용

17 그림은 물질의 상태 변화를 입자 모형으로 나타낸 것이다.

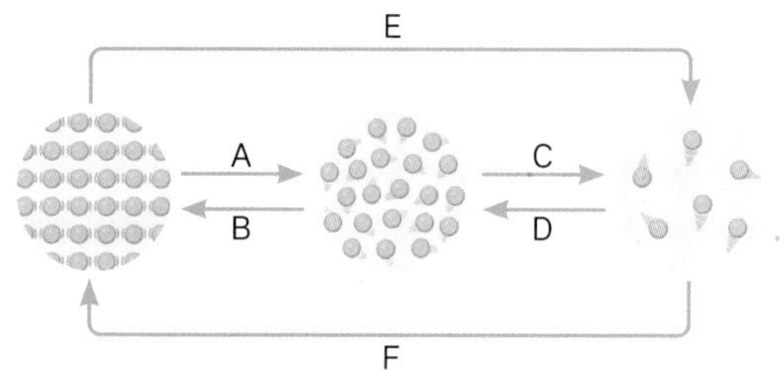

이에 대한 설명으로 옳은 것은?

① A 과정에서 열에너지를 방출한다.
② B 과정에서 열에너지를 흡수한다.
③ C 과정에서 열에너지를 방출한다.
④ D 과정에서 주위의 온도가 낮아진다.
⑤ F 과정에서 주위의 온도가 높아진다.

상태 변화할 때 출입하는 열에너지의 이용

18 주변의 온도가 높아지는 현상의 예가 아닌 것은?

① 눈이 내릴 때 날씨가 따뜻해진다.
② 오렌지에 물을 뿌려 냉해를 막는다.
③ 소나기가 내리기 전에 후텁지근하다.
④ 물놀이 후 물 밖으로 나오면 춥게 느껴진다.
⑤ 냉방이 잘 된 곳에서 밖으로 나오면 후텁지근하다.

상태 변화할 때 출입하는 열에너지의 이용

19 캔 음료를 에탄올에 적신 휴지로 감싼 다음 부채질을 했더니 캔 음료가 차가워졌다. 그 까닭으로 옳은 것은?

① 에탄올이 기화하면서 열에너지를 방출하기 때문이다.
② 에탄올이 기화하면서 열에너지를 흡수하기 때문이다.
③ 에탄올이 액화하면서 열에너지를 방출하기 때문이다.
④ 에탄올이 액화하면서 열에너지를 흡수하기 때문이다.
⑤ 에탄올이 응고하면서 열에너지를 방출하기 때문이다.

★ 중요 상태 변화할 때 출입하는 열에너지의 이용

20 그림과 같이 커피 전문점에서는 수증기로 우유를 데운다. 이와 관련된 상태 변화의 종류와 열에너지의 출입을 옳게 짝 지은 것은?

① 액화, 열에너지 방출
② 액화, 열에너지 흡수
③ 기화, 열에너지 방출
④ 기화, 열에너지 흡수
⑤ 승화, 열에너지 방출

상태 변화할 때 출입하는 열에너지의 이용

21 그림은 에어컨의 구조를 나타낸 것이다. 이에 대한 설명으로 옳은 것을 <보기>에서 모두 고른 것은?

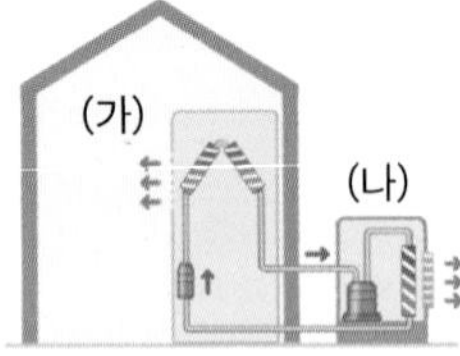

<보기>

ㄱ. (가)는 실내기, (나)는 실외기이다.
ㄴ. (가)에서 냉매가 기화한다.
ㄷ. (나)에서 열에너지를 흡수한다.

① ㄱ ② ㄷ ③ ㄱ, ㄴ
④ ㄴ, ㄷ ⑤ ㄱ, ㄴ, ㄷ

서술형 문제

★ 중요 물질의 상태 변화

22 추운 겨울날 따뜻한 실내에 들어가면 안경이 뿌옇게 흐려지는 까닭을 물질의 상태 변화와 관련지어 서술하시오.

상태 변화에 따른 입자 배열의 변화

23 그림은 겨울철 수도 계량기가 터진 것을 나타낸 것이다. 수도 계량기가 터지는 까닭을 물의 상태 변화에 따른 부피 변화와 관련지어 서술하시오.

상태 변화할 때 출입하는 열에너지의 이용

24 그림은 증기 난방기의 구조를 나타낸 것이다. 증기 난방기를 사용하면 실내가 따뜻해지는 까닭을 상태 변화와 열에너지의 관계로 서술하시오.

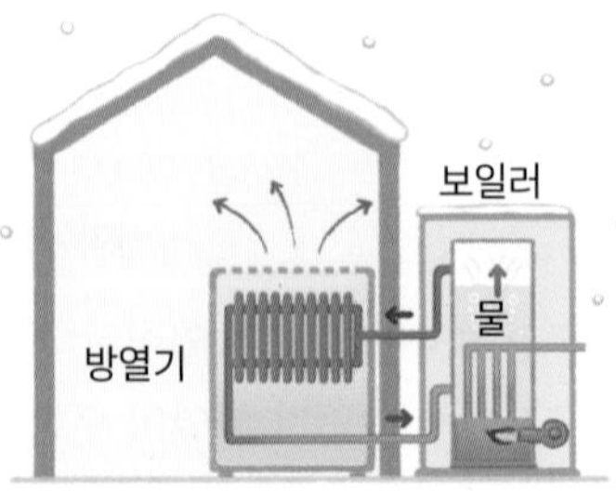

〈메모〉

자료 출처 개념책과 연습책에 수록된 사진은 셔터스톡의 자료입니다.
개념책과 연습책, 정답과 해설, 개념 미니책에 수록된 일러스트는 모두 발행사에서 저작권을 가지고 있는 자료입니다.

용어 풀이 본 교재에 있는 용어 풀이 일부는 국립국어원의 <표준국어대사전>을 인용하였습니다.

개념과 내신을 한 번에 끝내는 과학 학습 프로그램

중학과학 〈개념이해〉가 먼저다

새 교육과정 적용

중학 과학

1-1

연습책

I. 과학과 인류의 지속가능한 삶 과학과 사회

II. 생물의 구성과 다양성 생명

III. 열 운동과 에너지

IV. 물질의 상태 변화 물질

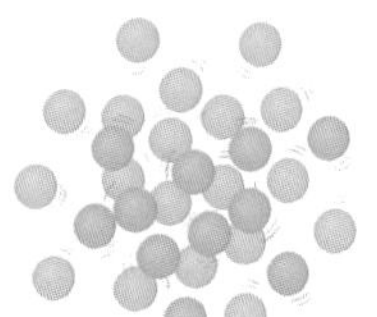

1 과학적 탐구 방법

1 과학적 탐구 방법 문제 인식 → 가설 설정 → 탐구 설계 및 수행 → 자료 해석 → 결론 도출

문제 인식	자연이나 일상생활에서 어떤 현상을 관찰하다 의문을 품는다.
가설 설정	문제를 해결할 수 있는 가설을 설정한다.
탐구 설계 및 수행	가설을 확인할 수 있는 탐구를 설계하고 변인을 통제하면서 실험을 수행한다.
자료 해석	탐구를 수행하여 얻은 자료를 표, 그래프 등으로 정리하고 분석하여 자료 사이의 관계나 규칙성을 찾는다.
결론 도출	탐구 결과를 통해 가설을 검증하고 결론을 내린다. 가설이 틀리면 가설을 수정하여 다시 실험한다.

2 과학의 발전과 인류 문명

1 과학의 발전이 인류 문명에 미친 영향

과학의 발전은 인류 문명이 발달하는 데 큰 영향을 미쳤다.

태양 중심설	태양 중심설은 지구가 우주의 중심이라는 인류의 생각을 바꾸는 계기가 되었다.
백신과 항생제	전염병을 예방할 수 있는 백신과 세균 감염을 치료할 수 있는 항생제의 개발로 인류의 수명이 늘어났다.
인쇄술	인쇄술의 발달로 책의 대량 인쇄가 가능해지면서 많은 지식과 정보의 전달이 가능해졌다.
암모니아 합성 기술	암모니아 합성 기술의 개발로 비료를 대량 생산할 수 있게 되면서 식량 생산량이 증가하였다.
정보 통신 기술	인터넷, 인공위성 등 정보 통신 기술의 발달로 전 세계의 정보를 쉽게 이용할 수 있게 되었다.
농업 기술	드론이나 기계를 이용한 농업 기술이 발전하면서 식량 생산량이 증가하였다.
증기 기관	증기 기관을 이용한 기계로 제품을 대량 생산하게 되었고, 증기 기관을 이용한 증기 기관차나 증기선으로 많은 물건을 먼 곳까지 운송하게 되었다.

2 첨단 과학기술과 미래 사회

인공지능	컴퓨터가 인간처럼 학습하고 일을 처리할 수 있게 하는 기술로, 학습 능력이 필요한 작업을 로봇 등 기계가 할 수 있게 된다.
로봇	로봇은 일상생활에서 집안일을 돕거나 산업 현장이나 재난 현장에 투입된다.
자율주행 자동차	스스로 주행이 가능한 자동차로, 운전자가 조작하지 않아도 스스로 상황에 대처할 수 있다.

3 인류의 지속가능한 삶을 위한 과학기술

1 지속가능한 삶

미래 세대가 이용할 환경과 자연을 훼손하지 않으면서 현재 세대의 필요를 충족시키는 삶을 지속가능한 삶이라고 한다.

2 지속가능한 삶을 위한 과학기술의 역할

과학기술은 에너지 부족, 환경오염, 기후 변화 등 인류가 마주한 문제에 대한 해결 방안을 마련하는 데 중요한 역할을 한다.

신재생 에너지	수소 에너지, 풍력 에너지, 태양 에너지 등을 말한다. 화석 연료의 사용을 줄여 기후 변화를 막고, 화석 연료 고갈 문제를 해결할 수 있다.
탄소 포집 기술	온실 기체인 이산화 탄소를 수집하여 저장하거나 활용하는 기술로, 지구 온난화를 막을 수 있다.
폐플라스틱 재활용 기술	플라스틱을 여러 번 재활용할 수 있는 기술로, 폐플라스틱을 자원으로 활용하여 오염 물질을 줄일 수 있다.

3 지속가능한 삶을 위한 활동 방안

개인 차원	• 에너지를 절약한다. • 쓰레기를 분리배출한다. • 음식물 쓰레기를 줄인다.
사회 차원	• 환경 보전 캠페인에 참여한다. • 생태 습지나 환경 공원을 조성한다. • 신재생 에너지를 개발하고 보급한다.

01 빈칸에 알맞은 말을 쓰시오.

(1) 문제를 해결할 수 있는 가설을 설정하는 것을 (   )이라고 한다.

(2) 탐구를 수행하여 얻은 자료를 정리하고 분석하여 자료 사이의 관계나 규칙성을 찾는 것을 (   )이라고 한다.

(3) 탐구 결과를 통해 가설을 검증하고 결론을 내리는 것을 (   )이라고 한다.

02 과학의 발전과 인류 문명에 미친 영향을 관련 있는 것끼리 선으로 연결하시오.

(1) 인쇄술 •　　　　• ㉠ 책의 대량 인쇄가 가능해졌다.

(2) 증기 기관 •　　　　• ㉡ 제품의 대량 생산이 가능해졌다.

(3) 태양 중심설 •　　　　• ㉢ 우주에 관한 사람들의 생각이 달라졌다.

(4) 백신과 항생제 •　　　　• ㉣ 질병을 예방하고 치료할 수 있게 되었다.

03 첨단 과학기술과 그 활용 사례를 관련 있는 것끼리 선으로 연결하시오.

(1) 로봇 •　　　　• ㉠ 산업 현장이나 재난 현장에 투입된다.

(2) 인공지능 •　　　　• ㉡ 운전자가 조작하지 않아도 스스로 상황에 대처한다.

(3) 자율주행 자동차 •　　　　• ㉢ 사람의 학습 능력이 필요한 작업을 기계가 할 수 있게 된다.

04 과학기술은 (   ) 부족, 환경오염, 기후 변화 등 인류가 마주한 문제에 대한 해결 방안을 마련하는 데 중요한 역할을 한다.

05 지속가능한 삶을 위한 과학기술을 관련 있는 것끼리 선으로 연결하시오.

(1) 신재생 에너지 •　　　　• ㉠ 수소 에너지, 풍력 에너지, 태양 에너지 등

(2) 탄소 포집 기술 •　　　　• ㉡ 플라스틱을 여러 번 재활용할 수 있는 기술

(3) 폐플라스틱 재활용 기술 •　　　　• ㉢ 이산화 탄소를 수집하여 저장하거나 활용하는 기술

06 지속가능한 삶을 위한 활동 방안이 개인 차원이면 '개인', 사회 차원이면 '사회'라고 쓰시오.

(1) 에너지를 절약한다. (   )

(2) 쓰레기를 분리배출한다. (   )

(3) 환경 보전 캠페인에 참여한다. (   )

(4) 신재생 에너지를 개발하고 보급한다. (   )

01 과학적 탐구 방법에 대한 설명으로 옳은 것을 <보기>에서 모두 고른 것은?

<보기>

ㄱ. 가설이 맞는지 확인할 수 있는 실험을 설계해야 한다.
ㄴ. 탐구 주제는 과학적으로 검증할 수 있는 것이어야 한다.
ㄷ. 자연 현상을 한 번 관찰하여 얻은 자료를 해석하여 일반화할 수 있다.

① ㄱ ② ㄷ ③ ㄱ, ㄴ
④ ㄴ, ㄷ ⑤ ㄱ, ㄴ, ㄷ

02 과학적 탐구 방법과 그에 대한 설명이 바르게 연결된 것은?

① 탐구 설계: 가설을 검증하고 결론을 내리는 것
② 문제 인식: 어떤 현상을 관찰하다 의문을 품는 것
③ 결론 도출: 탐구를 수행하여 얻은 자료를 분석하는 것
④ 가설 설정: 가설을 확인할 수 있는 탐구를 설계하는 것
⑤ 자료 해석: 탐구 문제에 대한 잠정적인 결론을 내리는 것

03 다음 내용과 가장 관련 깊은 탐구 단계는?

닭의 모이가 현미로 바뀐 뒤 각기병에 걸렸던 닭이 나은 것을 알게 된 에이크만은 '현미에 닭의 각기병을 치료하는 물질이 들어 있을 것이다.'라고 생각했다.

① 문제 인식 ② 가설 설정
③ 탐구 수행 ④ 자료 해석
⑤ 결론 도출

04 인류 문명의 발달과 관련 있는 내용으로 옳은 것을 <보기>에서 모두 고른 것은?

<보기>

ㄱ. 인쇄술의 발달로 책의 대량 인쇄가 가능해졌다.
ㄴ. 농업 기술의 발전으로 식량 생산량이 증가하였다.
ㄷ. 증기 기관의 발명으로 제품을 대량 생산할 수 있게 되었다.

① ㄱ ② ㄷ ③ ㄱ, ㄴ
④ ㄴ, ㄷ ⑤ ㄱ, ㄴ, ㄷ

05 다음과 같이 인류 문명에 영향을 미친 과학의 발전 사례로 옳은 것은?

- 폐렴과 같은 질병을 치료하게 되었다.
- 인류의 평균 수명이 늘어나게 되었다.

① 항생제 개발 ② 망원경의 발명
③ 인공위성 개발 ④ 증기 기관의 발명
⑤ 암모니아 합성법의 개발

06 첨단 과학기술을 활용한 예로 옳은 것을 <보기>에서 모두 고른 것은?

<보기>

ㄱ. 양자 컴퓨터로 복잡한 암호를 빠르게 푼다.
ㄴ. 길을 안내하는 로봇에 인공지능 기술을 활용한다.
ㄷ. 생명공학기술로 유전적 특성을 분석해 질병의 발생을 예측한다.

① ㄱ ② ㄷ ③ ㄱ, ㄴ
④ ㄴ, ㄷ ⑤ ㄱ, ㄴ, ㄷ

07 지속가능한 삶을 위해 과학기술을 활용한 사례로 옳은 것을 <보기>에서 모두 고른 것은?

<보기>

ㄱ. 탄소 포집 기술로 수소 에너지를 얻는다.
ㄴ. 전기 자동차로 화석 연료 사용을 줄인다.
ㄷ. 신재생 에너지로 에너지 부족 문제를 해결한다.

① ㄱ ② ㄷ ③ ㄱ, ㄴ
④ ㄴ, ㄷ ⑤ ㄱ, ㄴ, ㄷ

08 지속가능한 삶에 대한 설명으로 옳은 것은?

① 현재 세대의 발전은 고려하지 않는다.
② 미래 세대가 사용할 환경 자원만 고려한다.
③ 지속가능한 삶을 위해 과학기술을 사용하지 않는다.
④ 지속가능한 삶을 위해 국가적 차원의 노력만 필요하다.
⑤ 미래 세대가 사용할 자원을 훼손하지 않으면서 현재 세대의 필요를 충족시킨다.

09 지속가능한 삶을 위한 활동 방안으로 옳지 <u>않은</u> 것은?

① 환경 보전 캠페인에 참여한다.
② 자가용 대신 대중교통을 이용한다.
③ 위생을 위해 일회용품 사용을 늘린다.
④ 사용하지 않는 물건은 다른 사람과 나눈다.
⑤ 쓰지 않는 전기 제품의 플러그를 뽑아 둔다.

서술형 문제

10 컵 색깔에 따른 물의 온도 변화에 차이가 있는지 알아보는 탐구를 설계하려고 한다. 다음 중 다르게 해야 할 조건과 같게 해야 할 조건을 골라 서술하시오.

컵의 색깔 / 컵의 모양 / 컵의 크기 / 물의 양

11 18세기 이후 인구가 증가하면서 더 많은 식량이 필요해졌다. 이와 관련하여 암모니아 합성법의 발견이 인류 문명에 미친 영향을 서술하시오.

12 태양 에너지나 풍력 에너지를 이용하는 것이 석탄이나 석유 등의 화석 연료를 이용하는 것보다 지속가능한 삶에 더 적합한 까닭을 서술하시오.

01 생물의 구성

1 세포

1 세포 생물을 구성하는 기본 단위이며, 생명활동이 일어나는 기본 단위이다.

2 세포의 구조

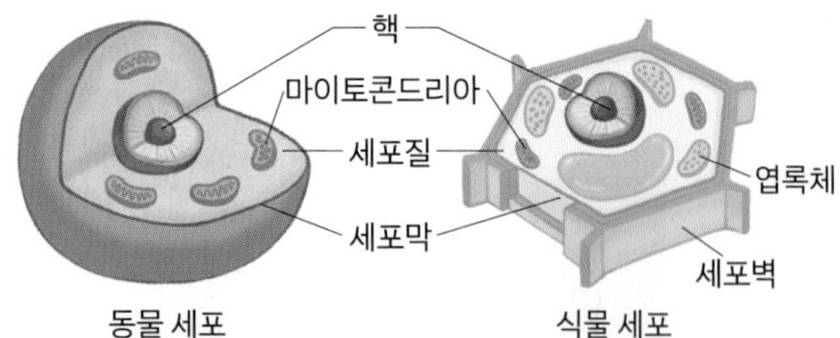

① 동물 세포와 식물 세포에 모두 있는 구조

핵	세포의 생명활동을 조절한다.
세포막	세포를 둘러싸고 있는 얇은 막으로, 세포 내부를 보호하고 세포 안팎으로 드나드는 물질의 출입을 조절한다.
세포질	핵을 제외한 세포의 내부를 채우는 부분으로, 여러 가지 세포소기관이 들어 있다.
마이토콘드리아	양분을 이용하여 세포의 생명활동에 필요한 에너지를 만든다.

② 식물 세포에만 있는 구조

엽록체	초록색을 띠는 작은 알갱이 모양으로, 광합성을 하여 양분을 만든다. 식물 세포에만 있다.
세포벽	식물 세포의 세포막 바깥을 싸고 있는 두껍고 단단한 벽으로, 세포를 보호하고 세포의 모양을 일정하게 유지한다.

3 세포의 특징

종류	모양	기능
적혈구	가운데가 오목한 원반 모양이다.	산소를 운반한다.
신경 세포	여러 방향으로 길게 뻗은 모양이다.	신호를 전달한다.
상피 세포	납작하고 편평한 모양이다.	피부나 몸속 기관의 안쪽 표면을 덮어 몸을 보호한다.
공변 세포	두 개가 한 쌍이다.	기공을 열고 닫아 산소와 이산화 탄소의 출입을 조절한다.

2 생물의 구성 단계

1 생물의 구성 단계 생물의 몸은 세포 → 조직 → 기관 → 개체의 단계를 거쳐 유기적으로 구성되어 있다.

2 동물의 구성 단계

세포 → 조직 → 기관 → 기관계 → 개체

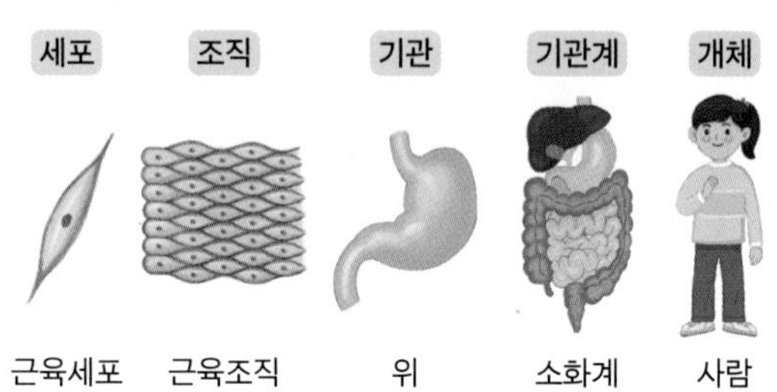

세포	생물을 구성하는 기본 단위이다.
조직	모양과 기능이 비슷한 세포들의 모임이다.
기관	여러 조직이 모여 고유한 모양을 이루고 특정 기능을 수행한다.
기관계	연관된 기능을 수행하는 기관들의 모임으로, 동물에만 있다.
개체	기관계가 모여 이루어진 독립된 생물체이다.

3 식물의 구성 단계

세포 → 조직 → 조직계 → 기관 → 개체

세포 조직 조직계 기관 개체

표피세포 표피조직 표피조직계 잎 나무

세포	생물을 구성하는 기본 단위이다.
조직	모양과 기능이 비슷한 세포들의 모임이다.
조직계	몇 가지 조직이 모여 일정한 기능을 수행하는 단계로, 식물에만 있다.
기관	여러 조직계가 모여 고유한 모양을 이루고 특정 기능을 수행한다.
개체	기관이 모여 이루어진 독립된 생물체이다.

01 (   )는 생명활동이 일어나는 기본 단위이다.

02 세포의 구조와 각 구조에 대한 설명을 선으로 옳게 연결하시오.

(1) 핵 •
(2) 세포막 •
(3) 세포벽 •
(4) 엽록체 •
(5) 마이토콘드리아 •

• ㉠ 세포의 생명활동을 조절한다.
• ㉡ 광합성을 하여 양분을 만든다.
• ㉢ 세포의 생명활동에 필요한 에너지를 만든다.
• ㉣ 세포 안팎으로 드나드는 물질의 출입을 조절한다.
• ㉤ 식물 세포를 보호하고 세포의 모양을 일정하게 유지한다.

03 세포에 대한 설명으로 옳은 것은 ○표, 옳지 않은 것은 ×표 하시오.

(1) 모든 생물은 세포로 이루어져 있다. (   )
(2) 동물 세포에는 두껍고 단단한 세포벽이 있다. (   )
(3) 식물 세포에는 초록색을 띠는 엽록체가 있다. (   )

04 세포의 종류와 각 세포의 기능을 선으로 옳게 연결하시오.

(1) 적혈구 •
(2) 상피세포 •
(3) 신경세포 •

• ㉠ 산소를 운반한다.
• ㉡ 신호를 전달한다.
• ㉢ 피부나 몸속 기관의 안쪽 표면을 덮어 몸을 보호한다.

05 동물의 구성 단계는 세포 → 조직 → 기관 → (   ) → 개체이다.

06 식물의 구성 단계는 세포 → 조직 → (   ) → 기관 → 개체이다.

07 동물의 구성 단계와 각 구성 단계에 해당하는 예를 선으로 옳게 연결하시오.

(1) 세포 •
(2) 조직 •
(3) 기관 •
(4) 기관계 •

• ㉠ 위
• ㉡ 소화계
• ㉢ 근육세포
• ㉣ 근육조직

08 식물의 구성 단계와 각 구성 단계에 해당하는 예를 선으로 옳게 연결하시오.

(1) 세포 •
(2) 조직 •
(3) 조직계 •
(4) 기관 •

• ㉠ 잎
• ㉡ 표피세포
• ㉢ 표피조직
• ㉣ 표피조직계

01 세포에 대한 설명으로 옳지 않은 것은?

① 생물을 이루는 기본 단위이다.
② 모든 생물은 세포로 이루어져 있다.
③ 생명활동이 일어나는 기본 단위이다.
④ 세포는 종류에 따라 모양이 다양하다.
⑤ 모든 세포는 크기가 작아 현미경으로 관찰해야 한다.

02 다음 설명에 해당하는 세포의 구조로 옳은 것은?

- 유전물질이 들어 있다.
- 세포의 생명활동을 조절한다.

① 핵 ② 세포막 ③ 세포질
④ 엽록체 ⑤ 마이토콘드리아

03 그림은 세포를 빵 만드는 공장에 비유한 것이다.

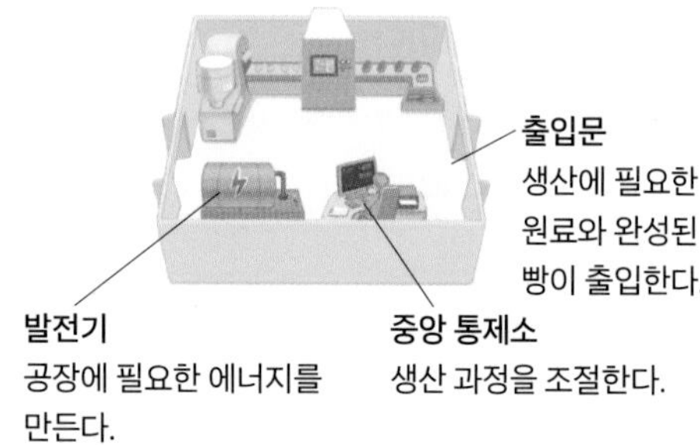

이에 대한 설명으로 옳은 것을 <보기>에서 모두 고른 것은?

<보기>

ㄱ. 출입문은 세포벽에 해당한다.
ㄴ. 중앙 통제소는 생명활동을 조절하는 핵에 해당한다.
ㄷ. 발전기는 에너지를 생산하는 마이토콘드리아에 해당한다.

① ㄱ ② ㄴ ③ ㄱ, ㄷ
④ ㄴ, ㄷ ⑤ ㄱ, ㄴ, ㄷ

04 그림은 동물 세포와 식물 세포를 나타낸 것이다.

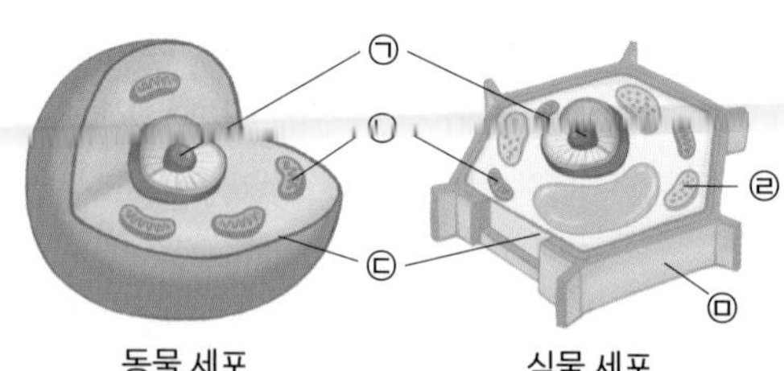

㉠~㉤의 이름과 특징을 옳게 짝 지은 것은?

① ㉠: 핵 - 물질의 출입을 조절한다.
② ㉡: 엽록체 - 생명활동을 조절한다.
③ ㉢: 세포막 - 세포 내부를 보호한다.
④ ㉣: 마이토콘드리아 - 광합성을 한다.
⑤ ㉤: 세포벽 - 생명활동에 필요한 에너지를 만든다.

05 다음은 양파 표피세포를 관찰한 결과이다. 이에 대한 설명으로 옳지 않은 것은?

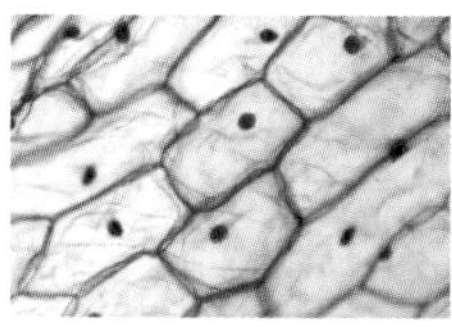

① 세포에 핵이 있다.
② 세포막으로 둘러싸여 있다.
③ 세포가 규칙적으로 배열되어 있다.
④ 세포질이 세포의 내부를 채우고 있다.
⑤ 세포벽이 있어 세포의 모양이 일정하지 않다.

06 그림은 세포를 나타낸 것이다. (가)~(다)에 대한 설명으로 옳은 것은?

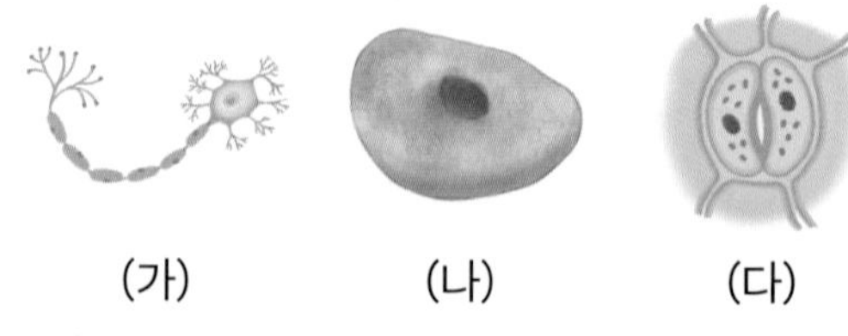

① (가)는 상피세포이다.
② (나)는 신경세포이다.
③ (가)는 산소를 운반한다.
④ (나)는 신호를 전달한다.
⑤ (다)는 기체의 출입을 조절한다.

07 생물의 구성 단계에 대한 설명으로 옳지 않은 것은?

① 식물의 구성 단계에는 조직계가 있다.
② 하나의 독립된 생물체는 개체라고 한다.
③ 식물의 뿌리, 줄기, 잎은 기관에 해당한다.
④ 세포는 생물의 몸을 이루는 기본 단위이다.
⑤ 동물의 위, 작은창자, 큰창자 등은 기관계에 해당한다.

08 다음은 동물의 구성 단계를 순서 없이 나타낸 것이다.

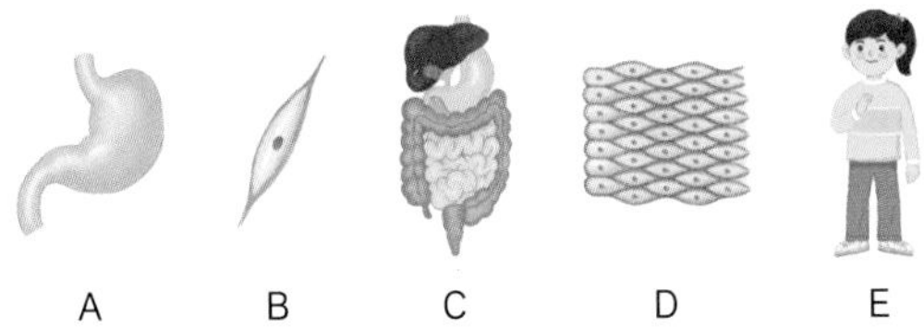

A ~ E의 단계를 옳게 나타낸 것은?

① A - 세포　② B - 기관
③ C - 개체　④ D - 조직
⑤ E - 기관계

09 식물의 구성 단계에 대한 설명으로 옳지 않은 것은?

① 표피조직계는 독립된 생물체이다.
② 표피세포가 모여 표피조직을 이룬다.
③ 식물의 몸은 유기적으로 구성되어 있다.
④ 조직계는 몇 가지 조직이 모여 일정한 기능을 수행하는 단계이다.
⑤ 식물은 세포 → 조직 → 조직계 → 기관 → 개체의 단계를 거쳐 이루어진다.

서술형 문제

10 다음 단어를 이용하여 동물 세포와 식물 세포의 공통점을 서술하시오.

핵 / 세포막

11 그림은 적혈구를 나타낸 것이다. 적혈구는 좁은 혈관 속도 잘 지나갈 수 있다. 그 까닭을 적혈구의 모양과 관련지어 서술하시오.

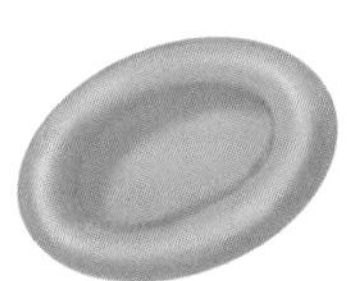

12 참새와 민들레의 몸은 각각 어떻게 구성되어 있는지 구성 단계를 서술하시오.

02 생물다양성

1 생물다양성

1 생물다양성 어떤 지역에 살고 있는 생물의 다양한 정도를 생물다양성이라고 한다. → 생물다양성은 생태계, 생물의 종류, 같은 종류의 생물 사이에서 나타나는 특성의 다양한 정도를 모두 포함한다.

생태계

생물의 종류

같은 종류의 생물 사이에서 나타나는 특성

2 생물다양성 결정 요인

① **생태계** 생태계가 다양할수록 생물다양성이 높다.

- 지구에는 숲, 초원, 습지, 바다, 갯벌, 사막, 극지방 등 다양한 생태계가 있다.
- 생태계를 이루는 환경이 다르면 각 환경에 적응하여 살아가는 생물의 종류가 다르므로 생태계가 다양할수록 생물다양성이 높다.

습지

갯벌

사막

② **생물의 종류** 한 지역에 살고 있는 생물의 종류가 많을수록 생물다양성이 높다.

수	10그루	10그루
종류	3종류	5종류
분포	한 종류가 대부분을 차지한다.	여러 종류가 고르게 분포한다.
생물 다양성	생물다양성이 낮다.	생물다양성이 높다.

③ **같은 종류의 생물 사이에서 나타나는 특성** 같은 종류의 생물 사이에서 나타나는 특성이 다양할수록 생물다양성이 높다.

→ 같은 종류에 속하는 생물의 특성이 다양하면 급격한 환경 변화나 전염병에도 살아남을 가능성이 높다.

2 변이와 생물다양성

1 변이 같은 종류의 생물 사이에서 나타나는 생김새나 특성의 차이를 변이라고 한다. → 생물은 환경이나 유전적인 영향으로 다양한 변이가 나타난다.

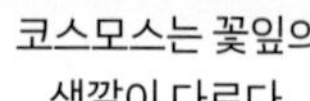
코스모스는 꽃잎의 색깔이 다르다.

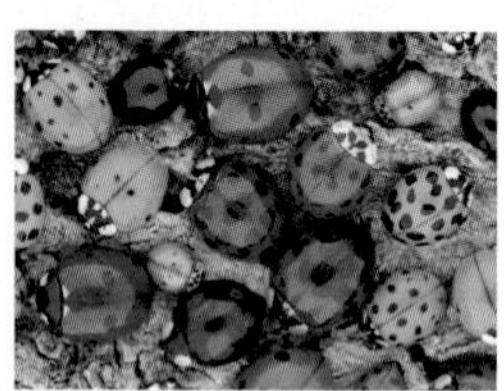
무당벌레는 날개의 색깔과 무늬가 다르다.

2 변이와 환경 변이는 생물이 빛, 온도, 물, 먹이 등 환경에 적응하면서 차이가 점점 커질 수 있다.

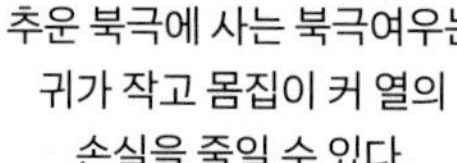
추운 북극에 사는 북극여우는 귀가 작고 몸집이 커 열의 손실을 줄일 수 있다.

더운 사막에 사는 사막여우는 귀가 크고 몸집이 작아 열을 방출하기 쉽다.

3 생물의 종류가 다양해지는 과정 생물이 오랜 시간 동안 환경에 적응하면 새로운 종이 나타나기도 한다.

변이가 다양한 한 종류의 생물 무리가 서로 다른 환경에서 살게 된다.

↓

환경에 적합한 변이를 가진 생물이 더 많이 살아남아 자손을 남긴다.

↓

이 과정이 오랜 시간 반복되면 서로 다른 종류의 생물 무리로 나누어질 수 있다.

㉮ 갈라파고스제도에서 새로운 종의 핀치가 나타난 과정

원래 한 종이던 핀치는 환경이 조금씩 다른 여러 섬에 흩어져 살게 되었고, 오랜 시간이 지난 뒤 원래 종과 다른 여러 종의 핀치가 나타났다.

01 어떤 지역에 살고 있는 생물의 다양한 정도를 (   )이라고 한다.

02 생물다양성에 대한 설명으로 옳은 것은 ○표, 옳지 않은 것은 ×표 하시오.

(1) 생태계가 다양할수록 생물다양성이 높다. (   )

(2) 어떤 지역에 살고 있는 생물의 종류가 많을수록 생물다양성이 높다. (   )

(3) 같은 종류의 생물 사이에서 나타나는 특성이 다양할수록 생물다양성이 낮다. (   )

03 같은 종류의 생물 사이에서 나타나는 생김새나 특성의 차이를 (   )라고 한다.

04 변이의 예로 옳은 것은 ○표, 옳지 않은 것은 ×표 하시오.

(1) 고래와 상어는 호흡 방법이 다르다. (   )

(2) 코스모스는 꽃잎의 색깔이 조금씩 다르다. (   )

(3) 무당벌레는 날개의 색깔과 무늬가 조금씩 다르다. (   )

05 다음은 변이와 환경의 관계에 대한 설명이다. 알맞은 말에 ○표 하시오.

(1) 추운 북극에 사는 북극여우는 귀가 (작고, 크고) 몸집이 커 열의 손실을 줄일 수 있다.

(2) 더운 사막에 사는 사막여우는 귀가 (작고, 크고) 몸집이 작아 열을 방출하기 쉽다.

06 다음은 생물의 종류가 다양해지는 과정이다. 빈칸에 공통으로 들어갈 알맞은 말을 쓰시오.

> (   )가 다양한 한 종류의 생물 무리가 서로 다른 환경에서 살게 된다. 이때 환경에 적합한 (   )를 가진 생물이 더 많이 살아남아 자손을 남긴다. 이 과정이 오랜 시간 반복되면 서로 다른 종류의 생물 무리로 나누어질 수 있다.

(   )

01 생물다양성에 포함되는 것으로 옳은 것을 <보기>에서 모두 고른 것은?

<보기>

ㄱ. 숲, 초원, 사막 등 생태계가 다양하다.
ㄴ. 어떤 생태계에 사는 생물의 종류가 다양하다.
ㄷ. 같은 종류의 생물 사이에서 나타나는 특성이 다양하다.

① ㄱ ② ㄴ ③ ㄱ, ㄷ
④ ㄴ, ㄷ ⑤ ㄱ, ㄴ, ㄷ

02 그림은 서로 다른 지역의 모습을 나타낸 것이다.

(가) 숲

(나) 논

이에 대한 설명으로 옳은 것을 <보기>에서 모두 고른 것은?

<보기>

ㄱ. (가)는 (나)보다 생물다양성이 높다.
ㄴ. (나)는 (가)보다 생태계가 안정적이다.
ㄷ. (가)는 (나)보다 생물의 종류가 다양하다.

① ㄱ ② ㄴ ③ ㄱ, ㄷ
④ ㄴ, ㄷ ⑤ ㄱ, ㄴ, ㄷ

03 다음에서 설명하는 것은?

- 생물이 다양해진 것과 관련이 있다.
- 같은 종류의 생물 사이에서 나타나는 생김새나 특성의 차이를 말한다.

① 변이 ② 적응 ③ 환경
④ 생태계 ⑤ 생물다양성

04 변이의 예로 옳지 않은 것은?

① 얼룩말은 줄무늬가 조금씩 다르다.
② 개미와 거미는 다리 개수가 다르다.
③ 코스모스는 꽃잎 색깔이 조금씩 다르다.
④ 바지락은 껍데기의 무늬가 조금씩 다르다.
⑤ 무당벌레는 날개 색깔과 무늬가 조금씩 다르다.

05 그림은 북극여우와 사막여우의 모습을 나타낸 것이다.

북극여우

사막여우

이에 대한 설명으로 옳은 것을 <보기>에서 모두 고른 것은?

<보기>

ㄱ. 북극여우는 추운 북극 환경에 적응한 결과 귀가 작고 몸집이 크다.
ㄴ. 사막여우의 생김새는 더운 사막에서 살기에 적합하지 않다.
ㄷ. 북극여우와 사막여우는 환경에 적응하였다.

① ㄱ ② ㄴ ③ ㄱ, ㄷ
④ ㄴ, ㄷ ⑤ ㄱ, ㄴ, ㄷ

06 다음은 서로 다른 섬 (가)와 (나)에 살고 있는 거북의 목 길이를 나타낸 것이다. 이 거북은 원래 한 종류의 생물이었으나 오랜 시간이 지나는 동안 서로 다른 종류가 되었다.

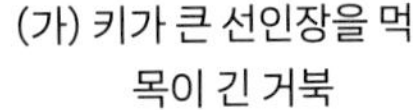
(가) 키가 큰 선인장을 먹는 목이 긴 거북

(나) 키가 작은 풀을 먹는 목이 짧은 거북

이에 대한 설명으로 옳은 것을 <보기>에서 모두 고른 것은?

<보기>

ㄱ. 목의 길이가 비슷하게 변하고 있다.
ㄴ. 먹이의 종류에 따라 목의 길이가 달라졌다.
ㄷ. 변이가 있는 생물이 환경에 적응하는 과정을 통해 생물이 다양해졌다.

① ㄱ ② ㄴ ③ ㄱ, ㄷ
④ ㄴ, ㄷ ⑤ ㄱ, ㄴ, ㄷ

07 다음은 새로운 종의 핀치가 나타나는 과정을 순서 없이 나타낸 것이다.

㉠ 한 종류의 새 중 일부가 크고 단단한 씨앗이 많은 섬에 살게 되었다.

㉡ 오랜 시간이 지난 뒤 더 크고 두꺼운 부리를 가진 새로운 종이 나타났다.

㉢ 크고 단단한 씨앗을 깰 수 있는 크고 두꺼운 부리를 가진 핀치가 더 많이 살아남아 자손을 남겼다.

순서대로 옳게 나열한 것은?

① ㉠, ㉡, ㉢ ② ㉠, ㉢, ㉡
③ ㉡, ㉠, ㉢ ④ ㉡, ㉢, ㉠
⑤ ㉢, ㉠, ㉡

서술형 문제

08 생물다양성의 뜻을 서술하시오.

09 우리가 먹는 대부분의 바나나는 '캐번디시'라는 한 가지 품종으로, 변이가 거의 없다. 다양한 야생 바나나가 필요한 까닭을 변이와 관련지어 서술하시오.

10 변이의 예를 두 가지 쓰시오.

1 생물분류체계

1 생물분류 다양한 생물을 생물이 가진 고유한 특징에 따라 무리 지어 나누는 것

2 생물분류 기준

① 생물을 분류할 때는 생물의 생김새, 몸의 구조, 한살이, 광합성 여부, 번식 방법, 호흡 방법, 유전자 등 생물이 가진 고유한 특징을 기준으로 나눈다.

② 생물을 고유한 특징에 따라 분류하면 생물 사이의 멀고 가까운 관계를 알 수 있다.

3 생물의 분류체계 생물을 분류하는 여러 단계를 생물분류체계라고 한다.

종 < 속 < 과 < 목 < 강 < 문 < 계

① 종은 생물을 분류할 때 가장 기본이 되는 단위로, 자연 상태에서 짝짓기를 하여 번식 능력이 있는 자손을 낳을 수 있는 무리이다.

예 말과 당나귀는 짝짓기를 하여 자손을 낳을 수 있지만, 그 자손인 노새는 번식 능력이 없기 때문에 말과 당나귀는 다른 종이다.

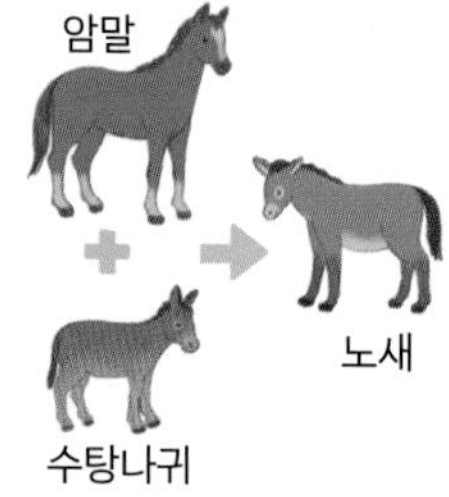

② 계는 생물을 분류하는 가장 큰 단위이다.

호랑이 사자 고양이 곰 사람 개구리 나비

계: 호랑이, 사자, 고양이, 곰, 사람, 개구리, 나비
문: 호랑이, 사자, 고양이, 곰, 사람, 개구리
강: 호랑이, 사자, 고양이, 곰, 사람
목: 호랑이, 사자, 고양이, 곰
과: 호랑이, 사자, 고양이
속: 호랑이, 사자
종: 호랑이

2 생물의 5계 분류

1 생물의 5계 분류 생물은 동물계, 식물계, 균계, 원생생물계, 원핵생물계의 5계로 분류할 수 있다.

동물계	• 세포에 핵이 있는 생물 중 다른 생물을 먹이로 삼아 양분을 얻는 생물 무리이다. • 다세포 생물이고, 세포벽이 없다. • 대부분 운동성이 있고, 기관이 발달했다. 예 고양이, 새, 지렁이, 해파리 등
식물계	• 세포에 핵이 있는 생물 중 광합성을 하여 스스로 양분을 만드는 생물 무리이다. • 다세포 생물이고, 세포벽이 있다. • 대부분 뿌리, 줄기, 잎과 같은 기관이 발달했으며, 주로 육지에서 생활한다. 예 소나무, 민들레, 고사리, 이끼 등
균계	• 세포에 핵이 있는 생물 중 죽은 생물이나 배설물을 분해하여 양분을 얻는 생물 무리이다. • 대부분 몸이 균사로 이루어져 있고, 세포벽이 있다. • 운동성이 없다. • 대부분 다세포 생물이지만 효모처럼 단세포 생물도 있다. 예 버섯, 곰팡이, 효모 등
원생생물계	• 세포에 핵이 있는 생물 중 동물계, 식물계, 균계에 속하지 않는 생물 무리이다. • 조직이나 기관이 제대로 발달하지 않았다. • 대부분 단세포 생물이지만 다세포 생물도 있다. • 먹이를 섭취하는 종류도 있고 광합성을 하는 종류도 있다. 예 단세포 생물인 짚신벌레, 아메바, 유글레나 등과 다세포 생물인 해캄, 미역, 다시마 등
원핵생물계	• 세포에 핵이 없는 생물 무리이다. • 단세포 생물로, 세포벽이 있다. • 대부분은 광합성을 하지 않지만 남세균처럼 광합성을 하여 스스로 양분을 만드는 것도 있다. 예 대장균, 젖산균, 포도상구균, 폐렴균 등

01 다양한 생물을 생물이 가진 고유한 특징에 따라 무리 지어 나누는 것을 (   )라고 한다.

02 생물이 가진 고유한 특징에 따른 분류 방법으로 옳은 것은 ○표, 옳지 않은 것은 ×표 하시오.

(1) 새끼를 낳는 동물과 알을 낳는 동물로 분류한다. (   )

(2) 육지에 사는 동물과 물에 사는 동물로 분류한다. (   )

(3) 꽃이 피는 식물과 꽃이 피지 않는 식물로 분류한다. (   )

(4) 먹을 수 있는 식물과 먹을 수 없는 식물로 분류한다. (   )

03 생물분류체계는 종 < 속 < 과 < 목 < 강 < 문 < (   )이다.

04 자연 상태에서 짝짓기를 하여 번식 능력이 있는 자손을 낳을 수 있는 무리를 (   )이라고 한다.

05 생물은 동물계, 식물계, 균계, 원생생물계, (   )의 5계로 분류할 수 있다.

06 다음 특징을 나타내는 생물이 속하는 생물 무리를 쓰시오.

(1) 세포에 핵이 없다. (   )

(2) 세포에 핵이 있고, 동물계, 식물계, 균계에 속하지 않는다. (   )

(3) 광합성을 하여 스스로 양분을 만들고, 기관이 발달해 있다. (   )

(4) 다른 생물을 먹이로 삼아 양분을 얻고, 대부분 운동성이 있다. (   )

(5) 죽은 생물이나 배설물을 분해하여 양분을 얻고, 대부분 몸이 균사로 이루어져 있다. (   )

07 계와 각 계에 속하는 생물의 예를 선으로 연결하시오.

(1) 동물계 •	• ㉠ 고사리, 이끼
(2) 식물계 •	• ㉡ 버섯, 곰팡이
(3) 균계 •	• ㉢ 지렁이, 해파리
(4) 원생생물계 •	• ㉣ 짚신벌레, 미역
(5) 원핵생물계 •	• ㉤ 대장균, 젖산균

01 생물분류에 대한 설명으로 옳은 것을 <보기>에서 모두 고른 것은?

<보기>

ㄱ. 생물을 분류하는 기본 단위는 종이다.
ㄴ. 생물을 분류할 때는 생물이 가지는 고유한 특징을 기준으로 삼는다.
ㄷ. 사람의 편의에 따라 생물을 분류하면 생물의 멀고 가까운 관계를 알 수 있다.

① ㄱ ② ㄷ ③ ㄱ, ㄴ
④ ㄴ, ㄷ ⑤ ㄱ, ㄴ, ㄷ

02 종에 대한 설명으로 옳지 않은 것은?

① 말과 당나귀는 다른 종이다.
② 생물을 분류하는 가장 큰 단위이다.
③ 같은 종에 속하면 같은 속에 속한다.
④ 다른 종이더라도 같은 속에 속할 수 있다.
⑤ 자연 상태에서 짝짓기를 하여 번식 능력이 있는 자손을 낳을 수 있는 무리이다.

03 5계 분류체계에 대한 설명으로 옳은 것을 <보기>에서 모두 고른 것은?

<보기>

ㄱ. 원핵생물계에 속하는 생물은 세포에 핵이 없다.
ㄴ. 균계에 속하는 생물은 스스로 양분을 만들 수 없다.
ㄷ. 원생생물계에 속하는 생물은 모두 다세포 생물이다.

① ㄱ ② ㄷ ③ ㄱ, ㄴ
④ ㄴ, ㄷ ⑤ ㄱ, ㄴ, ㄷ

04 다음과 같은 특징을 갖는 계로 옳은 것은?

- 세포에 핵이 있다.
- 기관이 발달했다.
- 광합성을 하여 스스로 양분을 만든다.

① 균계 ② 동물계 ③ 식물계
④ 원생생물계 ⑤ 원핵생물계

05 생물을 계 단위로 분류했을 때 각 계에 속하는 생물의 예를 옳게 짝 지은 것은?

① 균계 - 해파리
② 식물계 - 버섯
③ 동물계 - 유글레나
④ 원생생물계 - 파래
⑤ 원핵생물계 - 아메바

06 다음은 여러 생물을 두 종류로 분류한 결과를 나타낸 것이다.

(가) 고양이, 젖산균, 버섯
(나) 민들레, 소나무, 해캄

(가)와 (나)의 분류 기준으로 옳은 것은?

① 세포 수 ② 핵의 유무
③ 광합성 여부 ④ 균사의 유무
⑤ 기관의 발달 정도

07 그림은 생물의 5계 분류를 나타낸 것이다.

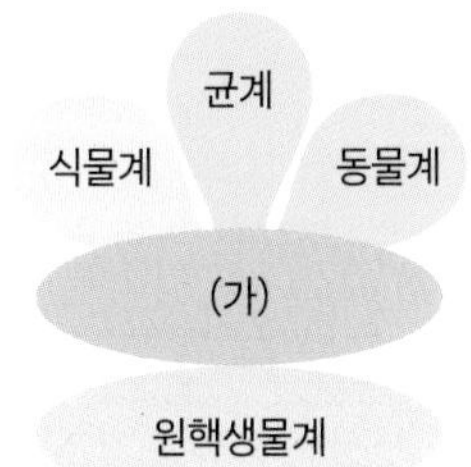

이에 대한 설명으로 옳은 것을 <보기>에서 모두 고른 것은?

<보기>

ㄱ. 짚신벌레와 해캄은 모두 (가)에 속한다.
ㄴ. (가)에 속하는 생물은 세포에 핵이 없다.
ㄷ. (가)에 속하는 생물은 몸이 균사로 이루어져 있다.

① ㄱ ② ㄴ ③ ㄱ, ㄷ
④ ㄴ, ㄷ ⑤ ㄱ, ㄴ, ㄷ

08 그림은 여러 생물을 기준 (가)에 따라 분류한 것이다.

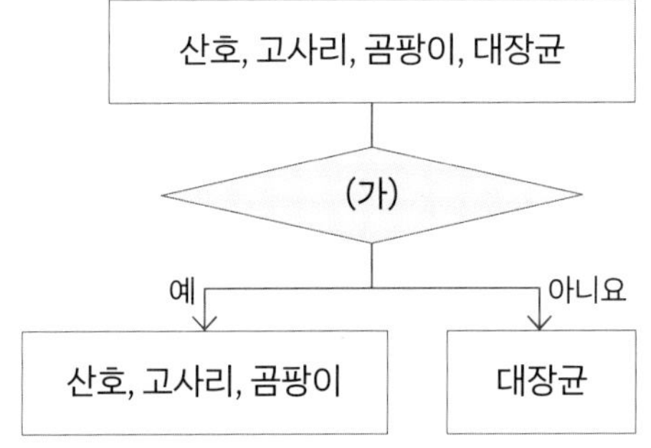

(가)에 들어갈 말로 알맞은 것은?

① 핵이 있는가?
② 광합성을 하는가?
③ 기관이 발달했는가?
④ 몸이 균사로 이루어져 있는가?
⑤ 몸이 한 개의 세포로 이루어져 있는가?

서술형 문제

09 박쥐는 까치와 다람쥐 중 어느 생물과 더 가까운지 번식 방법과 관련지어 서술하시오.

10 진돗개와 풍산개가 서로 같은 종인지 알고 싶을 때 조사해야 하는 것을 서술하시오.

11 동물계와 식물계에 속하는 생물의 차이점을 양분을 얻는 방식을 기준으로 설명하시오.

04 생물다양성보전

1 생물다양성의 중요성

1 생물다양성과 생태계 평형 생물다양성은 생태계 평형을 유지하는 데 중요한 역할을 한다.

생물다양성이 낮은 생태계	생물다양성이 높은 생태계
매 / 개구리 / 메뚜기 / 벼	뱀 / 매 / 개구리 / 참새 / 메뚜기 / 나비 / 벼 / 배추
먹이그물이 단순하기 때문에 한 생물이 사라지면 그 생물을 먹는 다른 생물도 함께 멸종될 가능성이 높다.	먹이그물이 복잡하기 때문에 한 생물이 사라져도 이를 대신하여 먹이가 될 수 있는 다른 생물이 있어 멸종될 가능성이 낮다.

2 생물다양성의 중요성

생태계 유지	생물다양성은 생태계를 안정적으로 유지한다.
자원 제공	• 식량을 제공한다. 예 벼, 보리, 밀 • 섬유를 제공한다. 예 목화(면섬유), 누에고치(견섬유) • 목재를 제공한다. 예 편백나무 • 의약품 재료를 제공한다. 예 주목(항암제의 원료), 푸른곰팡이(항생제의 원료), 버드나무(진통 해열제의 원료) • 생체 모방 아이디어를 제공한다. 예 도꼬마리 열매(벨크로), 잠자리(헬리콥터)
지구 환경 및 건강 유지	• 맑은 공기와 깨끗한 물, 비옥한 토양 등 지구 환경 유지에 도움이 된다. • 아름다운 자연 경관은 휴식과 여가 활동을 위한 공간을 제공하여 몸과 마음의 건강을 유지하게 한다.
생명의 가치	모든 생물은 생태계 구성원으로서 그 자체로 소중하다.

2 생물다양성보전

1 생물다양성 감소 원인 생물다양성이 감소하는 원인에는 서식지파괴, 외래종 유입, 남획, 환경오염, 기후 변화 등이 있다. 대부분 인간의 활동과 관련이 있다.

서식지 파괴	• 생물다양성을 감소하게 하는 가장 큰 원인이다. • 인간이 자연을 개발하는 과정에서 발생한다. 예 열대 우림 개발, 습지 파괴, 갯벌 매립 등
외래종 유입	• 원래 살던 곳을 벗어나 새로운 지역에서 자리를 잡고 사는 생물을 외래종이라고 한다. • 외래종은 천적이 없으므로 과도하게 번식하여 그 지역에서 살던 토종 생물의 생존을 위협한다. 예 뉴트리아, 큰입배스, 가시박, 붉은귀거북 등
남획	• 인간이 생물을 마구 잡는 것을 남획이라고 한다. • 무분별한 남획으로 야생 동식물의 개체수가 급격히 줄어들고 있다. 예 코뿔소, 코끼리, 고래 등
환경 오염	• 환경오염에 약한 생물이 사라질 수 있다. • 환경오염으로 서식지 환경이 변화하여 생물의 생존을 위협하고 있다. 예 바다거북 등
기후 변화	기후 변화로 기온과 수온이 상승하고 해수면이 상승하는 등 서식지 환경이 변화하여 생물에 영향을 주고 있다. 예 산호 등

2 생물다양성 유지 방안

① **개인적 차원**: 일회용품 사용 줄이기, 쓰레기 분리배출, 쓰레기 배출량 줄이기 등이 있다.

② **사회적 차원**: 생태통로 설치, 생물다양성보전 캠페인 참여, 국립 공원 지정, 멸종 위기 생물 지정, 종자은행 설립 등이 있다.

③ **국제적 차원**: 여러 가지 국제 협약을 채택하여 실천한다.

예 생물다양성협약, 기후변화협약, 람사르협약 등

01 알맞은 말에 ○표 하시오.

(1) 생물다양성이 낮은 생태계는 먹이그물이 (단순, 복잡)하다.

(2) 생물다양성이 높은 생태계는 먹이그물이 (단순, 복잡)하다.

(3) 생물다양성이 (낮은, 높은) 생태계에서 한 생물이 사라지면 그 생물을 먹는 다른 생물도 함께 멸종될 가능성이 높다.

02 생물다양성은 (   )를 안정적으로 유지한다.

03 생물과 그 생물에서 얻을 수 있는 혜택을 선으로 연결하시오.

(1) 벼 •   • ㉠ 목재

(2) 목화 •   • ㉡ 섬유

(3) 편백나무 •   • ㉢ 식량

(4) 푸른곰팡이 •   • ㉣ 의약품

04 빈칸에 알맞은 말을 쓰시오.

(1) 인간이 생물을 마구 잡는 것을 (   )이라고 한다.

(2) 원래 살던 곳을 벗어나 새로운 지역에서 자리를 잡고 사는 생물을 (   )이라고 한다.

05 생물다양성 감소 원인과 그 예를 선으로 연결하시오.

(1) 남획 •   • ㉠ 코뿔소, 고래

(2) 서식지파괴 •   • ㉡ 뉴트리아, 큰입배스

(3) 외래종 유입 •   • ㉢ 열대 우림 개발, 갯벌 매립

06 생물다양성보전을 위한 방안과 관계있는 것을 선으로 연결하시오.

(1) 국제 협약 체결 •   • ㉠ 개인적 차원

(2) 생태통로 만들기 •   • ㉡ 사회적 차원

(3) 일회용품 사용 줄이기 •   • ㉢ 국제적 차원

01 생물다양성과 생태계의 관계에 대한 설명으로 옳은 것을 <보기>에서 모두 고른 것은?

<보기>

ㄱ. 생물다양성이 높은 생태계는 먹이그물이 복잡하다.
ㄴ. 생물다양성이 높을수록 생태계가 안정적으로 유지된다.
ㄷ. 생물다양성이 낮은 생태계에서는 특정 생물이 멸종할 위험이 낮다.

① ㄱ ② ㄷ ③ ㄱ, ㄴ
④ ㄴ, ㄷ ⑤ ㄱ, ㄴ, ㄷ

02 그림은 (가)와 (나) 두 지역의 먹이그물을 나타낸 것이다.

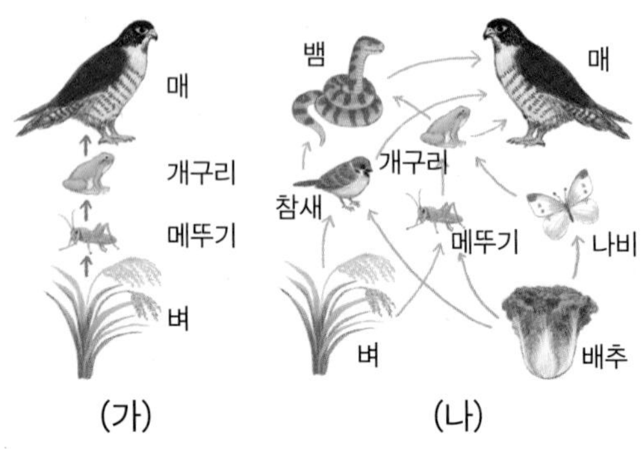

이에 대한 설명으로 옳은 것을 <보기>에서 모두 고른 것은?

<보기>

ㄱ. (가)는 (나)보다 생물다양성이 높다.
ㄴ. (가)에서 메뚜기가 멸종하면 개구리도 멸종할 가능성이 높다.
ㄷ. (나)에서 메뚜기가 멸종해도 개구리는 멸종할 가능성이 낮다.

① ㄱ ② ㄴ ③ ㄱ, ㄷ
④ ㄴ, ㄷ ⑤ ㄱ, ㄴ, ㄷ

03 생물다양성을 보전해야 하는 까닭으로 옳은 것을 <보기>에서 모두 고른 것은?

<보기>

ㄱ. 생태계를 안정적으로 유지할 수 있다.
ㄴ. 휴식과 여가 활동을 위한 공간을 제공한다.
ㄷ. 생물다양성을 보전하는 것은 그 자체로 중요하다.

① ㄱ ② ㄴ ③ ㄱ, ㄷ
④ ㄴ, ㄷ ⑤ ㄱ, ㄴ, ㄷ

04 생물로부터 얻은 자원을 활용하고 있는 사례로 옳지 <u>않은</u> 것은?

① 목화에서 목재를 얻는다.
② 누에고치에서 섬유를 얻는다.
③ 푸른곰팡이에서 항생제의 원료를 얻는다.
④ 버드나무에서 진통 해열제의 원료를 얻는다.
⑤ 도꼬마리 열매에서 생체 모방 아이디어를 얻는다.

05 다음은 생물다양성이 감소하는 원인에 대한 설명이다. 이와 가장 관련이 높은 것은?

도로를 건설하거나 목재를 얻기 위하여 숲을 파괴할 때 생물이 사는 곳이 파괴되고 그 결과 생물이 사라질 수 있다.

① 남획 ② 환경오염
③ 기후 변화 ④ 서식지파괴
⑤ 외래종 유입

06 생물다양성이 감소하는 원인으로 옳지 않은 것은?

① 갯벌을 매립한다.
② 야생 동물을 무분별하게 잡는다.
③ 번식력이 강한 외래종을 들여온다.
④ 도로를 만들기 위해 숲을 개발한다.
⑤ 멸종 위기 생물 복원 사업을 진행한다.

07 그림은 우리나라에 서식하는 두 생물을 나타낸 것이다.

가시박

큰입배스

이에 대한 설명으로 옳은 것을 <보기>에서 모두 고른 것은?

<보기>

ㄱ. 가시박과 큰입배스 모두 외래종이다.
ㄴ. 가시박은 번식력이 뛰어나 생물다양성을 높이는 데 기여한다.
ㄷ. 큰입배스는 다른 생물을 지나치게 많이 잡아먹어 생물다양성을 위협하고 있다.

① ㄱ ② ㄴ ③ ㄱ, ㄷ
④ ㄴ, ㄷ ⑤ ㄱ, ㄴ, ㄷ

08 생물다양성 유지 방안에 대한 설명으로 옳지 않은 것은?

① 쓰레기를 분리배출한다.
② 국립 공원을 지정하여 관리한다.
③ 안 쓰는 물건을 버리고 새로 산다.
④ 멸종 위기 생물을 지정하고 보호한다.
⑤ 종자은행을 만들어 고유 식물의 종자를 관리한다.

서술형 문제

09 생물다양성 감소 원인을 세 가지 서술하시오.

10 숲을 관통하는 도로가 건설되면 숲의 생물다양성이 감소할 수 있는 까닭을 서술하시오.

11 사회적 차원의 생물다양성 유지 방안을 두 가지 서술하시오.

1 온도와 입자 운동

1 온도 물체를 구성하는 입자의 운동이 활발한 정도를 나타낸다.

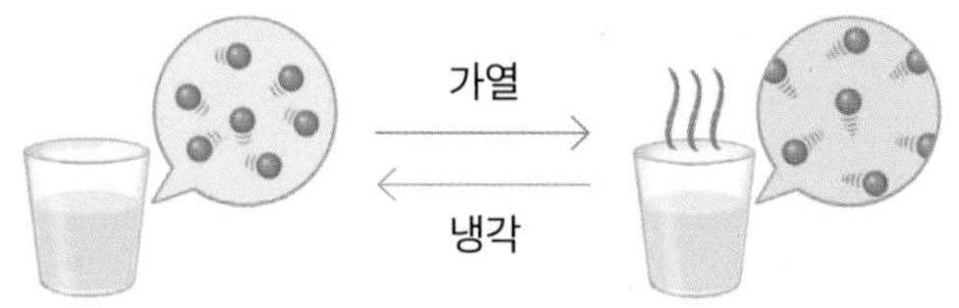

온도가 낮은 물체 온도가 높은 물체

2 온도와 입자 운동 물체를 구성하는 입자의 운동이 활발할수록 물체의 온도가 높고, 입자의 운동이 둔할수록 물체의 온도가 낮다.

온도가 높은 물체	온도가 낮은 물체
• 입자 운동이 활발하다. • 입자 사이의 거리가 멀다.	• 입자 운동이 둔하다. • 입자 사이의 거리가 가깝다.

2 열평형

1 열평형 온도가 다른 두 물체가 접촉할 때 온도가 높은 물체에서 온도가 낮은 물체로 열이 이동하여 두 물체의 온도가 같아진 상태

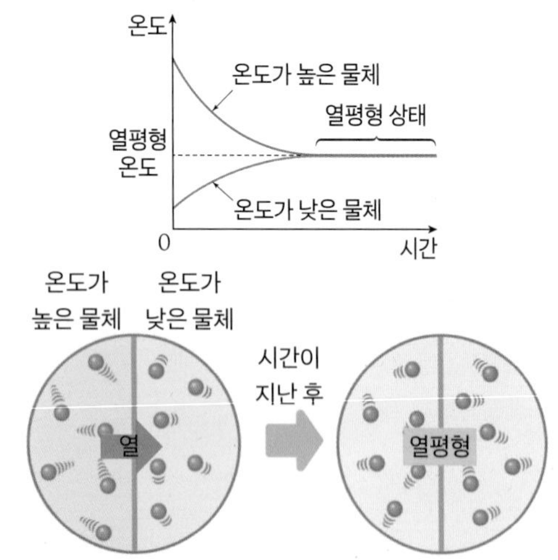

2 열평형 과정에서 나타나는 변화

구분	열	입자 운동	온도
온도가 높은 물체	잃는다.	둔해진다.	낮아진다.
온도가 낮은 물체	얻는다.	활발해진다.	높아진다.

3 열평형을 이용한 예

① 온도계로 물체의 온도를 측정한다.
② 즉석식품을 뜨거운 물에 넣어 데운다.
③ 뜨거운 삶은 달걀을 찬물에 담가 식힌다.
④ 생선을 얼음 위에 놓아 신선하게 보관한다.

3 열의 이동 방식

1 전도 물질을 구성하는 입자의 운동이 이웃한 입자에 차례로 전달되어 열이 이동하는 방식

① 전도는 고체에서 주로 일어난다.
② 열이 전도되는 정도는 물질의 종류에 따라 다르다.

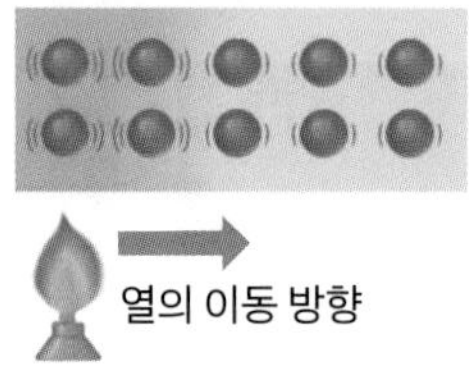

2 대류 액체나 기체 물질을 구성하는 입자가 직접 이동하며 열이 이동하는 방식

① 대류는 액체나 기체에서 주로 일어난다.
② 냉방기는 위쪽에, 난방기는 아래쪽에 설치하면 대류에 의한 열의 전달로 냉난방을 효율적으로 할 수 있다.

에어컨	난로
따뜻한 공기 차가운 공기	따뜻한 공기 차가운 공기
차가운 공기는 아래로 내려오고, 따뜻한 공기는 위로 올라가면서 방 전체가 시원해진다.	따뜻한 공기는 위로 올라가고, 차가운 공기는 아래로 내려오면서 방 전체가 따뜻해진다.

3 복사 열이 물질을 통하지 않고 직접 이동하는 방식

난로	난로에서 열이 직접 이동하여 따뜻함을 느낀다.
태양열	태양열이 지구로 전달된다. → 더운 여름에 양산을 쓰면 태양에서 복사된 열이 차단되어 시원해진다.
열화상 카메라	열화상 카메라로 체온을 측정한다.

01 (   )는 물체를 구성하는 입자의 운동이 활발한 정도를 나타낸다.

02 물체의 온도와 입자 운동에 대한 설명을 관련 있는 것끼리 선으로 연결하시오.

(1) 온도가 높은 물체 •　　　　• ㉠ 입자 운동이 둔하다.

(2) 온도가 낮은 물체 •　　　　• ㉡ 입자 운동이 활발하다.

03 온도가 다른 두 물체가 접촉할 때 온도가 높은 물체에서 온도가 낮은 물체로 열이 이동하여 두 물체의 온도가 같아진 상태를 (   )이라고 한다.

04 열평형 과정에서 나타나는 변화에 대한 설명을 관련 있는 것끼리 선으로 연결하시오.

(1) 온도가 높은 물체 •　　　　• ㉠ 입자 운동이 처음보다 둔해진다.

(2) 온도가 낮은 물체 •　　　　• ㉡ 입자 운동이 처음보다 활발해진다.

05 빈칸에 알맞은 말을 쓰시오.

(1) (   )는 열이 물질을 통하지 않고 직접 이동하는 방식이다.

(2) (   )는 액체나 기체 물질을 구성하는 입자가 직접 이동하며 열이 이동하는 방식이다.

(3) (   )는 물질을 구성하는 입자의 운동이 이웃한 입자에 차례로 전달되어 열이 이동하는 방식이다.

06 다음 현상과 관련이 있는 열의 이동 방식을 쓰시오.

(1) 태양열이 지구로 전달된다. (   )

(2) 에어컨을 켜면 방 전체가 시원해진다. (   )

(3) 뜨거운 국에 담긴 숟가락 전체가 뜨거워진다. (   )

07 냉방기는 (   )쪽에, 난방기는 (   )쪽에 설치하면 대류에 의한 열의 전달로 냉난방을 효율적으로 할 수 있다.

01 온도와 입자 운동에 대한 설명으로 옳은 것을 <보기>에서 모두 고른 것은?

<보기>

ㄱ. 물질의 온도가 높을수록 입자 운동이 활발하다.
ㄴ. 물질의 온도가 낮을수록 입자 사이의 거리가 멀다.
ㄷ. 온도는 물체를 구성하는 입자의 운동이 활발한 정도를 나타낸다.

① ㄱ ② ㄴ ③ ㄱ, ㄷ
④ ㄴ, ㄷ ⑤ ㄱ, ㄴ, ㄷ

02 그림은 온도가 다른 물의 입자 운동을 모형으로 나타낸 것이다.

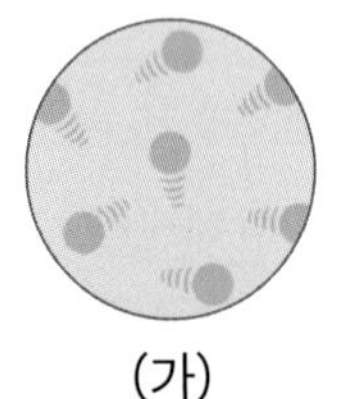
(가)

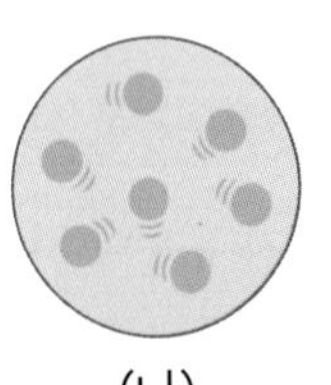
(나)

이에 대한 설명으로 옳은 것을 <보기>에서 모두 고른 것은?

<보기>

ㄱ. (가)는 (나)보다 온도가 높다.
ㄴ. (가)는 (나)보다 입자 운동이 활발하다.
ㄷ. (가)는 (나)보다 입자 사이의 거리가 멀다.

① ㄱ ② ㄴ ③ ㄱ, ㄷ
④ ㄴ, ㄷ ⑤ ㄱ, ㄴ, ㄷ

03 뜨거운 물과 찬물이 접촉했을 때 나타나는 현상에 대한 설명으로 옳은 것은?

① 시간이 지나면 찬물은 열을 잃는다.
② 찬물에서 뜨거운 물로 열이 이동한다.
③ 시간이 지나면 찬물의 운동이 둔해진다.
④ 시간이 지나면 뜨거운 물의 운동이 활발해진다.
⑤ 시간이 지나면 뜨거운 물과 찬물의 온도가 같아진다.

04 그래프는 온도가 다른 두 물체가 접촉할 때 두 물체의 온도 변화를 나타낸 것이다. 이에 대한 설명으로 옳지 <u>않은</u> 것은?

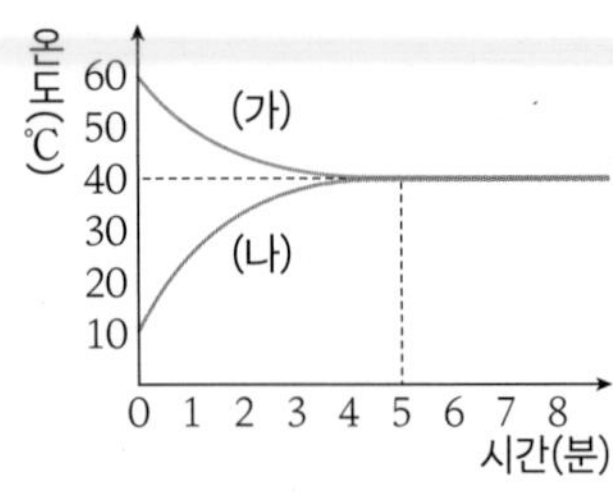

① 5분부터 열평형 상태가 된다.
② 0~5분까지 (가)는 열을 잃는다.
③ 0~5분까지 (가)는 입자 운동이 둔해진다.
④ 0~5분까지 (가)에서 (나)로 열이 이동한다.
⑤ 0~5분까지 (나)는 입자 사이의 거리가 가까워진다.

05 그림은 철판, 유리판, 구리판을 동시에 뜨거운 물에 넣은 모습을 나타낸 것이다. 이에 대한 설명으로 옳은 것을 <보기>에서 모두 고른 것은?

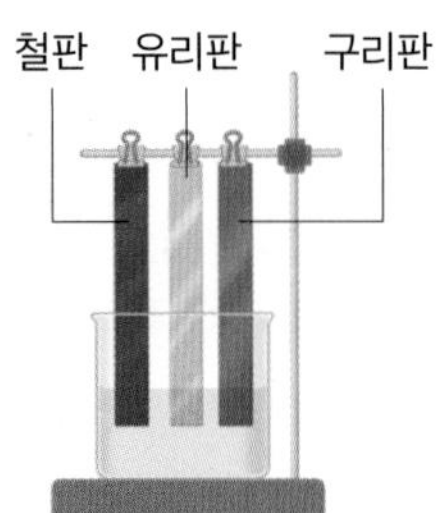

<보기>

ㄱ. 열은 유리보다 금속에서 더 잘 이동한다.
ㄴ. 열이 전도되는 정도는 물질의 종류에 따라 다르다.
ㄷ. 각 판을 구성하는 입자가 이동하면서 열을 전달한다.

① ㄱ ② ㄷ ③ ㄱ, ㄴ
④ ㄴ, ㄷ ⑤ ㄱ, ㄴ, ㄷ

06 다음은 열이 이동하는 현상을 나타낸 것이다.

> (가) 주전자의 물이 끓는다.
> (나) 뜨거운 국에 담긴 숟가락이 뜨겁다.
> (다) 전기난로 앞에 손을 대면 따뜻해진다.

(가)~(다)의 열의 이동 방법을 옳게 짝 지은 것은?

	(가)	(나)	(다)
①	전도	대류	복사
②	전도	복사	대류
③	대류	전도	복사
④	대류	복사	전도
⑤	복사	대류	전도

07 다음은 어떤 현상에 대한 예인가?

> • 난로를 켜면 방 전체가 따뜻해진다.
> • 냄비의 아래쪽을 가열하면 물 전체가 따뜻해진다.

① 전도　② 대류　③ 복사
④ 열평형　⑤ 열팽창

08 그림은 방 안에 놓인 난로를 켠 모습이다.

이에 대한 설명으로 옳지 않은 것은?

① 대류에 의해 방 전체가 따뜻해진다.
② 입자가 직접 이동하며 열을 전달한다.
③ 위에 있던 차가운 공기는 아래로 내려온다.
④ 난로에서 나온 따뜻한 공기는 위로 올라간다.
⑤ 보일러를 켜면 온수관이 지나가는 부분부터 따뜻해지는 것과 같은 열의 이동 방식이다.

서술형 문제

09 접촉식 온도계로 물체의 온도를 측정할 때 온도계를 꽂고 잠시 기다리는 까닭을 열평형과 관련지어 서술하시오.

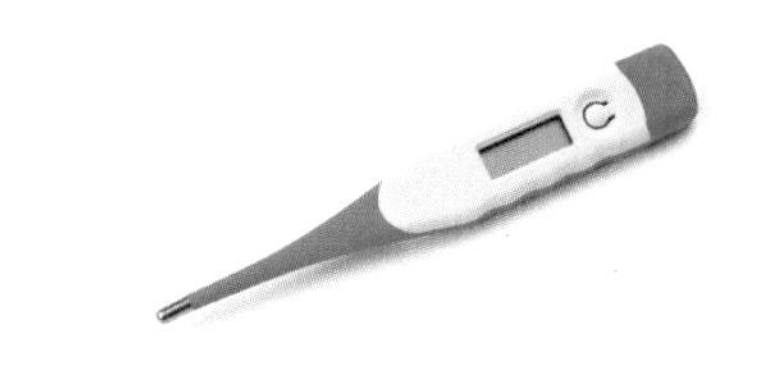

10 추운 겨울날 운동장에 있는 철봉과 나무는 온도가 같다. 하지만 철봉과 나무를 손으로 잡았을 때 철봉이 나무보다 더 차갑게 느껴지는데, 그 까닭을 서술하시오.

11 더운 여름에 양산을 쓰면 시원한 까닭을 다음 단어를 이용하여 서술하시오.

> 태양 / 복사 / 열

1 비열

1 비열 어떤 물질 1kg의 온도를 1℃ 높이는 데 필요한 열량

① 비열은 물질의 고유한 값으로, 물질의 종류에 따라 다르다.

② 비열이 큰 물질은 온도가 잘 변하지 않고 비열이 작은 물질은 온도가 잘 변한다.

③ 비열이 큰 물질일수록 같은 온도만큼 높이는 데 더 많은 열량이 필요하다.

㉠ 물과 식용유의 온도 변화

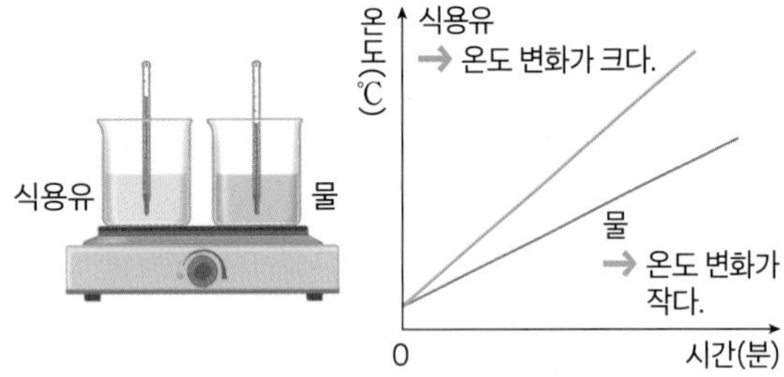

- 식용유는 물보다 비열이 작다.
- 같은 열량을 가할 때 식용유가 물보다 온도 변화가 더 크다.

2 비열의 활용

① 비열이 큰 물질의 활용

찜질 팩	비열이 큰 물을 넣어 따뜻한 상태를 오래 유지한다.
냉각수	물이 포함되어 있어 자동차 엔진이 지나치게 뜨거워지는 것을 막는다.
뚝배기	음식을 오랫동안 따뜻하게 유지할 수 있다.

② 비열이 작은 물질의 활용

난방용 온수관	따뜻한 물이 지나가면 온수관이 빠르게 따뜻해지면서 바닥에 열을 전달한다.
프라이팬	비열이 작은 금속으로 만들어져 있어 열을 가하면 빠르게 뜨거워지면서 음식을 익힌다.
양은 냄비	비열이 작은 금속으로 만들어져 있어 열을 가하면 음식이 빠르게 익는다.

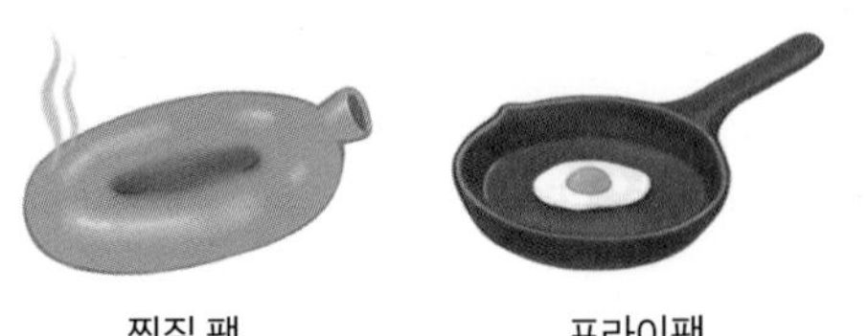
찜질 팩 프라이팬

2 열팽창

1 열팽창 물체의 온도가 높아질 때 물체의 길이나 부피가 팽창하는 현상

① **열팽창하는 까닭**: 물체가 열을 받아 온도가 높아지면 입자 운동이 활발해져 입자 사이의 거리가 멀어진다. 따라서 입자가 차지하는 공간이 늘어나 물체의 길이나 부피가 팽창한다.

② 고체나 액체는 물질의 종류에 따라 열팽창 정도가 다르다.

③ 물질의 상태에 따라 열팽창 정도가 다르다.(고체<액체<기체)

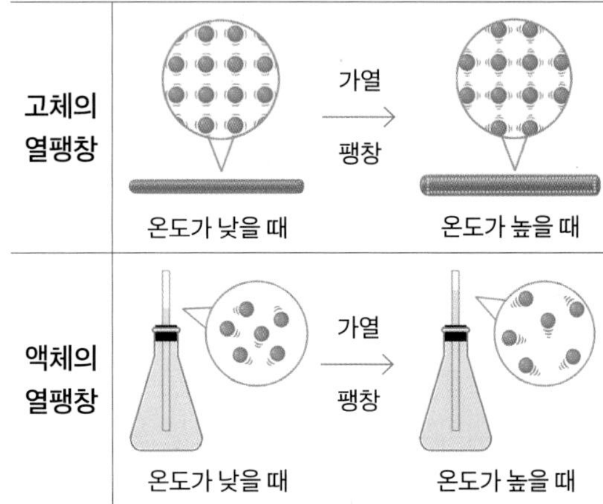

2 열팽창의 활용

바이메탈	열팽창 정도가 다른 두 금속을 붙여서 만든 것으로, 온도가 높아지면 열팽창 정도가 작은 금속 쪽으로 휘어져 회로를 차단해 온도를 조절한다. 열팽창 정도가 작은 금속 / 열팽창 정도가 큰 금속 → 가열 → 열팽창 정도가 작은 금속 쪽으로 휘어진다.
다리 이음매	여름철 온도가 높아져 길이가 늘어났을 때 다리가 휘는 것을 막는다.
선로의 틈	여름철 온도가 높아져 길이가 늘어났을 때 선로가 휘는 것을 막는다.
가스관	중간에 구부러진 부분을 만들어 온도가 높아져 길이가 늘어났을 때 가스관이 파손되는 것을 막는다.
철근 콘크리트	열팽창 정도가 거의 비슷한 철근과 콘크리트를 사용하여 건물에 균열이 생기는 것을 막는다.

01 어떤 물질 1kg의 온도를 1℃ 높이는 데 필요한 열량을 (　　　　　　)이라고 한다.

02 비열에 대한 설명으로 옳은 것은 ○표, 옳지 않은 것은 ×표 하시오.

(1) 비열은 물질의 고유한 값이다. (　　　)

(2) 비열은 물질의 종류에 따라 다르다. (　　　)

(3) 비열이 큰 물질일수록 같은 온도만큼 높이는 데 더 적은 열량이 필요하다. (　　　)

03 비열과 관련이 있는 현상에 대한 설명으로 옳은 것은 ○표, 옳지 않은 것은 ×표 하시오.

(1) 뚝배기는 음식을 오랫동안 따뜻하게 유지할 수 있다. (　　　)

(2) 찜질 팩은 비열이 큰 물을 넣어 따뜻한 상태를 오래 유지한다. (　　　)

(3) 프라이팬은 비열이 큰 물질로 만들어져 있어 빠르게 뜨거워지면서 음식을 익힌다. (　　　)

04 물체의 온도가 높아질 때 물체의 길이나 부피가 팽창하는 현상을 (　　　　　　)이라고 한다.

05 열팽창에 대한 설명으로 옳은 것은 ○표, 옳지 않은 것은 ×표 하시오.

(1) 고체는 물질에 따라 열팽창 정도가 다르다. (　　　)

(2) 액체는 물질에 상관없이 열팽창 정도가 같다. (　　　)

(3) 물체를 가열하면 입자 운동이 활발지면서 입자 사이의 거리가 가까워져 열팽창이 일어난다. (　　　)

06 바이메탈에 대한 설명으로 옳은 것은 ○표, 옳지 않은 것은 ×표 하시오.

(1) 열팽창 정도가 같은 두 금속을 붙여서 만든다. (　　　)

(2) 전기다리미, 전기 주전자, 화재경보기 등에 쓰인다. (　　　)

(3) 온도가 높아지면 열팽창 정도가 작은 금속 쪽으로 휘어진다. (　　　)

07 비열과 관련 있는 현상에는 '비열', 열팽창과 관련 있는 현상에는 '열팽창'을 쓰시오.

(1) 다리 이음매에 틈을 만든다. (　　　)

(2) 얇은 냄비로 음식을 빠르게 익힌다. (　　　)

(3) 가스관 중간에 구부러진 부분을 만든다. (　　　)

01 비열에 대한 설명으로 옳지 않은 것은?

① 물은 식용유보다 비열이 크다.
② 비열은 물질의 고유한 값이다.
③ 비열이 큰 물질일수록 온도가 잘 변한다.
④ 어떤 물질 1kg의 온도를 1℃ 높이는 데 필요한 열량이다.
⑤ 비열이 큰 물질일수록 같은 온도만큼 높이는 데 더 많은 열량이 필요하다.

02 그래프는 질량이 같은 두 물질 (가)와 (나)에 같은 양의 열을 가했을 때 시간에 따른 온도 변화를 나타낸 것이다.

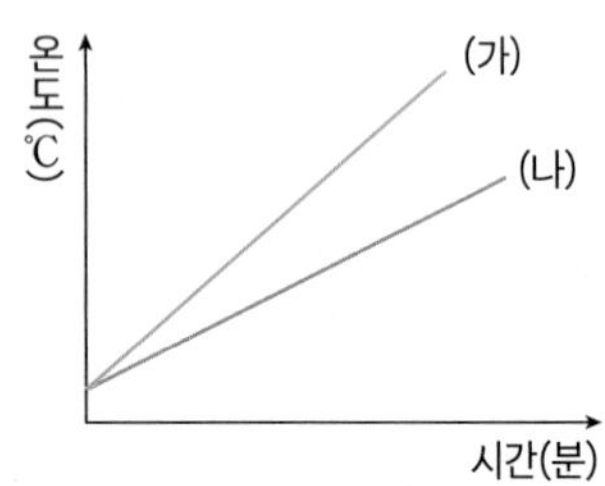

이에 대한 설명으로 옳은 것을 <보기>에서 모두 고른 것은?

<보기>

ㄱ. (가)는 (나)보다 비열이 크다.
ㄴ. 같은 시간 동안 온도 변화가 더 큰 물질은 (가)이다.
ㄷ. 같은 온도만큼 높이기 위해 열량이 더 많이 필요한 물질은 (나)이다.

① ㄱ ② ㄷ ③ ㄱ, ㄴ
④ ㄴ, ㄷ ⑤ ㄱ, ㄴ, ㄷ

03 다음 표는 같은 질량의 세 물질 A, B, C에 같은 열량을 가했을 때 온도 변화를 나타낸 것이다.

물질	처음 온도(℃)	나중 온도(℃)
A	18	24
B	18	30
C	18	48

A, B, C의 비열을 비교한 것으로 옳은 것은?

① A>B>C ② A>C>B
③ B>A>C ④ B>C>A
⑤ C>A>B

04 비열을 활용한 예에 대한 설명으로 옳은 것을 <보기>에서 모두 고른 것은?

<보기>

ㄱ. 음식을 빨리 익히기 위해 비열이 작은 금속 냄비를 사용한다.
ㄴ. 음식을 오랫동안 따뜻하게 유지하기 위해 비열이 큰 뚝배기를 사용한다.
ㄷ. 자동차 엔진이 뜨거워지는 것을 막기 위해 비열이 작은 물을 냉각수에 활용한다.

① ㄱ ② ㄷ ③ ㄱ, ㄴ
④ ㄴ, ㄷ ⑤ ㄱ, ㄴ, ㄷ

05 다음은 낮에 바닷가에서 해풍이 부는 까닭을 설명한 것이다. 빈칸에 들어갈 알맞은 말은?

모래의 (   )이/가 물보다 작기 때문에 낮에는 육지의 온도가 바다의 온도보다 빨리 높아진다. 이때 따뜻한 육지 위의 공기는 위로 올라가고 차가운 바다 위의 공기는 아래로 내려오면서 바다에서 육지로 해풍이 분다.

① 전도 ② 비열 ③ 열량
④ 열평형 ⑤ 열팽창

06 열팽창에 대한 설명으로 옳은 것을 <보기>에서 모두 고른 것은?

<보기>

ㄱ. 고체나 액체는 물질에 따라 열팽창 정도가 다르다.
ㄴ. 물체를 가열하면 물체를 구성하는 입자 사이의 거리가 멀어진다.
ㄷ. 물체를 가열하면 입자 운동이 둔해져 물체의 길이나 부피가 늘어난다.

① ㄱ ② ㄷ ③ ㄱ, ㄴ
④ ㄴ, ㄷ ⑤ ㄱ, ㄴ, ㄷ

07 그림은 바이메탈이 들어 있는 화재경보기의 구조를 나타낸 것이다.

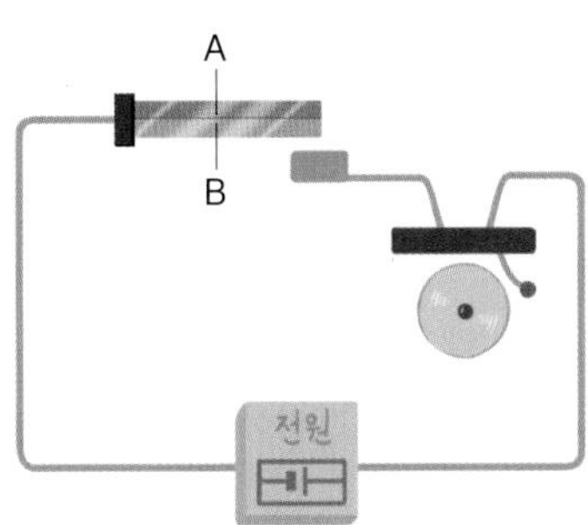

이에 대한 설명으로 옳은 것을 <보기>에서 모두 고른 것은?

<보기>

ㄱ. A가 B보다 열팽창 정도가 작다.
ㄴ. 바이메탈에 열이 가해지면 바이메탈은 B 쪽으로 휘어진다.
ㄷ. 화재가 발생하면 회로가 연결되어 경보기가 울린다.

① ㄱ ② ㄷ ③ ㄱ, ㄴ
④ ㄴ, ㄷ ⑤ ㄱ, ㄴ, ㄷ

08 열팽창과 관련된 예로 적절하지 않은 것은?

① 찜질 팩 ② 바이메탈
③ 선로의 틈 ④ 철근 콘크리트
⑤ 치아의 충전재

서술형 문제

09 우리 몸은 물이 차지하는 비율이 높아 체온을 유지하기 쉽다. 그 까닭을 물의 비열과 관련지어 서술하시오.

10 음료수를 유리병에 가득 채우지 않고 윗부분을 비워 두는 까닭을 열팽창과 관련지어 서술하시오.

11 그림은 여름과 겨울의 전깃줄 모습이다. 여름과 겨울의 전깃줄 모습이 다른 까닭을 열팽창과 관련지어 서술하시오.

여름

겨울

1 입자의 운동

1 입자의 운동 물질을 구성하는 입자는 스스로 끊임없이 운동한다.

2 입자 운동의 증거 입자의 운동으로 나타나는 현상에는 확산과 증발이 있다.

2 확산

1 확산 입자가 스스로 운동하여 멀리 퍼져 나가는 현상

잉크의 확산	잉크 입자 물에 잉크를 떨어뜨리면 물 전체가 잉크 색으로 변한다. → 잉크 입자가 스스로 운동하여 물속으로 퍼져 나가기 때문이다.
향수의 확산	 향수를 뿌리면 향수 냄새가 모든 방향으로 퍼진다. → 향수 입자가 스스로 운동하여 공기 중으로 퍼져 나가기 때문이다.

2 확산의 예

① 향수 냄새가 퍼진다.
② 꽃밭 근처에서 꽃향기가 난다.
③ 음식 냄새가 집 안으로 퍼진다.
④ 전기 모기향을 피워 모기를 쫓는다.
⑤ 마약 탐지견이 냄새로 마약을 찾는다.
⑥ 물에 티백을 넣으면 차 성분이 퍼진다.

전기 모기향

마약 탐지견

3 아세트산 확산 실험

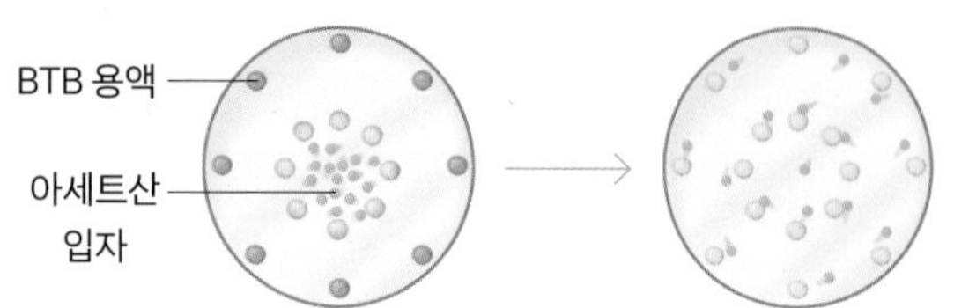

① 페트리 접시에 BTB 용액을 일정한 간격으로 한 방울씩 떨어뜨리고 접시의 가운데에 식초 한 방울을 떨어뜨린 후 뚜껑을 덮는다.
② BTB 용액의 색깔이 중심에서부터 모든 방향으로 노랗게 변한다. → 식초에 들어 있는 아세트산 입자가 스스로 운동하여 모든 방향으로 확산하기 때문이다.

3 증발

1 증발 입자가 스스로 운동하여 액체 표면에서 기체로 변하는 현상

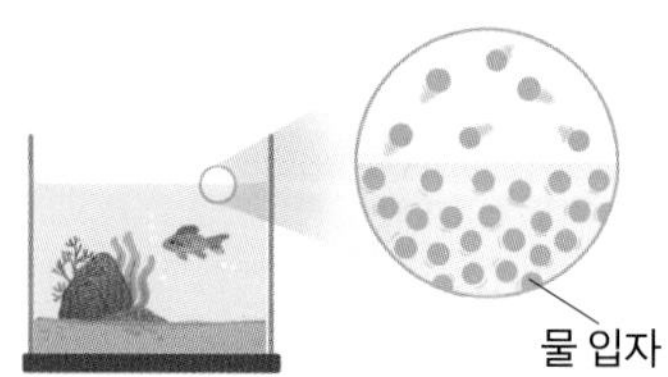

2 증발의 예

① 젖은 빨래가 마른다.
② 어항 속 물이 줄어든다.
③ 염전에서 소금을 얻는다.
④ 오징어나 고추를 말린다.
⑤ 운동장의 물웅덩이가 마른다.
⑥ 해가 뜨면 풀잎에 맺힌 이슬이 사라진다.

염전

고추 말리기

3 아세톤의 증발 실험

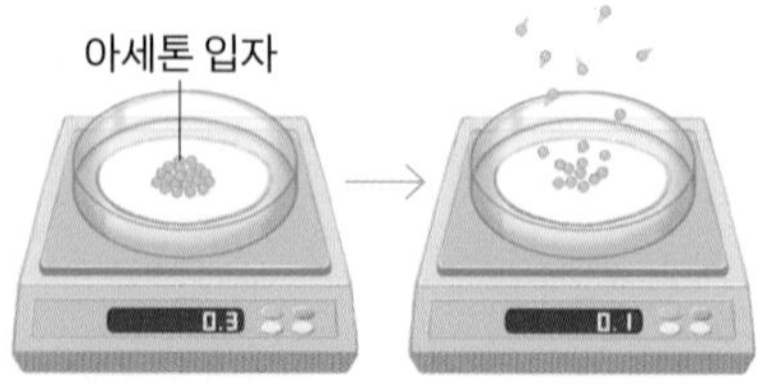

① 거름종이에 아세톤을 몇 방울 떨어뜨린 후 아세톤의 질량 변화를 관찰한다.
② 거름종이 위 아세톤의 질량이 감소한다. → 아세톤 입자가 스스로 운동하여 증발하기 때문이다.

01 빈칸에 알맞은 말을 쓰시오.

(1) 물질을 구성하는 입자는 스스로 끊임없이 (   )한다.

(2) 입자의 (   )으로 나타나는 현상에는 확산과 증발이 있다.

(3) (   )은 입자가 스스로 운동하여 멀리 퍼져 나가는 현상이다.

(4) (   )은 입자가 스스로 운동하여 액체 표면에서 기체로 변하는 현상이다.

02 물질을 구성하는 입자가 스스로 운동하기 때문에 나타나는 현상으로 옳은 것은 ○표, 옳지 않은 것은 ×표 하시오.

(1) 젖은 빨래가 마른다. (   )

(2) 풀잎에 이슬이 맺힌다. (   )

(3) 물에 떨어뜨린 잉크가 퍼진다. (   )

(4) 향수 냄새가 방 안 전체에 퍼진다. (   )

03 확산의 예에 해당하면 '확산', 증발의 예에 해당하면 '증발'이라고 쓰시오.

(1) 염전에서 소금을 얻는다. (   )

(2) 전기 모기향을 피워 모기를 쫓는다. (   )

(3) 마약 탐지견이 냄새로 마약을 찾는다. (   )

(4) 풀잎에 맺힌 이슬이 해가 뜨면 사라진다. (   )

04 확산에 대한 설명으로 옳은 것은 ○표, 옳지 않은 것은 ×표 하시오.

(1) 기체에서만 일어난다. (   )

(2) 바람이 불 때만 일어난다. (   )

(3) 위쪽 방향으로만 퍼져 나간다. (   )

05 증발에 대한 설명으로 옳은 것은 ○표, 옳지 않은 것은 ×표 하시오.

(1) 입자가 스스로 운동하기 때문에 나타나는 현상이다. (   )

(2) 액체의 표면과 내부에서 액체가 기체로 변하는 현상이다. (   )

01 물질을 구성하는 입자가 스스로 운동하기 때문에 나타나는 현상으로 옳은 것을 <보기>에서 모두 고른 것은?

<보기>

ㄱ. 젖은 머리카락이 마른다.
ㄴ. 처마 끝에 고드름이 달린다.
ㄷ. 물에 떨어뜨린 잉크가 퍼진다.

① ㄱ ② ㄴ ③ ㄱ, ㄷ
④ ㄴ, ㄷ ⑤ ㄱ, ㄴ, ㄷ

02 확산에 대한 설명으로 옳은 것을 <보기>에서 모두 고른 것은?

<보기>

ㄱ. 기체에서만 일어난다.
ㄴ. 확산 현상이 일어나면 물질을 구성하는 입자의 크기가 작아진다.
ㄷ. 물질을 구성하는 입자가 스스로 운동하기 때문에 나타나는 현상이다.

① ㄱ ② ㄷ ③ ㄱ, ㄴ
④ ㄴ, ㄷ ⑤ ㄱ, ㄴ, ㄷ

03 확산의 예로 옳지 않은 것은?

① 물에 홍차 성분이 퍼진다.
② 운동장의 물웅덩이가 마른다.
③ 꽃밭 근처에서 꽃향기가 난다.
④ 빵집 입구에서 빵 냄새가 난다.
⑤ 마약 탐지견이 냄새로 마약을 찾는다.

04 다음은 새집 증후군에 대한 설명이다.

건물을 지을 때 사용하는 건축 자재나 벽지 등에서 나온 유해 물질로 인해 피부염, 두통 등의 증상이 나타나는 것을 새집 증후군이라고 한다. 새집 증후군은 창문을 닫고 난방을 하는 겨울철에 발생하기 쉽다. 새집 증후군을 없애기 위해서는 환기를 하는 것이 중요하다.

이에 대한 설명으로 옳은 것을 <보기>에서 모두 고른 것은?

<보기>

ㄱ. 난방을 하면 유해 물질의 입자 운동이 활발해진다.
ㄴ. 겨울에는 난방을 하여 유해 물질 입자의 증발이 잘 일어난다.
ㄷ. 환기를 하면 유해 물질 입자가 확산을 통해 집 밖으로 퍼져 나간다.

① ㄱ ② ㄷ ③ ㄱ, ㄴ
④ ㄴ, ㄷ ⑤ ㄱ, ㄴ, ㄷ

05 그림은 만능 지시약 종이를 통의 한쪽에 넣고 마개로 막은 다음, 다른 마개에 암모니아수를 한 방울 떨어뜨린 솜을 넣고 반대쪽 끝을 막은 모습이다.

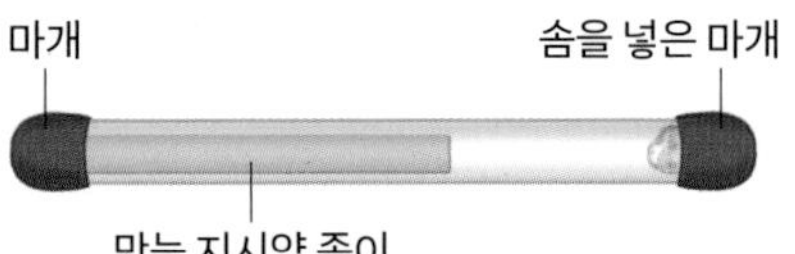

이에 대한 설명으로 옳은 것을 <보기>에서 모두 고른 것은?(단, 암모니아는 만능 지시약 종이의 색깔을 푸르게 변화시킨다.)

<보기>

ㄱ. 만능 지시약 종이의 색깔이 한번에 변한다.
ㄴ. 암모니아 입자가 스스로 운동하는 것을 알 수 있다.
ㄷ. 암모니아 입자가 확산하기 때문에 나타나는 현상이다.

① ㄱ ② ㄷ ③ ㄱ, ㄴ
④ ㄴ, ㄷ ⑤ ㄱ, ㄴ, ㄷ

06 증발에 대한 설명으로 옳지 <u>않은</u> 것은?

① 액체가 기체로 변한다.
② 온도가 높을수록 잘 일어난다.
③ 젖은 빨래가 마르는 것은 증발의 예이다.
④ 액체의 표면과 내부에서 일어나는 현상이다.
⑤ 입자가 스스로 운동하기 때문에 나타나는 현상이다.

07 실생활에서 볼 수 있는 (가)와 (나)의 현상에 대한 설명으로 옳은 것은?

(가) 모기향

(나) 고추 건조

① (가)는 증발의 예이다.
② (나)는 확산의 예이다.
③ (가)는 바람이 불 때만 일어난다.
④ (나)는 음식 냄새가 퍼지는 것과 같은 원리이다.
⑤ (가)와 (나) 모두 입자가 스스로 운동하기 때문에 나타나는 현상이다.

08 그림은 전자저울 위에 거름종이를 올린 페트리 접시를 놓고 아세톤을 몇 방울 떨어뜨린 모습이다.

이에 대한 설명으로 옳은 것을 <보기>에서 모두 고른 것은?

<보기>

ㄱ. 시간이 지남에 따라 저울의 숫자는 작아진다.
ㄴ. 시간이 지남에 따라 아세톤 입자의 크기가 작아진다.
ㄷ. 시간이 지남에 따라 거름종이에 있는 아세톤 입자의 개수가 줄어든다.

① ㄱ ② ㄴ ③ ㄱ, ㄷ
④ ㄴ, ㄷ ⑤ ㄱ, ㄴ, ㄷ

서술형 문제

09 다음 현상이 나타나는 공통적인 까닭을 서술하시오.

- 향초에서 향기가 난다.
- 햇볕에 과일을 말린다.

10 그림은 물이 든 비커 바닥에 잉크를 떨어뜨린 모습이다.

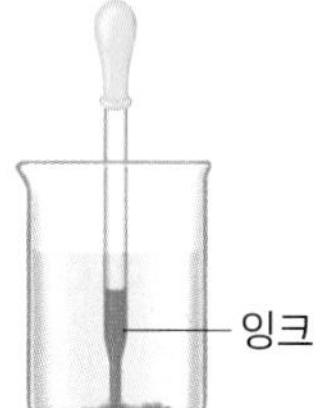

(1) 이때 비커 속에서 일어나는 변화를 쓰시오.

(2) 이러한 현상이 나타나는 까닭을 잉크 입자의 움직임과 관련지어 서술하시오.

11 다음은 자리끼에 대한 설명이다.

밤에 자다가 마시기 위하여 잠자리의 머리맡에 준비하여 두는 물을 '자리끼'라고 한다.

자리끼가 방 안의 습도를 조절하는 역할을 하는 까닭을 서술하시오.

02 물질의 상태 변화

1 물질의 세 가지 상태

1 물질의 세 가지 상태 대부분의 물질은 고체, 액체, 기체 상태로 구분한다.

고체	• 단단하다. • 모양과 부피가 일정하다.
액체	• 흐르는 성질이 있다. • 모양은 일정하지 않지만 부피는 일정하다.
기체	• 담는 그릇을 가득 채운다. • 모양과 부피가 일정하지 않다.

2 물질의 상태와 입자 모형

	고체	액체	기체
입자 모형			
입자 배열	규칙적이다.	불규칙적이다.	매우 불규칙적이다.
입자 사이의 거리	매우 가깝다.	고체보다 멀다.	매우 멀다.
입자의 운동	제자리에서 운동한다.	비교적 활발하게 움직인다.	매우 활발하게 움직인다.

2 물질의 상태 변화

1 물질의 상태 변화 물질의 상태가 변하는 것

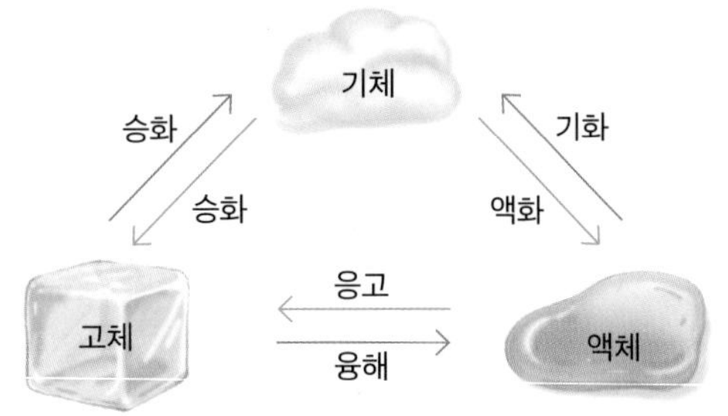

2 상태 변화의 종류

① 고체와 액체 사이의 상태 변화

구분	융해	응고
뜻	고체에서 액체로 상태가 변하는 현상	액체에서 고체로 상태가 변하는 현상
예	• 고드름이 녹는다. • 철이 녹아 쇳물이 된다.	• 고드름이 생긴다. • 쇳물이 식어 철이 된다.

② 액체와 기체 사이의 상태 변화

구분	기화	액화
뜻	액체에서 기체로 상태가 변하는 현상	기체에서 액체로 상태가 변하는 현상
예	• 젖은 빨래가 마른다. • 물이 끓어 수증기가 된다.	• 풀잎에 이슬이 맺힌다. • 차가운 컵 표면에 물방울이 맺힌다.

③ 고체와 기체 사이의 상태 변화

구분	승화(고체→기체)	승화(기체→고체)
뜻	고체에서 액체를 거치지 않고 기체로 상태가 변하는 현상	기체에서 액체를 거치지 않고 고체로 상태가 변하는 현상
예	• 드라이아이스 크기가 작아진다. • 냉동실에 넣어 둔 얼음이 작아진다.	• 겨울철 나뭇잎에 서리가 생긴다. • 겨울철 유리창에 성에가 생긴다.

3 물질의 상태 변화에 따른 입자 배열의 변화

1 상태 변화에 따른 질량과 성질의 변화
물질을 구성하는 입자의 종류와 개수가 변하지 않으므로 물질의 상태가 변할 때 물질의 질량과 성질은 변하지 않는다.

2 상태 변화에 따른 부피의 변화
물질을 구성하는 입자의 배열이 달라지므로 물질의 상태가 변할 때 물질의 부피는 변한다.

부피가 증가하는 상태 변화	부피가 감소하는 상태 변화
융해, 기화, 고체에서 기체로의 승화	응고, 액화, 기체에서 고체로의 승화

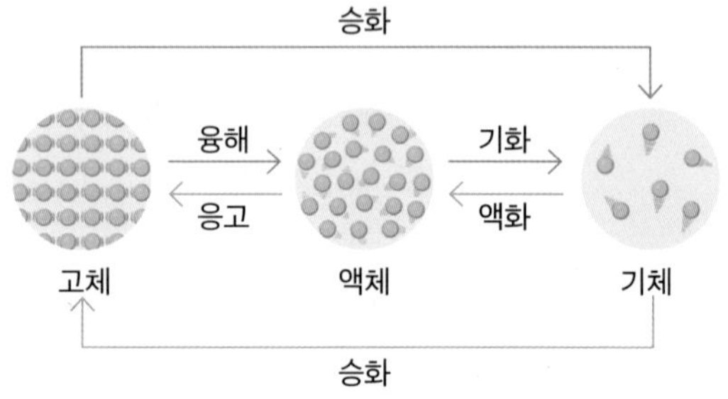

01 빈칸에 알맞은 말을 쓰시오.

(1) 모양과 부피가 일정한 물질의 상태는 ( )이다.

(2) 모양과 부피가 일정하지 않은 물질의 상태는 ( )이다.

(3) 모양은 변하지만 부피가 일정한 물질의 상태는 ( )이다.

02 입자가 규칙적으로 배열되어 있는 물질의 상태는 ( )이고, 입자가 매우 불규칙적으로 배열되어 있는 물질의 상태는 ( )이다.

03 물질의 상태와 입자의 운동을 관련 있는 것끼리 선으로 연결하시오.

(1) 고체 • • ㉠ 제자리에서 운동한다.

(2) 액체 • • ㉡ 매우 활발하게 움직인다.

(3) 기체 • • ㉢ 비교적 활발하게 움직인다.

04 물질의 상태가 변하는 것을 물질의 ( )라고 한다.

05 빈칸에 알맞은 말을 쓰시오.

(1) 고체에서 액체로 상태가 변하는 현상을 ( ), 액체에서 고체로 상태가 변하는 현상을 ( )라고 한다.

(2) 액체에서 기체로 상태가 변하는 현상을 ( ), 기체에서 액체로 상태가 변하는 현상을 ( )라고 한다.

(3) 고체에서 액체를 거치지 않고 기체로 상태가 변하는 현상, 기체에서 액체를 거치지 않고 고체로 상태가 변하는 현상을 ( )라고 한다.

06 다음 현상과 관계있는 상태 변화의 종류를 쓰시오.

(1) 고드름이 녹는다. ( )

(2) 젖은 빨래가 마른다. ( )

(3) 풀잎에 이슬이 맺힌다. ( )

(4) 처마 끝에 고드름이 생긴다. ( )

(5) 드라이아이스 크기가 작아진다. ( )

(6) 겨울철 나뭇잎에 서리가 생긴다. ( )

07 물질의 상태가 변할 때 물질의 ( )과 성질은 변하지 않고 ( )는 변한다.

08 물질의 상태가 변할 때 입자의 ( )와 개수는 변하지 않고 입자 ( )은 변한다.

01 물질의 세 가지 상태에 대한 설명으로 옳지 않은 것은?

① 액체는 흐르는 성질이 있다.
② 공기, 수증기는 기체 상태이다.
③ 고체는 모양과 부피가 일정하다.
④ 기체는 담는 그릇을 가득 채운다.
⑤ 기체는 모양은 일정하지만 부피가 일정하지 않다.

02 담는 그릇에 상관없이 모양과 부피가 변하지 않는 물질을 옳게 짝 지은 것은?

① 철, 물
② 돌, 나무
③ 우유, 식용유
④ 얼음, 수증기
⑤ 산소, 이산화 탄소

03 물질의 세 가지 상태 중 그림과 같은 입자 배열을 하는 물질의 상태에 관한 설명으로 옳은 것은?

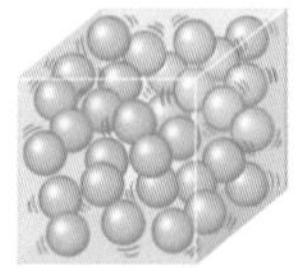

① 입자 배열이 규칙적이다.
② 담는 그릇을 가득 채운다.
③ 담는 그릇에 따라 모양이 변한다.
④ 담는 그릇에 따라 부피가 변한다.
⑤ 입자 사이의 거리가 매우 가깝다.

04 그림은 물질의 세 가지 상태를 입자 모형으로 나타낸 것이다. 입자 운동의 활발한 정도를 비교한 것으로 옳은 것은?

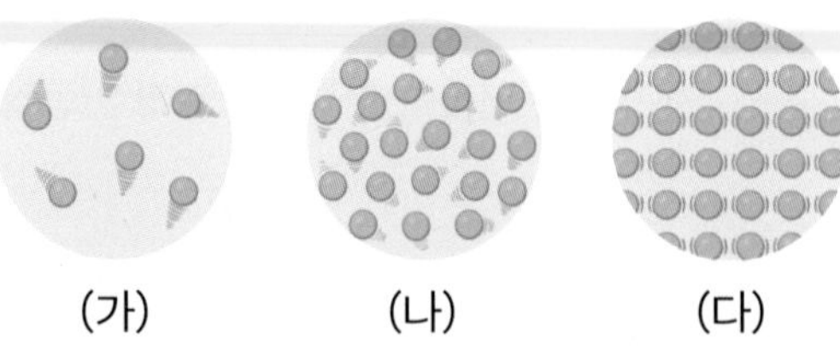

① (가)>(나)>(다)
② (가)>(다)>(나)
③ (나)>(가)>(다)
④ (나)>(다)>(가)
⑤ (다)>(가)>(나)

05 다음 현상에서 공통으로 일어나는 상태 변화의 종류로 옳은 것은?

> • 풀잎에 이슬이 맺힌다.
> • 차가운 컵 표면에 물방울이 맺힌다.
> • 뜨거운 음료를 마시면 안경이 뿌옇게 흐려진다.

① 기화 ② 액화 ③ 융해
④ 응고 ⑤ 승화

06 그림은 나뭇잎에 서리가 생긴 모습이다. 이때 일어나는 상태 변화와 종류가 같은 것은?

① 물이 끓는다.
② 아이스크림이 녹는다.
③ 촛농이 식어서 굳는다.
④ 겨울철 유리창에 성에가 생긴다.
⑤ 드라이아이스의 크기가 작아진다.

07 그림은 뜨거운 물이 들어 있는 비커 위에 얼음이 담긴 시계 접시를 올려놓은 모습이다. 이에 대한 설명으로 옳지 않은 것은?

① 비커 안의 물이 기화한다.
② 시계 접시 위의 얼음이 녹는다.
③ 시계 접시 아랫면에 물방울이 맺힌다.
④ 물이 수증기로 변해도 성질이 변하지 않는다.
⑤ 시계 접시 아랫면에서 일어나는 상태 변화는 융해이다.

08 다음과 같은 상태 변화가 일어날 때 변하지 않는 것을 모두 고르면?(2개)

녹인 초콜릿을 틀에 부어 굳혔다.

① 물질의 질량　② 물질의 부피
③ 입자의 개수　④ 입자의 배열
⑤ 입자 사이의 거리

09 그림은 물질의 상태 변화를 입자 모형으로 나타낸 것이다. 입자 배열이 불규칙해지는 상태 변화를 모두 고른 것은?

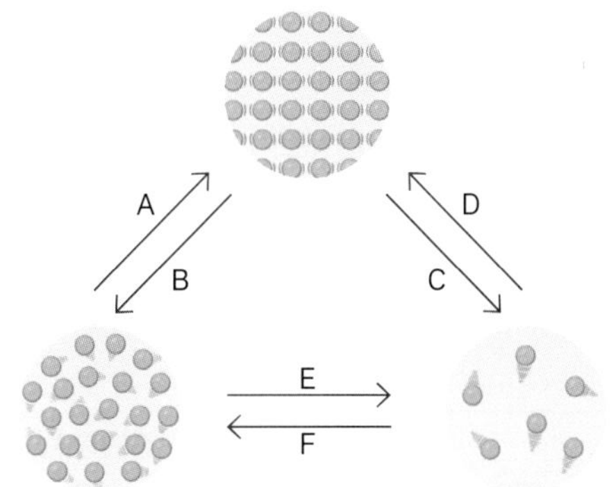

① A, D, E　② A, D, F
③ B, C, D　④ B, C, E
⑤ B, D, E

서술형 문제

10 추운 겨울날 응달에 놓아둔 눈사람의 크기가 작아지는 까닭을 물질의 상태 변화와 관련지어 서술하시오.

11 아이스크림이 녹아도 아이스크림의 맛이 달라지지 않는 까닭을 다음 단어를 이용하여 서술하시오.

입자 / 종류 / 개수

12 그림은 액체 양초가 굳은 모습이다. 양초가 굳으면 부피가 줄어드는 까닭을 입자 배열과 관련지어 서술하시오.

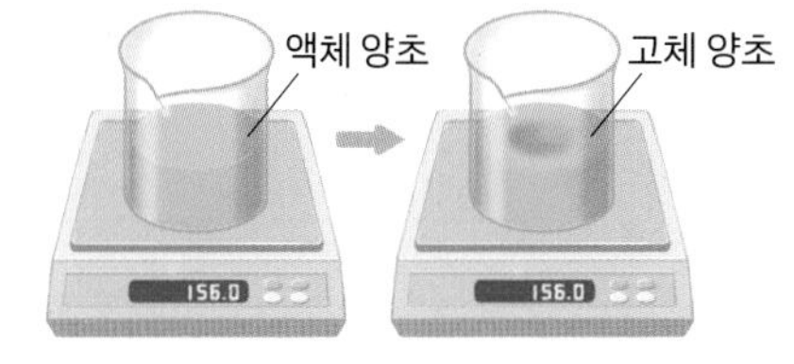

03 상태 변화와 열에너지

1 열에너지를 흡수하는 상태 변화

1 열에너지를 흡수하는 상태 변화 물질이 융해, 기화, 고체에서 기체로 승화할 때는 열에너지를 흡수한다.

2 물질을 가열할 때의 온도 변화 물질을 가열하면 온도가 높아지는데, 물질의 상태가 변하는 동안에는 온도가 일정하게 유지된다. → 가해 준 열에너지가 상태 변화에 모두 사용되기 때문이다.

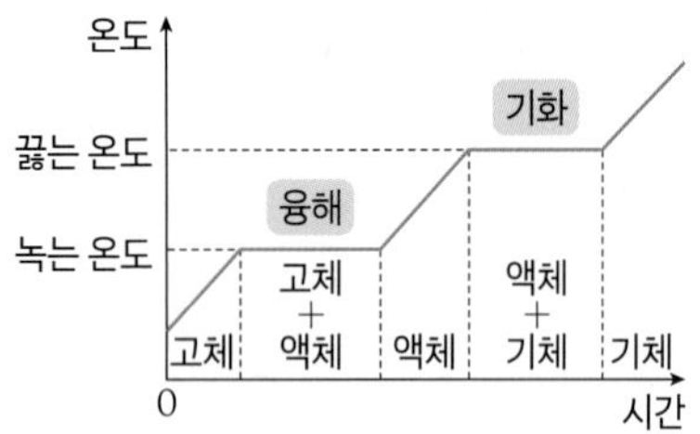

3 열에너지를 흡수하는 상태 변화와 입자 모형 물질이 열에너지를 흡수하면 입자 운동이 활발해지고, 입자 배열이 불규칙하게 변하고, 입자 사이의 거리가 멀어지면서 상태 변화가 일어난다.

2 열에너지를 방출하는 상태 변화

1 열에너지를 방출하는 상태 변화 물질이 응고, 액화, 기체에서 고체로 승화할 때는 열에너지를 방출한다.

2 물질을 냉각할 때의 온도 변화 물질을 냉각하면 온도가 낮아지는데, 물질의 상태가 변하는 동안에는 온도가 일정하게 유지된다. → 상태가 변하는 동안 방출하는 열에너지가 온도가 낮아지는 것을 막아 주기 때문이다.

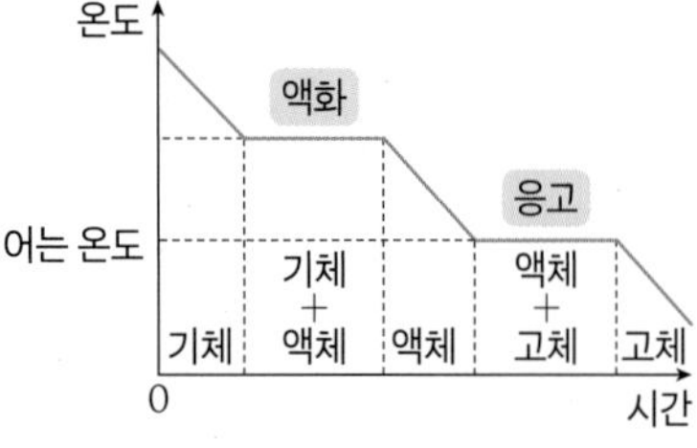

3 열에너지를 방출하는 상태 변화와 입자 모형 물질이 열에너지를 방출하면 입자 운동이 둔해지고, 입자 배열이 규칙적으로 변하고, 입자 사이의 거리가 가까워지면서 상태 변화가 일어난다.

3 상태 변화와 열에너지의 이용

1 상태 변화가 일어날 때 흡수하는 열에너지의 이용

① 융해, 기화, 고체에서 기체로 승화가 일어날 때는 열에너지를 흡수하므로 주위의 온도가 낮아진다.

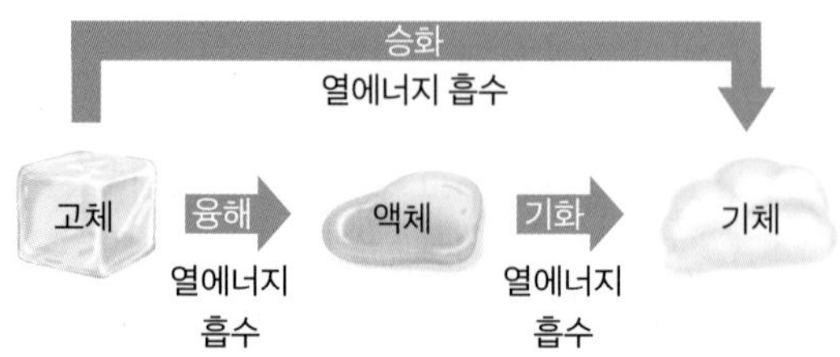

② 흡수하는 열에너지의 이용

융해	• 얼음 조각 근처에 있으면 시원하다. • 아이스박스에 얼음을 넣어 음료수를 차갑게 보관한다.
기화	• 알코올을 묻힌 솜을 손등에 문지르면 시원하다. • 여름철 도로에 물을 뿌려 시원하게 한다.
승화 (고체→기체)	• 아이스크림을 보관할 때 드라이아이스를 넣는다.

2 상태 변화가 일어날 때 방출하는 열에너지의 이용

① 응고, 액화, 기체에서 고체로 승화가 일어날 때는 열에너지를 방출하므로 주위의 온도가 높아진다.

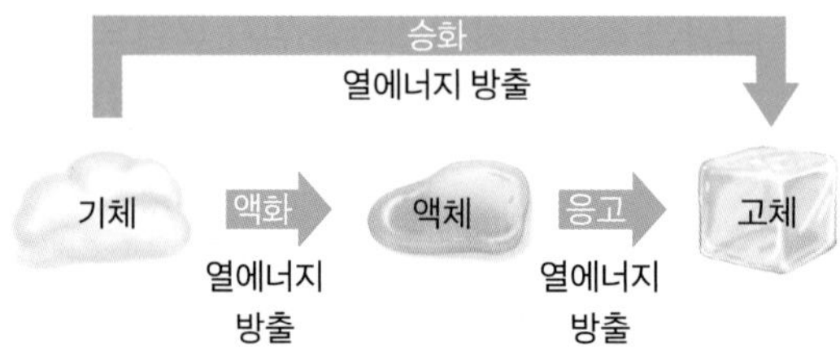

② 방출하는 열에너지의 이용

응고	• 날씨가 갑자기 추워지면 오렌지에 물을 뿌려 냉해를 막는다. • 액체 파라핀이 응고하면서 손을 따뜻하게 한다.
액화	• 소나기가 내리기 전에 후텁지근하다. • 냉방이 잘 된 곳에서 밖으로 나오면 후텁지근하다.
승화 (기체→고체)	• 눈이 내릴 때는 날씨가 포근하다.

01 **빈칸에 알맞은 말을 쓰시오.**

(1) 물질이 융해, 기화, 고체에서 기체로 승화할 때는 열에너지를 (   )한다.

(2) 물질이 응고, 액화, 기체에서 고체로 승화할 때는 열에너지를 (   )한다.

02 **알맞은 말에 ○표 하시오.**

(1) 물질을 가열하여 물질의 상태가 변하는 동안 온도는 (높아진다, 일정하다).

(2) 물질을 냉각하여 물질의 상태가 변하는 동안 온도는 (낮아진다, 일정하다).

03 **물질이 열에너지를 흡수할 때 나타나는 변화로 알맞은 말에 ○표 하시오.(단, 물은 제외한다.)**

(1) 입자 운동이 (둔해진다, 활발해진다).

(2) 입자 배열이 (규칙적, 불규칙적)으로 변한다.

(3) 입자 사이의 거리가 (가까워진다, 멀어진다).

04 **물질이 열에너지를 방출할 때 나타나는 변화로 알맞은 말에 ○표 하시오.(단, 물은 제외한다.)**

(1) 입자 운동이 (둔해진다, 활발해진다).

(2) 입자 배열이 (규칙적, 불규칙적)으로 변한다.

(3) 입자 사이의 거리가 (가까워진다, 멀어진다).

05 **물질의 상태 변화와 주위의 온도 변화를 선으로 연결하시오.**

(1) 열에너지를 흡수하는 상태 변화 •   • ㉠ 주위 온도가 낮아진다.

(2) 열에너지를 방출하는 상태 변화 •   • ㉡ 주위 온도가 높아진다.

06 **열에너지를 흡수하는 상태 변화에 해당하면 '흡수', 열에너지를 방출하는 상태 변화에 해당하면 '방출'이라고 쓰시오.**

(1) 여름철 도로에 물을 뿌려 시원하게 한다. (   )

(2) 액체 파라핀이 응고하면서 손을 따뜻하게 한다. (   )

(3) 아이스크림을 포장할 때 드라이아이스를 넣는다. (   )

(4) 날씨가 갑자기 추워지면 오렌지에 물을 뿌려 어는 것을 막는다. (   )

01 그림은 고체를 가열할 때 시간에 따른 온도 변화를 나타낸 것이다.

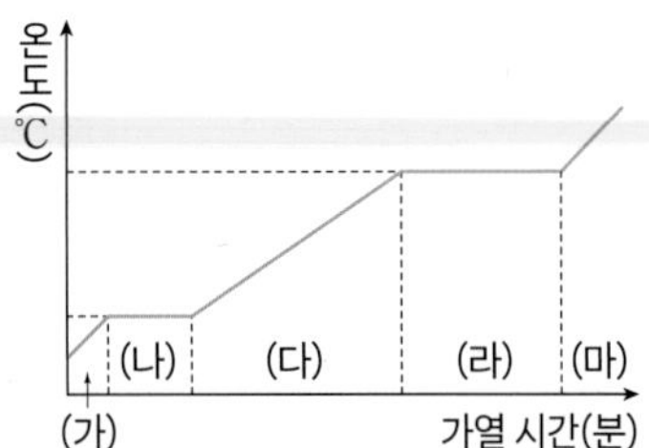

이에 대한 설명으로 옳은 것은?

① (가)에서 물질의 상태는 액체이다.
② (나)의 온도는 물질이 끓는 온도이다.
③ 상태가 변하는 구간은 (가)와 (다)이다.
④ (마)에서 입자 배열이 가장 규칙적이다.
⑤ 입자 사이의 거리는 (마)가 (다)보다 멀다.

02 그림은 액체를 냉각할 때 시간에 따른 온도 변화를 나타낸 것이다.

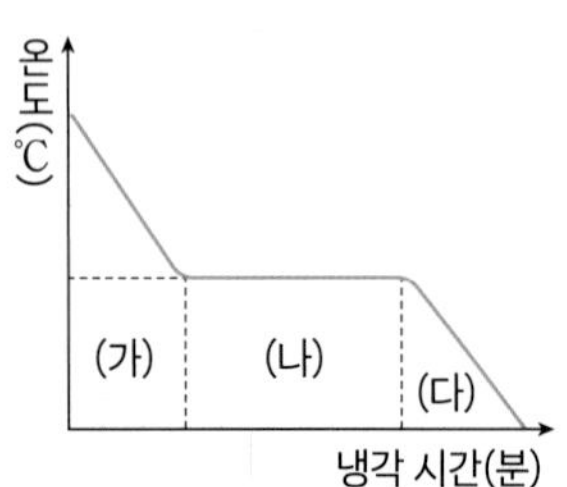

이에 대한 설명으로 옳은 것을 <보기>에서 모두 고른 것은?

<보기>

ㄱ. 상태가 변하는 구간은 (나)이다.
ㄴ. 입자 운동은 (가)가 (다)보다 활발하다.
ㄷ. (다)에서는 액체와 고체 상태가 함께 존재한다.

① ㄱ ② ㄷ ③ ㄱ, ㄴ
④ ㄴ, ㄷ ⑤ ㄱ, ㄴ, ㄷ

03 물이 끓는 동안 일어나는 현상에 대한 설명으로 옳은 것을 <보기>에서 모두 고른 것은?

<보기>

ㄱ. 입자 운동이 활발해진다.
ㄴ. 온도가 일정하게 유지된다.
ㄷ. 흡수한 열에너지는 상태 변화에 모두 사용된다.

① ㄱ ② ㄷ ③ ㄱ, ㄴ
④ ㄴ, ㄷ ⑤ ㄱ, ㄴ, ㄷ

[04~05] 그림은 물질의 상태 변화를 입자 모형으로 나타낸 것이다.

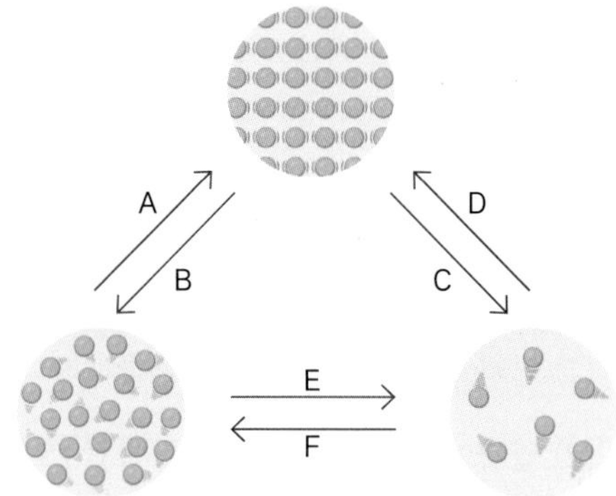

04 열에너지를 흡수하는 상태 변화를 모두 고른 것은?

① A, D, E ② A, D, F
③ B, C, D ④ B, C, E
⑤ B, D, E

05 다음 현상에서 일어나는 상태 변화는?

아이스박스에 얼음과 음료수를 넣어 차갑게 보관한다.

① A ② B ③ C
④ D ⑤ E

06 그림은 에어컨의 구조를 나타낸 것이다. 이에 대한 설명으로 옳은 것을 <보기>에서 모두 고른 것은?

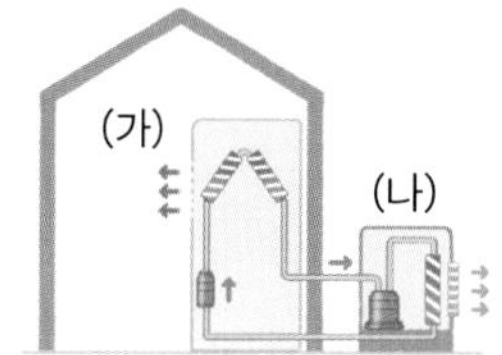

<보기>

ㄱ. (가)에서는 액체 냉매가 기화한다.
ㄴ. (나)에서는 열에너지를 방출한다.
ㄷ. 에어컨은 냉매의 상태가 변할 때 출입하는 열에너지를 이용한다.

① ㄱ ② ㄷ ③ ㄱ, ㄴ
④ ㄴ, ㄷ ⑤ ㄱ, ㄴ, ㄷ

07 물질의 상태 변화가 일어날 때 열에너지를 흡수하는 예로 옳은 것은?

① 눈이 내릴 때는 날씨가 포근하다.
② 여름철 도로에 물을 뿌려 시원하게 한다.
③ 액체 파라핀이 응고하면서 손을 따뜻하게 한다.
④ 냉방이 잘 된 곳에서 밖으로 나오면 후텁지근하다.
⑤ 날씨가 갑자기 추워지면 오렌지에 물을 뿌려 냉해를 막는다.

08 열에너지를 방출하는 상태 변화가 이용된 예를 <보기>에서 모두 고른 것은?

<보기>

ㄱ. 증기 난방기의 방열기
ㄴ. 커피 기계의 우유를 데우는 스팀 장치
ㄷ. 아이스크림 상자에 드라이아이스 넣기

① ㄱ ② ㄷ ③ ㄱ, ㄴ
④ ㄴ, ㄷ ⑤ ㄱ, ㄴ, ㄷ

서술형 문제

09 개는 혀를 내밀어 체온을 낮춘다. 그 까닭을 상태 변화와 열에너지의 관계로 서술하시오.

10 사막에 사는 유목민들은 시원한 물을 마시기 위해 가죽으로 된 물주머니를 사용한다. 물주머니에는 미세한 구멍이 뚫려 있어 물이 스며 나온다. 가죽 물주머니로 물을 시원하게 유지할 수 있는 원리를 물의 상태 변화와 열에너지의 관계로 서술하시오.

11 이누이트는 얼음집 내부에 물을 뿌려 실내를 따뜻하게 한다. 그 까닭을 상태 변화와 열에너지의 관계로 서술하시오.

〈메모〉

〈메모〉

개념과 내신을 한 번에 끝내는 과학 학습 프로그램

중학 과학 〈개념이해〉가 먼저다

새 교육과정 적용

중학 과학 1-1

정답과 해설

개념과 내신을 한 번에 끝내는 과학 학습 프로그램

중학과학 〈개념이해〉가 먼저다

중학 과학

1-1

정답과 해설

01 과학과 인류의 지속가능한 삶

한 컷 개념 개념책 10~13쪽

개념 1 **1** (1) 문제 인식 (2) 가설 설정
(3) 탐구 설계 (4) 자료 해석
(5) 결론 도출
2 가설 설정

개념 2 **1** (1) 인류 문명 (2) 태양 중심설 (3) 인쇄술
(4) 증기 기관
2 증기 기관

개념 3 **1** (1) 신재생 에너지 (2) 탄소 포집
(3) 폐플라스틱 재활용
2 ㄴ, ㄷ, ㄹ

개념 4 **1** (1) 절약 (2) 분리배출
(3) 캠페인 (4) 신재생
2 (1) ㄱ, ㄴ (2) ㄷ, ㄹ

개념 다지기 문제 개념책 17~19쪽

01 ④	**02** ⑤	**03** ①	**04** ③	**05** ③
06 ⑤	**07** ④	**08** ①	**09** ①	**10** ⑤
11 ③	**12** ④	**13** ③	**14** ②	**15** ④

16 다르게 해야 할 조건은 얼음의 크기이고 같게 해야 할 조건은 물의 양, 물의 처음 온도이다.

17 인류는 증기 기관을 이용한 기차와 배로 많은 물건을 먼 곳까지 운송하게 되었다.

18 환경 보전 캠페인에 참여한다. 신재생 에너지를 개발한다.

---

01 가설이 틀리면 가설을 수정하여 다시 실험한다.

02 과학적 탐구 방법은 문제 인식 → 가설 설정 → 탐구 설계 및 수행 → 자료 해석 → 결론 도출의 단계를 거친다.

03 에이크만이 각기병에 걸렸던 닭이 회복된 것을 발견하고 '닭이 어떻게 나았을까?'라는 의문을 가지는 것은 문제 인식 단계이다.

04 ③ 증기 기관의 발명으로 제품을 대량 생산하게 되었다.

05 ㄴ. 항생제의 개발로 질병의 치료가 가능해졌다. 지식의 전파가 활발해진 것은 인쇄술의 발달과 관련이 있다.

06 증기 기관의 발명으로 제품을 대량 생산할 수 있게 되었고, 증기 기관을 이용한 증기 기관차나 증기선으로 많은 물건을 빠르게 운송하게 되었다.

07 ㄱ. 과학 원리는 예술과 융합할 수 있다. 빛의 원리를 이용한 미디어 아트는 그 예이다.

08 인공지능은 컴퓨터가 인간처럼 학습하고 일을 처리할 수 있게 하는 기술이다.

09 ① 증강 현실은 실제 환경에 가상의 이미지를 겹쳐 하나의 모습으로 만드는 기술이다.

10 지속가능한 삶이란 미래 세대가 이용할 환경과 자연을 훼손하지 않으면서 현재 세대의 필요를 충족시키는 삶을 말한다.

11 ㄴ. 현재 인류는 공기, 물, 흙 등이 오염되는 환경 오염 문제를 겪고 있다.

12 ㄱ. 신재생 에너지 개발로 화석 연료의 사용량을 줄여 기후 변화를 막을 수 있다.

13 신재생 에너지는 수소 에너지, 풍력 에너지, 태양 에너지 등을 말한다.

14 ㄱ. 지속가능한 삶을 위해 화석 연료의 사용을 줄인다.
ㄴ. 지속가능한 삶을 위해 일회용품 사용을 줄인다.

15 ④ 지속가능한 삶을 위해 에너지 효율이 높은 제품을 사용한다.

16 탐구로 알아내려는 조건을 다르게 하고, 그 외의 조건은 모두 같게 한다.

17 증기 기관을 이용한 증기 기관차나 증기선으로 많은 물건을 먼 곳까지 운송하게 되었다.

18 지속가능한 삶을 위한 사회 차원의 활동 방안에는 환경 보전 캠페인 참여하기, 생태 습지나 환경 공원 조성하기, 신재생 에너지 개발하기 등이 있다.

단원 핵심 정리 개념책 20쪽

01 ❶ 가설 설정 ❷ 자료 해석
❸ 태양 중심설 ❹ 증기 기관
❺ 지속가능한 ❻ 신재생 ❼ 분리배출

단원 평가 문제 개념책 21쪽

01 ③ **02** ④ **03** ② **04** ④

05 가설을 수정하고 다시 실험한다.

06 에너지 효율이 더 높은 제품을 사용하면 에너지를 절약할 수 있기 때문이다.

---

01 ㄴ. 어떤 현상을 관찰하다가 의문을 품는 것을 문제 인식이라고 한다.

02 ㄱ. 백신과 항생제의 개발로 인류의 수명이 늘어났다.

03 첨단 과학기술은 우리 생활 속 다양한 곳에 활용되고 있으며, 일상생활에 영향을 미친다.

04 ㄱ. 지속가능한 삶을 위해 석탄, 석유 등의 화석 연료 대신 수소 에너지, 풍력 에너지, 태양 에너지 등을 개발하는 것이 더 적합하다.

05 탐구 결과가 가설과 다를 경우 가설을 수정하여 다시 탐구를 수행한다.

06 엘이디등(LED등)처럼 에너지 효율이 높은 제품을 사용하면 에너지를 절약할 수 있다.

01 생물의 구성

한 컷 개념 개념책 24~27쪽

개념 1 **1** (1) 핵 (2) 마이토콘드리아 (3) 세포막 (4) 엽록체 (5) 세포벽
2 ㄷ, ㄹ

개념 2 **1** (1) 적혈구 (2) 신경세포 (3) 상피세포 (4) 공변세포
2 (1) × (2) ○

개념 3 **1** (1) 세포 (2) 조직 (3) 기관 (4) 기관계 (5) 개체
2 기관계

개념 4 **1** (1) 세포 (2) 조직 (3) 조직계 (4) 기관 (5) 개체
2 조직계

탐구 집중 분석 개념책 30쪽

탐구 1 **1** (1) ○ (2) × (3) ○

탐구 2 **1** (1) ○ (2) × (3) ○

탐구 1 **1** (2) 입안 상피세포는 모양이 일정하지 않다.

탐구 2 **1** (2) 양파 표피세포는 모양이 일정하다.

개념 다지기 문제 개념책 31~33쪽

01 ③ **02** ④ **03** ②, ④ **04** ⑤ **05** ③
06 ① **07** ④ **08** ④ **09** ④ **10** ⑤
11 ⑤ **12** ③ **13** ① **14** ④

15 식물 세포에는 동물 세포와 달리 세포벽과 엽록체가 있다.

16 신경세포는 여러 방향으로 길게 뻗어 있어 신호를 전달하기에 적합하다.

17 생물의 몸은 모양과 기능이 비슷한 세포가 모여 조직을 이루고, 여러 조직이 모여 고유한 모양과 기능을 갖춘 기관을 이루며, 여러 기관이 모여 하나의 독립된 생물인 개체를 이룬다.

01 ㄷ. 대부분 크기가 작아서 맨눈으로 관찰할 수 없고 현미경으로 관찰해야 한다. 하지만 일부 신경세포나 달걀처럼 맨눈으로 볼 수 있는 크기의 세포도 있다.

02 ④ 세포벽은 식물 세포의 세포막 바깥을 싸고 있는 두껍고 단단한 벽이다.

03 식물 세포에는 동물 세포와 달리 세포벽과 엽록체가 있다.

04 ㉠은 핵, ㉡은 마이토콘드리아, ㉢은 세포막, ㉣은 엽록체, ㉤은 세포벽이다.
세포벽(㉤)은 식물 세포를 보호하고 세포의 모양을 일정하게 유지한다. 세포 안팎으로 드나드는 물질의 출입을 조절하는 것은 세포막(㉢)이다.

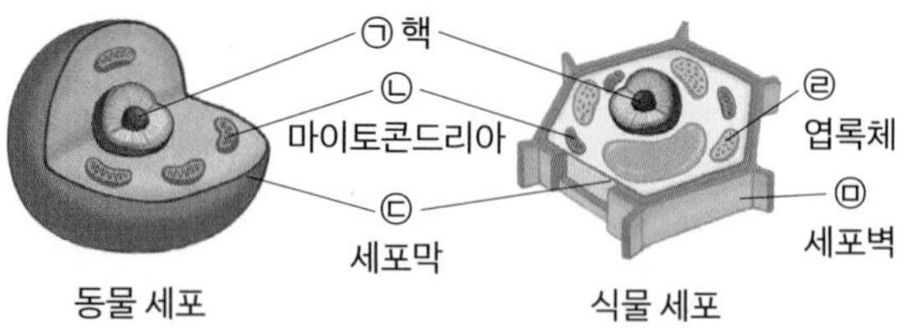

05 ㄷ. (가)는 규칙적으로 배열되어 있지만 (나)는 불규칙적으로 배열되어 있다.

06 ① 적혈구는 산소를 운반한다.

07 (가)는 적혈구, (나)는 공변세포이다.
④ 공변세포는 기공을 열고 닫으며 기체의 출입을 조절한다. 자극을 전달하는 세포는 신경세포이다.

08 A는 세포, B는 기관, C는 기관계, D는 조직, E는 개체를 나타낸다. 동물의 구성 단계는 세포(A) → 조직(D) → 기관(B) → 기관계(C) → 개체(E)이다.

09 ㄱ. 여러 조직이 모여 기관을 이룬다.

10 (가)는 기관이다. 위, 폐, 심장, 콩팥은 기관에 해당한다. 적혈구는 세포에 해당한다.

11 동물의 구성 단계는 세포 → 조직 → 기관 → 기관계 → 개체이다. 식물의 구성 단계는 세포 → 조직 → 조직계 → 기관 → 개체이다. 식물에는 없고 동물에만 있는 구성 단계는 기관계이다.

12 A는 세포, B는 기관, C는 조직계, D는 조직, E는 개체를 나타낸다. 식물의 구성 단계는 세포(A) → 조직(D) → 조직계(C) → 기관(B) → 개체(E)이다. 동물에는 없고 식물에만 있는 구성 단계는 조직계(C)이다.

13 ① 뿌리, 줄기, 잎, 꽃은 기관에 해당한다.

14 물관과 체관은 조직에 해당한다. 식물의 구성 단계에서 몇 가지 조직이 모여 일정한 기능을 수행하는 단계를 조직계라고 한다. 물관과 체관이 모여 이루어진 관다발조직계는 물과 양분의 이동 통로 역할을 한다.

15 식물 세포에는 동물 세포에서 볼 수 없는 세포벽과 엽록체가 있다.

16 세포는 특정 기능을 하는 데 적합한 모양을 지닌다. 신경세포는 길게 뻗은 모양으로 신호를 전달하기에 적합하다.

17 생물의 몸은 세포 → 조직 → 기관 → 개체의 단계로 구성되어 있다.

02 생물다양성

한 컷 개념 개념책 34~35쪽

개념 1 **1** (1) 생물다양성 (2) 생태계 (3) 종류 (4) 특성
2 ㄴ, ㄷ, ㄹ

개념 2 **1** (1) 변이 (2) 높다
2 (1) × (2) ○ (3) ○ (4) ○

개념 다지기 문제 개념책 38~39쪽

01 ⑤ **02** ① **03** ③ **04** ② **05** ① **06** ②

07 배추밭에는 배추를 포함한 몇 종류의 생물만 살고 있지만 갯벌에는 다양한 생물이 살고 있기 때문이다.

08 추운 북극에 사는 북극여우는 열 손실을 줄이기 쉽도록 귀가 작고 몸집이 크고, 더운 사막에 사는 사막여우는 열을 방출하기 쉽도록 귀가 크고 몸집이 작다.

09 다양한 변이를 가진 생물이 오랜 시간 동안 다른 환경에 적응하여 살아가면서 서로 다른 종류가 되었다.

---

01 ㄷ. 같은 종류에 속하는 생물의 특성이 다양할수록 생물다양성이 높다.

02 ㄱ. (가)는 생태계가 다양하다는 의미이다.
ㄴ. (나)는 같은 종류의 생물 사이에서 나타나는 특성이 다양하다는 의미이다.
ㄷ. (다)는 생물의 종류가 다양하다는 의미이다.

03 ㄱ. 나무의 종 수가 (가)는 5종류, (나)는 3종류이므로 (가)는 (나)보다 생물의 종류가 많다.
ㄴ. (가)는 (나)보다 생물의 종류가 많고 각 종이 더 고르게 분포하고 있으므로 생물다양성이 높다.
ㄷ. (가)와 (나)에서 살고 있는 생물의 수는 모두 10개로 같다.

04 ㄱ. 한 종류의 생물에서 나타나는 변이를 나타낸 것이다.
ㄷ. 같은 종류의 생물 사이에서 나타나는 생김새나 특성의 차이를 변이라고 한다.

05 변이는 같은 종류의 생물 사이에서 나타나는 생김새나 특성의 차이를 말한다. 나비와 벌은 다른 종류의 생물로, 생물의 종류가 다르면 생물의 생김새와 특성이 다르다.

06 먹이의 종류에 따라 살아가기에 적합한 부리를 가진 핀치가 더 많이 살아남아 자손을 남겨 오랜 시간이 지난 뒤 다른 종류가 되었다.

07 어떤 지역에 사는 생물의 종류가 많을수록 생물다양성이 높다.

08 북극여우와 사막여우는 서로 다른 환경에 적응하여 몸집과 귀의 크기에 차이가 있다.

09 변이와 환경에 적응하는 과정을 통해 생물의 종류가 다양해진다.

03 생물의 분류

한 컷 개념 개념책 40~41쪽

개념 1 **1** (1) 생물분류 (2) 종 (3) 계 (4) 속, 과 (5) 목, 강 (6) 문, 계
2 종

개념 2 **1** (1) 균계 (2) 동물계 (3) 식물계 (4) 균계 (5) 원생생물계 (6) 원핵생물계
2 (1) ㉠ (2) ㉢ (3) ㉡

탐구 집중 분석 개념책 44~45쪽

탐구 1 **1** (1) 있다 (2) 있다 (3) 안 한다 (4) 다세포 (5) 없다
2 원핵생물계

탐구 2 **1** (1) × (2) ○ (3) ○ (4) ○ (5) × (6) × (7) ×

탐구 1 **2** 핵이 없는 생물은 원핵생물계에 속한다.

탐구 2 **1** (1) 원생생물계에 속하는 해캄과 짚신벌레는 기관이 발달하지 않았다.
(5) 세포에 핵이 있고, 몸이 균사로 되어 있는 생물은 균계에 속한다.
(6) 세포에 핵이 있고, 몸이 균사로 되어 있지 않고, 기관이 발달하지 않은 생물은 원생생물계에 속한다.
(7) 세포에 핵이 있고, 몸이 균사로 되어 있지 않고, 기관이 발달했으며 광합성을 하는 생물은 식물계에 속한다.

개념 다지기 문제 개념책 46~48쪽

01 ④ **02** ② **03** ④ **04** ④ **05** ③
06 ③, ⑤ **07** ④ **08** ① **09** ② **10** ⑤
11 ④ **12** ② **13** ③

14 암말과 수탕나귀 사이에서 태어난 노새는 번식 능력이 없기 때문에 말과 당나귀는 다른 종이다.

15 (가)는 광합성을 하여 스스로 양분을 얻고, (나)는 죽은 생물이나 배설물을 분해하여 양분을 얻는다.

16 미역은 식물과 달리 뿌리, 줄기, 잎과 같은 기관이 발달하지 않았기 때문이다.

---

01 ④ 사람이 먹을 수 있는 식물과 먹을 수 없는 식물로 분류하는 것은 사람의 편의에 따른 분류 기준이다.

02 서식지는 사람의 편의에 따른 분류 기준이다.

03 ㄱ. 생물을 분류하는 가장 작은 단위이다.

04 ④ 여러 개의 속이 모여 하나의 과를 이룬다.

05 A는 원핵생물계, B는 균계이다.
ㄷ. 균계에 속하는 생물은 대부분 다세포 생물이지만 단세포 생물도 있다.

06 균계는 핵이 있고, 대부분 몸이 균사로 이루어져 있다.
오답 풀이 ① 균계에 속하는 생물은 광합성을 하지 않는다.
② 균계에 속하는 생물은 대부분 다세포 생물이다.
④ 김, 미역은 원생생물계에 속한다.

07 원생생물계는 핵이 있으며, 대부분 단세포 생물이지만 다세포 생물도 있다. 또한 먹이를 섭취하는 종류도 있고 광합성을 하는 종류도 있다.

08 ① 고사리와 이끼는 식물계에 속한다.
오답 풀이 ② 버섯과 곰팡이는 균계에 속한다.
③ 짚신벌레와 아메바는 원생생물계에 속하는 생물로, 세포에 핵이 있다.
④ 미역과 다시마는 원생생물계에 속하는 생물로, 뿌리, 줄기, 잎과 같은 기관이 발달하지 않았다.
⑤ 균계에 속하는 생물은 스스로 양분을 만들지 못하고 죽은 생물이나 배설물을 분해하여 양분을 얻는다.

09 젖산균과 남세균은 핵이 없는 원핵생물계에 속한다. 해캄, 효모, 민들레는 핵이 있다.

10 폐렴균은 원핵생물계에 속한다.

오답 풀이 ① 이끼는 식물계에 속한다.

②, ③ 미역과 짚신벌레는 원생생물계에 속한다.

④ 젖산균은 원핵생물계에 속한다.

11 짚신벌레는 원생생물계, 대장균은 원핵생물계, 곰팡이는 균계에 속한다.

12 ㉠ 원핵생물계는 단세포 생물이다. ㉡ 원생생물계는 핵이 있다. ㉢ 균계는 광합성을 안 한다.

13 (가)는 포도상구균, (나)는 아메바, (다)는 표고버섯, (라)는 민들레, (마)는 해파리이다.

③ (다)는 표고버섯으로 균계에 속한다.

오답 풀이 ① (가)는 포도상구균으로 핵이 없다.

② (나)는 아메바로 기관이 발달하지 않았다.

④ (라)는 민들레이다.

⑤ (마)는 해파리로 운동성이 있다.

14 종은 자연 상태에서 짝짓기를 하여 번식 능력이 있는 자손을 낳을 수 있는 무리이다.

15 (가) 소나무와 민들레는 식물계에 속하고, (나) 송이버섯과 누룩곰팡이는 균계에 속한다.

16 미역은 뿌리, 줄기, 잎과 같은 기관이 발달하지 않았다.

실력 향상 문제

개념책 49쪽

01 ③ **02** ⑤

01 가상 생물을 분류하는 기준은 몸의 모양, 더듬이 모양, 몸의 무늬 유무 등이다. (마)는 몸에 무늬가 있고, (가), (나), (다), (라)는 몸에 무늬가 없으므로 분류 기준 A는 '몸에 무늬가 있다.'이다. (나)와 (라)는 몸이 가늘고 (가)와 (다)는 몸이 가늘지 않으므로 분류 기준 B는 '몸이 가늘다.'이다. (가)는 더듬이가 곧고 (다)는 더듬이가 곧지 않으므로 분류 기준 C는 '더듬이가 곧다.'이다.

02 ㄱ. 진돗개와 풍산개 사이에서 태어난 풍진개는 새끼를 낳을 수 있으므로 진돗개와 풍산개는 같은 종이다.

ㄴ. 수사자와 암호랑이 사이에서 태어난 라이거는 새끼를 낳지 못하므로 사자와 호랑이는 다른 종이다.

ㄷ. 진돗개와 풍산개는 같은 종이므로 같은 속에 속한다.

04 생물다양성보전

한 컷 개념 개념책 50~53쪽

개념 1 **1** (1) 높은 (2) 높은 (3) 높은
2 (1) 높다 (2) 낮다

개념 2 **1** (1) 생태계 (2) 자원 (3) 공기 (4) 공간
2 ㄱ, ㄴ, ㄷ, ㄹ

개념 3 **1** (1) 생물다양성 (2) 서식지 (3) 외래종 (4) 남획 (5) 환경오염
2 (1) ㉠ (2) ㉢ (3) ㉣ (4) ㉡

개념 4 **1** (1) 일회용품 (2) 생태통로 (3) 멸종 위기 (4) 국제 협약
2 (1) ㉡ (2) ㉢ (3) ㉠

개념 다지기 문제 개념책 56~58쪽

01 ④ **02** ⑤ **03** ④ **04** ② **05** ③
06 ③ **07** ① **08** ② **09** ① **10** ②
11 ③ **12** ④ **13** ④

14 (나), (나)와 같이 생물다양성이 높은 생태계는 먹이그물이 복잡해서 한 생물이 사라지더라도 이를 대체할 다른 생물이 존재하므로 생태계 평형 유지에 더 유리하다.

15 단절된 생물의 서식지를 연결해 준다.

16 외래종을 잡아먹는 천적이 없기 때문이다.

---

01 ㄱ. 생물다양성은 생태계 평형을 유지하는 데 중요한 역할을 한다.

02 (나)와 같이 생물다양성이 높은 생태계는 먹이그물이 복잡해서 개구리가 사라져도 매는 다른 먹이를 먹고 살 수 있다.
오답 풀이 ① (가)는 (나)보다 생물다양성이 낮다.
② (가)는 (나)보다 먹이그물이 단순하다.
③ (나)는 (가)보다 안정된 생태계를 유지할 수 있다.
④ (가)에서 메뚜기가 사라지면 개구리도 사라질 가능성이 높다.

03 생물다양성은 생태계 평형을 유지하고, 자원을 제공하며, 지구 환경 유지 및 건강 유지에 이바지하므로 중요하다.

04 생물다양성은 식량, 섬유, 목재 등 다양한 자원을 제공한다. 또한 맑은 공기와 깨끗한 물 등 지구 환경 유지에 도움이 되며 아름다운 자연 경관은 휴식과 여가 활동을 위한 공간을 제공한다.

05 (나) 목화에서 옷을 만드는 면섬유를 얻는다.

06 습지를 보호 구역으로 관리하는 것은 생물다양성을 보전하는 방법이다.

07 ① 남획에 대한 대책에는 남획을 방지하는 법률 제정, 멸종 위기 생물 지정 등이 있다.
오답 풀이 ② 환경오염에 대한 대책에는 쓰레기 배출량 줄이기, 환경 정화 시설 설치 등이 있다.
③ 서식지파괴에 대한 대책에는 지나친 개발 자제, 생물 보호 구역 지정, 생태통로 설치 등이 있다.
④, ⑤ 외래종 유입에 대한 대책에는 외래종의 유입 방지, 외래종의 꾸준한 감시 활동 등이 있다.

08 외래종에 대한 설명이다. 외래종에는 가시박, 뉴트리아, 큰입배스, 붉은귀거북 등이 있다. 따오기는 멸종위기종이다.

09 ㄴ. (나) 가시박은 외래종으로, 토종 식물의 생존을 위협하고 생태계를 파괴하고 있다.

10 ② 생물다양성을 유지하기 위해 야생 동물을 애완용으로 기르지 않는다.

11 ③ 생물다양성보전을 위해 일회용품 사용을 줄인다.

12 ㄱ. 쓰레기를 분리배출하는 것은 생물다양성 유지를 위한 개인적 차원의 활동에 해당한다.

13 생물다양성 유지를 위해 국제 사회는 생물다양성 협약, 람사르협약 등 국제 협약을 체결하여 실천한다.

14 생물다양성이 높을수록 생태계가 안정적으로 유지될 수 있다.

15 생태통로는 단절된 서식지를 연결해 주고, 야생 동물에게 안전한 이동 통로를 제공한다.

16 외래종은 천적이 없으므로 과도하게 번식하여 그 지역에 살던 토종 생물의 생존을 위협한다.

실력 향상 문제 개념책 59쪽

01 ⑤ **02** ⑤

01 (가)는 생물다양성이 낮은 생태계, (나)는 생물다양성이 높은 생태계이다. 생물다양성이 높은 생태계는 먹이그물이 복잡하기 때문에 한 생물이 사라져도 이를 대신하여 먹이가 될 수 있는 다른 생물이 많이 있어 멸종될 가능성이 낮다.

02 (가)는 생물다양성협약이고, (나)는 멸종 위기에 처한 야생 동식물종의 국제 거래에 관한 협약이다. (가)와 (나)는 생물다양성보전을 위한 국제적 노력에 해당한다.

단원 핵심 정리 개념책 60쪽

01 ❶ 세포 ❷ 세포벽 ❸ 기관계 ❹ 조직계

02 ❺ 생태계 ❻ 같은

03 ❼ 종 ❽ 계 ❾ 균계

04 ❿ 협약

단원 평가 문제 개념책 61~63쪽

01 ④ **02** ⑤ **03** ④ **04** ② **05** ⑤
06 ③ **07** ④ **08** ③ **09** ⑤ **10** ②
11 ③ **12** ③ **13** ②

14 생물다양성은 생태계의 다양함, 생물 종류의 다양함, 같은 종류의 생물 사이에서 나타나는 특성의 다양함을 모두 포함한다.

15 파리지옥은 광합성을 하여 스스로 양분을 얻고, 뿌리, 줄기, 잎이 발달했기 때문에 식물계로 분류한다.

16 일회용품 사용을 줄인다. 자연환경을 보호한다.

01 ㄱ. 세포는 종류에 따라 모양이 다르다.

02 (가)는 식물 세포, (나)는 동물 세포이다. 식물 세포에는 동물 세포와 달리 세포벽과 엽록체가 있다.

03 엽록체는 초록색을 띠는 작은 알갱이 모양으로, 빛을 이용하여 양분을 만드는 광합성이 일어나는 곳이다.

04 A는 세포, B는 기관계, C는 조직, D는 기관, E는 개체를 나타낸다. 동물의 구성 단계는 세포(A) → 조직(C) → 기관(D) → 기관계(B) → 개체(E)이다.
② 심장, 폐, 콩팥은 기관으로 D와 같은 단계이다.

05 식물의 구성 단계는 세포 → 조직 → 조직계 → 기관 → 개체이다. 동물에는 없고 식물에만 있는 구성 단계는 조직계이다.

06 ㄴ. (가)에 사는 생물의 종류는 5종류, (나)에 사는 생물의 종류는 2종류이다.
ㄷ. (가)와 (나) 지역에 사는 생물의 수는 모두 10개로 같다.

07 ㄱ. 무당벌레는 날개의 무늬가 조금씩 다르다.

08 같은 종에 속하는 생물에서도 생김새의 차이가 나타난다.

09 여러 목이 모여 강을 이루므로 같은 강에 속하는 생물은 목이 다를 수 있다.

10 세포에 핵이 있고, 몸이 균사로 이루어져 있으며, 죽은 생물이나 배설물을 분해하여 양분을 얻는 생물은 균계이다. 균계에 속하는 생물은 곰팡이이다.
① 고사리는 식물계, ③ 지렁이는 동물계, ④ 짚신벌레는 원생생물계, ⑤ 포도상구균은 원핵생물계에 속한다.

11 (가) 젖산균, 폐렴균은 원핵생물계에 속하고, (나) 짚신벌레, 미역은 원생생물계에 속한다.
ㄴ. (가) 원핵생물계는 단세포 생물이다. (나) 원생생물계는 짚신벌레와 같은 단세포 생물도 있고, 미역과 같은 다세포 생물도 있다.

12 생물다양성을 보전하면 지구 환경을 유지하는 데 도움이 되며, 식량, 섬유, 목재 등 자원을 얻을 수 있다.

13 목재를 얻기 위해 열대 우림을 개발하는 것은 생물다양성을 감소시키는 원인이다.

14 어떤 지역에 살고 있는 생물의 다양한 정도를 생물다양성이라고 하며, 생물다양성을 결정하는 요인에는 생태계, 생물의 종류, 같은 종류의 생물 사이에서 나타나는 특성이 있다.

15 식물계는 광합성을 하여 스스로 양분을 만들고, 대부분 기관이 발달해 있다.

16 생물다양성보전을 위한 개인적 차원의 활동에는 일회용품 사용 줄이기, 쓰레기 분리배출하기, 자연환경 보호하기, 야생 동물을 함부로 기르지 않기 등이 있다.

01 온도와 열

한 컷 개념 개념책 66~69쪽

개념 1 **1** (1) 온도 (2) 높다 (3) 낮다
2 (1) 가깝다 (2) 멀다

개념 2 **1** (1) 높은, 낮은 (2) 열평형
2 (1) 둔해진다 (2) 활발해진다

개념 3 **1** (1) 전도 (2) 대류 (3) 복사
2 (1) ㉡ (2) ㉢ (3) ㉠

개념 4 **1** (1) 아래, 위 (2) 위, 아래
2 (1) ㉡ (2) ㉠

탐구 집중 분석 개념책 72쪽

탐구 1 **1** (1) ○ (2) ○ (3) ×

탐구 2 **1** (1) × (2) ○ (3) ×

탐구 1 **1** (3) 열은 뜨거운 물에서 차가운 물로 이동한다.

탐구 2 **1** (1) 구리판의 색이 가장 빠르게 변한다.
(3) 금속의 종류에 따라 열이 이동하는 정도가 다르다.

개념 다지기 문제 개념책 73~74쪽

01 ④ **02** ⑤ **03** ③ **04** ⑤ **05** ③
06 ① **07** ⑤ **08** ⑤ **09** ③

10 열은 생선에서 얼음으로 이동한다.

11 대류에 의해 차가운 공기는 아래로 내려오고 따뜻한 공기는 위로 올라가면서 실내 전체가 시원해지기 때문이다.

---

01 물체를 가열하면 입자의 운동이 활발해져 온도가 높아진다.

02 물체를 구성하는 입자의 운동이 활발할수록 온도가 높다. 따라서 물체의 온도를 비교하면 (다)<(나)<(가)이다.

03 ㄱ, ㄴ. (나)가 (가)보다 입자 운동이 활발하므로 (가)는 (나)보다 온도가 낮다.
ㄷ. (가)에 열을 가해도 입자의 개수는 변하지 않는다.

04 ㄱ. 달걀은 열을 잃고 온도가 내려가고 물은 열을 얻고 온도가 올라간다.
ㄴ. 열은 온도가 높은 물체에서 온도가 낮은 물체로 이동하므로 삶은 달걀을 찬물에 넣으면 열은 달걀에서 물로 이동한다.
ㄷ. 시간이 지나면 달걀과 물의 온도가 같아지는 열평형에 도달한다.

05 ㄱ. 처음 온도가 A가 B보다 높다. 따라서 A는 뜨거운 물, B는 차가운 물의 온도 변화이다.
ㄴ. 열은 온도가 높은 물체에서 온도가 낮은 물체로 이동하므로 처음 10분 동안 열은 A에서 B로 이동한다.
ㄷ. 처음 10분 동안 열은 A에서 B로 이동하므로 A는 열을 잃고 B는 열을 얻는다.

06 기차 철로 사이에 틈을 만드는 것은 열팽창과 관련 있는 예이다.

07 그림은 전도에 의해 열이 이동하는 모습을 나타낸 것이다. 전도는 가열한 부분의 입자 운동이 이웃한 입자에 차례로 전달되어 열이 이동하는 방식이다.
오답 풀이 ① 전도에 의해 열이 이동한다.
② 입자가 직접 이동하며 열을 전달하는 것은 대류이다.
③ 열이 물질을 통하지 않고 직접 이동하는 것은 복사이다.

④ 주로 액체와 기체에서 일어나는 열의 이동은 대류이다.

08 (가)는 막대를 따라 열이 이동하는 전도, (나)는 뜨거워진 물이 위로 올라가면서 열이 이동하는 대류, (다)는 모닥불의 열이 직접 이동하는 복사를 나타낸 것이다. 복사는 열이 물질을 통하지 않고 직접 이동하는 방식이다.

09 태양열은 복사에 의해 지구로 전달된다. 겨울철 햇볕 아래에 있으면 복사에 의해 열이 전달되어 따뜻하다.

오답 풀이 ① 난로를 켜면 대류에 의해 방 전체가 따뜻해진다.
② 에어컨을 켜면 대류에 의해 방 전체가 시원해진다.
④ 전기장판을 켜면 전도에 의해 전기장판에 닿은 부분부터 따뜻해진다.
⑤ 프라이팬 위에 고기를 놓고 구우면 전도에 의해 고기 안쪽까지 익는다.

10 열은 온도가 높은 물체에서 온도가 낮은 물체로 이동한다. 따라서 열은 생선에서 얼음으로 이동한다.

11 에어컨을 위쪽에 설치하면 대류에 의한 열의 전달로 냉방을 효율적으로 할 수 있다.

실력 향상 문제

개념책 75쪽

01 ⑤ **02** ① **03** ③

01 투명 필름을 제거하면 뜨거운 물은 위로 올라가고, 차가운 물은 아래로 내려오면서 대류가 잘 일어난다. 시간이 지나면 뜨거운 물과 차가운 물이 고르게 섞인다.

02 아궁이에 불을 때면 아궁이의 열이 방바닥 아래의 빈 공간을 지나면서 구들장을 달구어 전도에 의해 방바닥을 따뜻하게 한다. 방바닥을 통해 전달된 열은 방 아래쪽 공기를 데우고 대류에 의해 공기가 순환하여 방 전체가 따뜻해진다.

03 겨울철 공원에 있는 금속 의자와 나무 의자는 공기와 열평형을 이루어 두 의자의 온도는 같다. 금속 의자에 앉았을 때 더 차갑게 느끼는 것은 금속이 나무보다 열을 더 잘 전도하기 때문이다.

02 비열과 열팽창

한 컷 개념

개념책 76~79쪽

개념 1 1 (1) 비열 (2) 작다 (3) 크다
2 (1) 작다 (2) 빨리

개념 2 1 (1) 큰 (2) 큰 (3) 작은 (4) 작은
2 (1) ㄱ, ㄴ (2) ㄷ, ㄹ

개념 3 1 (1) 열팽창 (2) 활발
2 (1) 늘어난다 (2) 늘어난다

개념 4 1 (1) 늘어났을 (2) 늘어났을 (3) 늘어났을
2 ㄴ, ㄷ, ㄹ

탐구 집중 분석

개념책 82쪽

탐구 1 1 (1) × (2) ○ (3) ×

탐구 2 1 (1) × (2) ○ (3) ×

탐구1 1 (1) 식용유의 온도가 물의 온도보다 빨리 높아진다.
(3) 물의 비열이 식용유의 비열보다 크다.

탐구2 1 (1) 수조에 뜨거운 물을 부으면 물과 에탄올 모두 유리관 속 액체의 높이가 높아진다.
(3) 에탄올이 물보다 열팽창 정도가 더 크다.

개념 다지기 문제

개념책 83~84쪽

01 ③ **02** ⑤ **03** ③ **04** ④ **05** ③
06 ⑤ **07** ① **08** ③ **09** ④

10 물은 다른 물질보다 비열이 커서 찜질 팩에 물을 넣어 사용하면 따뜻한 상태를 오래 유지할 수 있기 때문이다.

11 육지의 비열이 바다보다 작아서 낮에는 육지의 온도가 더 높이 올라가 바다에서 육지로 해풍이 분다.

12 여름철 온도가 높아져 길이가 늘어났을 때 다리가 휘어지는 것을 막기 위해서이다.

---

01 ㄴ. 비열은 어떤 물질 1kg의 온도를 1°C 높이는 데 필요한 열량이다.

02 질량이 같고 흡수한 열량이 같을 때 비열이 작을수록 온도 변화가 크다. 세 물질의 비열은 (다)<(나)<(가)이므로 온도 변화는 (다)>(나)>(가)이다.

03 같은 질량의 세 물질에 같은 열량을 가했을 때 온도 변화가 작을수록 물질의 비열이 크다. A는 온도가 12°C, B는 온도가 6°C, C는 온도가 16°C 높아졌으므로 세 물질의 비열을 비교하면 B>A>C이다.

04 ㄱ. A의 온도 변화가 B의 온도 변화보다 크므로 A는 B보다 비열이 작다.
ㄴ. 같은 양의 열을 가했을 때 A가 B보다 온도 변화가 더 크다.
ㄷ. B가 A보다 비열이 크므로 같은 온도만큼 올리는데 더 많은 열량이 필요한 물질은 B이다.

05 액체의 종류에 따라 열팽창하는 정도가 다르다.

06 ㄱ. 고체의 온도가 높아지면 부피가 팽창한다.
ㄴ. 고체의 온도가 높아지면 고체를 구성하는 입자 운동이 활발해진다.
ㄷ. 고체의 온도가 높아지면 고체를 구성하는 입자 사이의 거리가 멀어진다.

07 액체의 높이가 높은 순서대로 나열하면 에탄올, 식용유, 물이다. 따라서 열팽창 정도가 큰 것부터 순서대로 나열하면 에탄올, 식용유, 물이다.

08 알코올 온도계로 온도를 측정하는 것은 액체의 열팽창을 이용한 예이다.

09 ㄱ. 그림 (나)에서 바이메탈이 금속 A 쪽으로 휘어졌으므로 금속 A가 금속 B보다 열팽창 정도가 작다.

10 물은 다른 물질보다 비열이 커서 온도가 잘 변하지 않는다.

11 육지의 비열이 바다보다 작기 때문에 바닷가에서 낮에는 육지의 온도가 바다의 온도보다 높아진다. 이때 따뜻한 육지 위의 공기는 위로 올라가고 차가운 바다 위의 공기는 아래로 내려오면서 바다에서 육지로 해풍이 분다.

12 다리 이음매에 틈이 있는 것은 열팽창과 관련된 현상이다.

실력 향상 문제

개념책 85쪽

01 ⑤ **02** ④ **03** ⑤

01 비열이 클수록 온도 변화가 작다. 따라서 비열이 큰 물질부터 순서대로 나열하면 C, B, A이다.

02 잼 뚜껑을 여는 방법은 열팽창과 관련된 것이다. 유리와 금속은 열팽창 정도가 다른데, 금속 뚜껑을 뜨거운 물에 넣었다 빼면 금속이 유리보다 열팽창 정도가 커서 더 많이 팽창하므로 쉽게 뚜껑을 열 수 있다.

03 바이메탈을 가열하면 열팽창 정도가 작은 금속 쪽으로 휘어진다. 따라서 금속 A는 금속 B보다 열팽창 정도가 작고, 금속 B는 금속 C보다 열팽창 정도가 작다. 열팽창 정도가 큰 순서대로 나열하면 C, B, A이다.

단원 핵심 정리 개념책 86쪽

01 ❶활발 ❷높은 ❸낮은 ❹전도 ❺대류 ❻복사

02 ❼작다 ❽냉각수 ❾높아

단원 평가 문제 개념책 87~89쪽

01 ③ 02 ③ 03 ④ 04 ② 05 ⑤

06 ② 07 ① 08 ④ 09 ④ 10 ③

11 ⑤ 12 ④ 13 ②

14 온도계와 물체가 접촉하고 시간이 지나면 물체와 온도계가 열평형을 이루어 온도가 같아진다.

15 프라이팬의 몸체는 음식이 잘 익을 수 있도록 전도가 빠르게 일어나는 금속으로 만들고, 손잡이는 안전하게 잡을 수 있도록 전도가 느리게 일어나는 플라스틱이나 나무로 만든다.

16 양은 냄비의 비열보다 뚝배기의 비열이 커서 뚝배기에 담긴 음식이 천천히 식는다.

---

01 ㄴ. 열은 온도가 높은 물체에서 온도가 낮은 물체로 이동한다.

02 ㄱ, ㄴ. (가)가 (나)보다 입자 운동이 활발하므로 (가)가 (나)보다 온도가 높다.
ㄷ. (가)와 (나)를 접촉하면 열은 온도가 높은 (가)에서 온도가 낮은 (나)로 이동한다.

03 온도가 다른 두 물체가 접촉할 때 온도가 높은 물체에서 온도가 낮은 물체로 열이 이동하여 두 물체의 온도가 같아진 상태를 열평형이라고 한다.

04 얼음 속에 음료수를 넣으면 음료수에서 얼음으로 열이 이동하여 음료수를 차갑게 유지할 수 있다. 이때 열을 잃은 음료수의 입자 운동은 점점 둔해진다.

05 뜨거운 물이 든 비커를 차가운 물이 든 수조에 넣으면 열은 뜨거운 물에서 차가운 물로 이동한다. 열을 잃은 뜨거운 물은 온도가 내려가고 열을 얻은 차가운 물은 온도가 올라간다. 시간이 지나면 두 물은 열평형 상태에 도달한다.

06 (가) 프라이팬 위의 고기는 전도에 의해 익는다.
(나) 햇볕 아래에 있으면 복사에 의해 따뜻해진다.
(다) 난로를 켜면 대류에 의해 열이 이동하여 방 전체가 따뜻해진다.

07 (가)는 전도, (나)는 대류를 나타낸 것이다.
ㄱ. 고체는 주로 전도에 의해 열을 전달한다.
ㄴ. 액체나 기체는 주로 대류에 의해 열을 전달한다.
ㄷ. 전기난로 앞에 있으면 따뜻해지는 것은 복사에 의한 현상이다.
ㄹ. 대류가 잘 일어나게 하려면 에어컨은 위쪽에, 난로는 아래쪽에 설치한다.

08 ㄱ. A의 온도 변화가 B의 온도 변화보다 크므로 A는 B보다 비열이 작다.
ㄴ. 같은 시간 동안 온도 변화가 더 큰 물질은 A이다.
ㄷ. B가 A보다 비열이 크므로 같은 온도만큼 올리는 데 필요한 열량은 B가 A보다 많다.

09 바닷가에서 낮에는 육지의 온도가 바다의 온도보다 빨리 높아져 대류에 의해 바다에서 육지로 해풍이 불고, 밤에는 육지의 온도가 바다의 온도보다 빨리 낮아져 대류에 의해 육지에서 바다로 육풍이 분다.

10 액체의 온도가 높아지면 입자의 운동이 활발해지고 이에 따라 입자 사이의 거리가 멀어져 부피가 늘어난다.

11 철로 만든 에펠 탑의 높이가 겨울보다 여름에 더 높은 것, 여름에는 전깃줄이 늘어지지만 겨울에는 전깃줄이 팽팽한 것은 열팽창과 관련된 현상이다.

12 ㄱ, ㄴ. 온도가 높아지면 바이메탈이 위쪽으로 휘어지면서 회로가 차단되어 전기다리미가 과열되는 것을 막는다. 바이메탈은 온도가 높아지면 열팽창 정도가 작은 금속 쪽으로 휘어지므로 A가 B보다 열팽창 정도가 작다.
ㄷ. 온도가 낮아지면 바이메탈은 원래 상태로 펴진다.

13 ② 프라이팬으로 음식을 빨리 익히는 것은 비열과 관련된 예이다.

14 온도계와 물체가 접촉하고 시간이 지나면 물체와 온도계의 온도가 같아진다.

15 열이 전도되는 정도는 물질의 종류에 따라 다르다. 금속은 플라스틱이나 나무보다 열을 잘 전도한다.

16 양은 냄비는 비열이 작아서 빨리 식고, 뚝배기는 비열이 커서 천천히 식는다.

01 입자의 운동

한 컷 개념 개념책 92~93쪽

개념 1 **1** (1) 입자 (2) 확산 (3) 증발 (4) 운동
2 (1) 확산 (2) 증발

개념 2 **1** (1) 증발 (2) 확산 (3) 증발
(4) 확산 (5) 확산 (6) 증발
2 (1) 확산 (2) 증발

탐구 집중 분석 개념책 95쪽

탐구 1 **1** (1) × (2) ○ (3) ○

탐구 2 **1** (1) × (2) ○ (3) ○

탐구 1 **1** (1) BTB 용액의 색깔은 식초와 가까운 쪽에서부터 먼 쪽으로 변한다.

탐구 2 **1** (1) 시간이 지나면서 거름종이 위 아세톤의 질량이 감소한다.

개념 다지기 문제 개념책 96~97쪽

01 ③ **02** ④ **03** ③ **04** ④ **05** ⑤
06 ① **07** ③ **08** ① **09** ③

10 확산은 입자가 스스로 운동하여 멀리 퍼져 나가는 현상이다.

11 입자가 스스로 운동하여 액체 표면에서 기체로 변하기 때문이다.

12 확산의 예 - 향수 냄새가 방 전체로 퍼진다.
증발의 예 - 어항 속 물의 양이 줄어든다.

01 입자는 모든 방향으로 움직인다.

02 온도가 높아지면 입자의 운동이 활발해진다. 따라서 온도가 높을수록 증발이 잘 일어난다.

03 기체뿐만 아니라 액체에서도 확산이 일어난다.

04 ㄱ. 젖은 머리카락이 마르는 것은 증발의 예이다.
ㄴ. 꽃밭 근처에서 꽃향기가 나는 것은 확산의 예이다.
ㄷ. 풀잎에 맺힌 이슬이 사라지는 것은 증발의 예이다.
ㄹ. 부엌에서 요리하는 음식 냄새가 집 안으로 퍼지는 것은 확산의 예이다.

05 향수 냄새가 방 전체로 퍼지는 것은 확산 현상의 예이다. 마약 탐지견이 냄새로 마약을 찾는 것도 확산으로 설명할 수 있다. ①~④는 증발 현상의 예이다.

06 식초 가까이에 있는 BTB 용액부터 색깔이 바뀐다.

07 증발은 액체 표면에서 일어나는 현상이다.

08 ㄱ. 햇볕에 고추를 말리는 것은 증발 현상의 예이다.
ㄴ. 어항 속 물의 양이 줄어드는 것은 증발 현상의 예이다.
ㄷ. 빵집 근처에서 빵 냄새가 나는 것은 확산 현상의 예이다.
ㄹ. 물에 티백을 넣으면 차 성분이 퍼지는 것은 확산 현상의 예이다.

09 시간이 지나도 아세톤 입자의 크기는 변하지 않는다.

10 확산은 물질을 구성하는 입자가 스스로 운동하여 멀리 퍼져 나가는 현상이다.

11 어항 속 물의 양이 줄어드는 것, 염전에서 소금을 얻는 것은 증발 현상의 예이다.

12 확산 현상의 예에는 향수 냄새가 퍼지는 것, 물에 홍차 성분이 퍼지는 것, 음식 냄새가 퍼지는 것, 전기 모기향을 피워 모기를 쫓는 것 등이 있다. 증발 현상의 예에는 어항 속 물이 줄어드는 것, 젖은 빨래가 마르는 것, 염전에서 소금을 얻는 것, 오징어나 고추를 말리는 것 등이 있다.

02 물질의 상태 변화

한 컷 개념 개념책 98~101쪽

개념 1 **1** (1) 규칙 (2) 불규칙 (3) 불규칙
2 (1) 가깝다 (2) 멀다 (3) 멀다

개념 2 **1** (1) 상태 변화 (2) 융해 (3) 응고
(4) 기화 (5) 액화 (6) 승화 (7) 승화
2 (1) ○ (2) ×

개념 3 **1** (1) ㉢ (2) ㉡ (3) ㉠ (4) ㉣ (5) ㉤ (6) ㉥
2 액화

개념 4 **1** (1) 질량 (2) 부피
2 (1) ㄷ (2) ㄱ, ㄴ

탐구 집중 분석 개념책 104~105쪽

탐구 1 **1** (1) × (2) ○ (3) ○

탐구 2 **1** (1) ○ (2) × (3) ×

탐구 3 **1** (1) ○ (2) × (3) ×

탐구 4 **1** (1) × (2) ○ (3) ○

탐구 1 **1** (1) 비커 안의 물은 기화한다.

탐구 2 **1** (2) 시간이 지나면 드라이아이스 크기가 작아진다.
(3) 시간이 지나면 드라이아이스가 고체 상태에서 기체 상태로 변한다.

탐구 3 **1** (2) 드라이아이스의 상태가 변할 때 질량은 변하지 않는다.
(3) 드라이아이스가 승화할 때 부피가 증가한다.

탐구 4 **1** (1) 녹은 양초가 굳으면 가운데 부분이 오목하게 들어간다.

개념 다지기 문제 개념책 106~108쪽

01 ⑤ **02** ④ **03** ② **04** ② **05** ①
06 ④ **07** ⑤ **08** ④ **09** ⑤ **10** ⑤
11 ①, ③ **12** ④ **13** ④ **14** ⑤ **15** ③

16 고체 상태는 입자가 규칙적으로 배열되어 있고, 기체 상태는 입자가 매우 불규칙적으로 배열되어 있다.

17 상태 변화가 일어날 때 물질의 질량과 성질은 변하지 않고 물질의 부피는 변한다.

18 (1) 응고 (2) 응고가 일어날 때 입자 배열이 규칙적으로 변한다.

01 오답 풀이 ① 고체는 흐르지 않는다.
② 고체는 모양과 부피가 변하지 않는다.
③ 담는 그릇을 가득 채우는 것은 기체이다.
④ 액체는 모양은 일정하지 않지만 부피는 일정하다.

02 담는 그릇을 가득 채우며, 온도와 압력에 따라 부피가 쉽게 변하는 물질의 상태는 기체이다. 기체 상태인 물질은 ㄷ. 공기, ㅂ. 수증기이다.
오답 풀이 ㄱ, ㄹ. 돌과 나무는 고체이다.
ㄴ, ㅁ. 물과 주스는 액체이다.

03 흐르는 성질이 있고, 담는 그릇에 따라 모양이 변하지만 부피는 변하지 않는 물질의 상태는 액체이다.

04 (가)는 액체, (나)는 고체, (다)는 기체 상태의 입자 모형이다.
오답 풀이 ① (가)는 입자가 불규칙적으로 배열되어 있다.
③ (나)는 입자가 규칙적으로 배열되어 있다.
④ (다)는 입자 사이의 거리가 매우 멀다.
⑤ (가)는 (나)보다 입자 사이의 거리가 멀다.

05 (가)는 고체, (나)는 액체, (다)는 기체 상태의 입자 모형이다. 일반적으로 입자 사이의 거리는 고체<액체<기체이므로 입자 사이의 거리를 비교하면 (가)<(나)<(다)이다.

06 촛농이 식어서 굳거나 쇳물이 식어서 철이 되는 것, 고드름이 생기는 것은 모두 액체에서 고체로 상태가 변하는 응고의 예이다.

07 나뭇잎에 이슬이 맺히는 것은 기체에서 액체로 상태가 변하는 액화 현상이다. 따라서 이와 같은 상태 변화

가 일어나는 것은 차가운 컵 표면에 물방울이 맺히는 것이다.

오답 풀이 ① 고드름이 녹는 것은 융해이다.
② 젖은 빨래가 마르는 것은 기화이다.
③ 흘러내리던 촛농이 굳는 것은 응고이다.
④ 겨울철 유리창에 성에가 생기는 것은 기체에서 고체로의 승화이다.

08 A에서는 얼음이 녹아 물이 되는 융해가 일어난다. B에서는 시계 접시 아랫면에 수증기가 식어 물방울이 맺히는 액화가 일어난다.

09 고체 상태의 드라이아이스가 기체 상태로 변하는 승화가 일어난다.

10 A는 융해, B는 응고, C는 액화, D는 기화, E는 기체에서 고체로의 승화, F는 고체에서 기체로의 승화이다. 겨울철 나뭇잎에 서리가 생기는 것은 기체에서 고체로의 승화이다.(E)

오답 풀이 ① 고깃국이 식으면 기름이 굳는 것은 응고이다.(B)
② 아이스크림이 녹는 것은 융해이다.(A)
③ 물을 끓이면 물의 양이 줄어드는 것은 기화이다.(D)
④ 냉동실에 넣어 둔 얼음이 작아지는 것은 고체에서 기체로의 승화이다.(F)

11 상태 변화가 일어날 때 변하지 않는 것은 입자의 종류, 입자의 개수이다.

12 양초가 액체 상태에서 고체 상태로 변할 때 질량은 변하지 않고 부피는 감소한다.

13 아세톤이 기화하면서 부피가 증가하여 비닐봉지가 부풀어 오른다. 이때 아세톤 입자 사이의 거리가 멀어진다.

14 A는 응고, B는 융해, C는 고체에서 기체로의 승화, D는 기체에서 고체로의 승화, E는 기화, F는 액화이다. 일반적으로 응고(A), 액화(F), 기체에서 고체로의 승화(D)가 일어날 때는 입자 사이의 거리가 가까워지면서 부피가 감소한다. 융해(B), 기화(E), 고체에서 기체로의 승화(C)가 일어날 때는 입자 사이의 거리가 멀어지면서 부피가 증가한다.

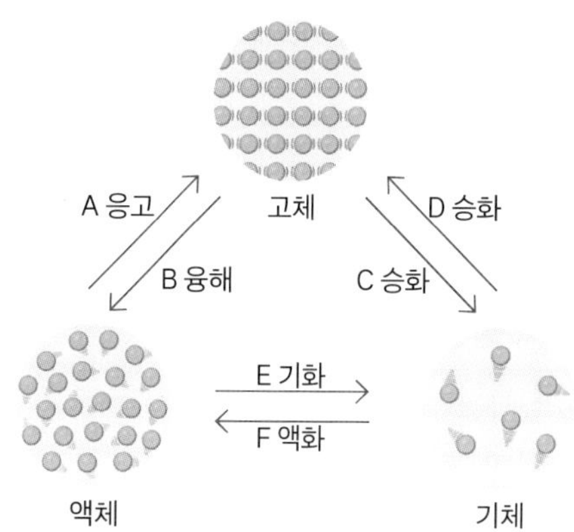

15 상태 변화가 일어날 때 물질의 성질이 변하지 않는 까닭은 입자의 종류와 개수가 변하지 않기 때문이다.

16 물질의 상태에 따라 입자 배열이 다르다. 고체 상태는 입자가 규칙적으로 배열되어 있고, 기체 상태는 입자가 매우 불규칙적으로 배열되어 있다.

17 물질의 상태 변화가 일어날 때 입자의 배열이 달라지므로 물질의 부피는 변하지만, 입자의 종류와 개수는 변하지 않으므로 물질의 질량과 성질은 변하지 않는다.

18 (1) 쇳물이 식어 철이 되는 것은 응고이다.
(2) 응고가 일어날 때 입자 배열이 규칙적으로 변한다.

실력 향상 문제

개념책 109쪽

01 ②, ⑤ **02** ④ **03** ④

01 고체 상태의 초가 녹는 것은 융해, 액체 상태의 초가 기체 상태로 변하는 것은 기화, 심지 주변의 초가 흘러내리다가 다시 굳는 것은 응고 현상이다.

02 얼음을 바로 수증기로 바꾸는 것은 고체에서 기체로의 승화이다. 고체에서 기체로의 승화가 일어나는 현상은 드라이아이스 크기가 작아지는 것이다.

오답 풀이 ① 아이스크림이 녹는 것은 융해이다.
② 촛농이 식어서 굳는 것은 응고이다.
③ 쇳물이 식어 철이 되는 것은 응고이다.
④ 겨울철 유리창에 성에가 생기는 것은 기체에서 고체로의 승화이다.

03 김은 수증기가 액화하여 작은 물방울로 변한 것이다. 기체 상태인 수증기가 액체 상태인 김으로 액화할 때 입자 사이의 거리는 가까워진다.

03 상태 변화와 열에너지

한 컷 개념 개념책 110~113쪽

개념 1 **1** (1) 열에너지 (2) 흡수 (3) 방출
2 (1) (가), (라), (바) (2) (나), (다), (마)

개념 2 **1** (1) 일정하다 (2) 일정하다 (3) 일정하다 (4) 일정하다
2 (1) 흡수 (2) 방출

개념 3 **1** (1) 낮아진다 (2) 흡수 (3) 흡수 (4) 흡수
2 ㄱ, ㄷ, ㅁ

개념 4 **1** (1) 높아진다 (2) 방출 (3) 방출 (4) 방출
2 ㄴ, ㄹ, ㅂ

탐구 집중 분석 개념책 116쪽

탐구 1 **1** (1) ○ (2) × (3) ○

탐구 2 **1** (1) ○ (2) × (3) ×

탐구 1 **1** (2) 물을 가열하면 온도가 높아지다가 물이 끓기 시작하면 온도가 일정하게 유지된다.

탐구 2 **1** (2) 물이 어는 동안 온도가 일정하게 유지된다.
(3) 그래프에서 상태 변화가 일어나는 구간은 (나)이다.

특강 개념책 117쪽

1 (1) × (2) × (3) ○ (4) ○

2 (1) ○ (2) ○ (3) × (4) ×

---

1 (1) 에어컨의 실내기에서는 액체 상태의 냉매가 기화한다.
(2) 에어컨의 실외기에서는 기체 상태의 냉매가 액화한다.

2 (3) 증기 난방기의 방열기에서는 열에너지를 방출하여 실내가 따뜻해진다.
(4) 증기 난방기의 보일러에서는 열에너지를 흡수한다.

개념 다지기 문제 개념책 118~120쪽

01 ①, ③ **02** ②, ④ **03** ④ **04** ② **05** ②
06 ⑤ **07** ⑤ **08** ② **09** ③ **10** ①
11 ① **12** ⑤ **13** ③ **14** ⑤

15 가해 준 열에너지가 상태 변화에 모두 사용되기 때문이다.

16 고체인 드라이아이스가 기체로 승화하면서 주변의 열에너지를 흡수하므로 아이스크림 케이크가 녹지 않는다.

17 물이 응고하면서 열에너지를 방출하기 때문에 주위의 온도가 높아져 과일이 얼지 않는다.

---

01 열에너지를 흡수하는 상태 변화에는 융해, 기화, 고체에서 기체로의 승화가 있다.

02 상태 변화가 일어날 때 온도가 일정하게 유지된다. 따라서 상태 변화가 일어나는 구간은 (나), (라)이다.

03 (가)는 고체, (나)는 고체와 액체, (다)는 액체, (라)는 액체와 기체, (마)는 기체 상태가 존재하는 구간이다.

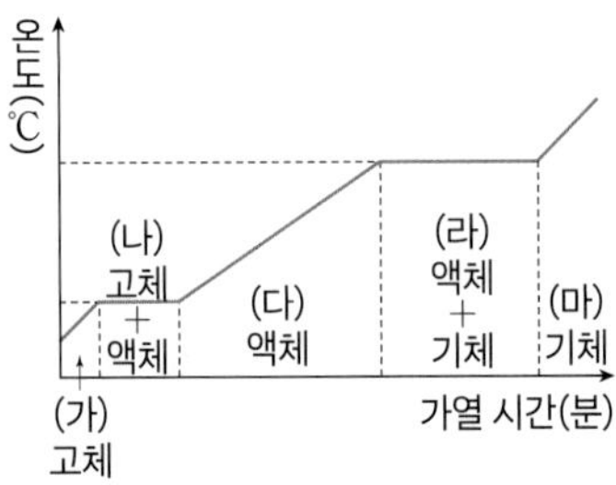

04 물질이 융해, 기화할 때는 열에너지를 흡수하고, 응고, 액화할 때는 열에너지를 방출한다.

05 (가)는 액체, (나)는 액체와 고체, (다)는 고체 상태가 존재하는 구간이다.
오답 풀이 ① (가) 구간에서 물은 액체 상태이므로 입자 배열이 불규칙하다.
③ 입자가 제자리에서 진동하는 것은 (다) 구간이다.
④ 상태 변화가 일어나는 구간은 (나) 구간이다.
⑤ (다) 구간에서 물은 고체 상태이므로 입자 사이의 거리가 매우 가깝다.

06 물질을 냉각할 때 물질의 상태가 변하는 동안 온도가 일정하게 유지되는 까닭은 상태가 변하는 동안 방출하는 열에너지가 온도가 낮아지는 것을 막아 주기 때문이다.

07 A는 융해, B는 응고, C는 기화, D는 액화, E는 고체에서 기체로의 승화, F는 기체에서 고체로의 승화이다. 물질이 응고(B), 액화(D), 기체에서 고체로 승화(F)할 때는 열에너지를 방출하므로 주위의 온도가 높아진다.

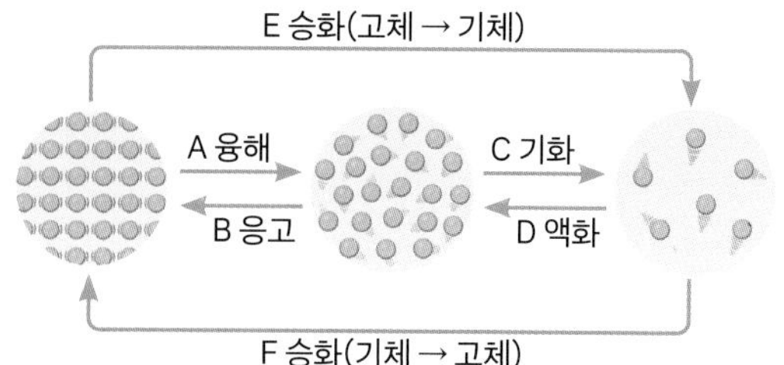

08 (가)는 융해, (나)는 응고, (다)는 액화, (라)는 기화, (마)는 기체에서 고체로의 승화, (바)는 고체에서 기체로의 승화이다. 오렌지에 물을 뿌리면 물이 응고하면서 열에너지를 방출하기 때문에 냉해를 막을 수 있다.

09 ㄱ. 얼음 조각 근처에 있으면 얼음이 융해하면서 열에너지를 흡수하기 때문에 시원하다.
ㄴ. 소나기가 내리기 전에는 공기 중의 수증기가 액화하면서 열에너지를 방출하기 때문에 후텁지근하다.
ㄷ. 도로에 물을 뿌리면 물이 기화하면서 열에너지를 흡수하기 때문에 시원하다.

10 눈이 내릴 때는 공기 중의 수증기가 승화하면서 열에너지를 방출하기 때문에 날씨가 포근하다.
오답 풀이 융해, 기화, 고체에서 기체로의 승화가 일어날 때는 주변으로부터 열에너지를 흡수한다.
② 물놀이 후 물 밖으로 나오면 물이 기화하면서 열에너지를 흡수하기 때문에 춥게 느껴진다.
③ 알코올을 묻힌 솜을 손등에 문지르면 알코올이 기화하면서 열에너지를 흡수하기 때문에 시원하다.
④ 아이스박스에 얼음을 넣으면 얼음이 융해하면서 열에너지를 흡수하기 때문에 음료수를 차갑게 보관할 수 있다.
⑤ 여름철 안개형 냉각 장치에서 뿜어져 나온 물방울이 기화하면서 열에너지를 흡수하기 때문에 거리를 시원하게 한다.

11 액체 파라핀에 손을 담갔다 빼면 액체 파라핀이 응고하면서 열에너지를 방출하기 때문에 따뜻해진다.

12 (가)는 실내기, (나)는 실외기이다. (가) 실내기에서는 냉매가 기화하면서 열에너지를 흡수하고, (나) 실외기에서는 냉매가 액화하면서 열에너지를 방출한다.

13 (가)는 방열기, (나)는 보일러이다. (가) 방열기에서는 수증기가 물로 변하면서 열에너지를 방출하고, (나) 보일러에서는 물이 수증기로 변하면서 열에너지를 흡수한다.

14 여름에 분수대 옆을 지나면 물이 기화하면서 열에너지를 흡수하기 때문에 시원하다. 물이 기화할 때 입자의 배열은 불규칙하게 변한다.

15 물질이 끓는 동안에는 온도가 일정하게 유지된다. 이는 물질이 끓는 동안 흡수한 열에너지가 상태 변화에 사용되기 때문이다.

16 드라이아이스는 승화하면서 열에너지를 흡수하므로 주위의 온도가 낮아진다.

17 물이 응고하면서 열에너지를 방출하므로 주위의 온도가 높아진다.

실력 향상 문제

개념책 121쪽

01 ④ **02** ③

01 (가)는 고체, (나)는 고체와 액체, (다)는 액체, (라)는 액체와 고체, (마)는 고체 상태가 존재하는 구간이다. (나)와 (라) 구간은 상태 변화가 일어나는 구간으로, (나) 구간에서는 융해, (라) 구간에서는 응고가 일어난다.

02 항아리 냉장고는 큰 항아리와 작은 항아리 사이의 젖은 모래에서 물이 기화하면서 열에너지를 흡수하기 때문에 음식물을 시원하게 보관할 수 있다.
③ 물놀이 후 물 밖으로 나오면 물이 기화하면서 열에너지를 흡수하기 때문에 춥게 느껴진다.
오답 풀이 ① 얼음 조각 근처에 있으면 얼음이 융해하면서 열에너지를 흡수하기 때문에 시원해진다.
② 소나기가 내리기 전에는 공기 중의 수증기가 액화하면서 열에너지를 방출하기 때문에 후텁지근하다.
④ 아이스크림을 보관할 때 드라이아이스를 넣으면 드라이아이스가 승화하면서 열에너지를 흡수한다.
⑤ 냉방이 잘 된 곳에서 밖으로 나오면 공기 중의 수증기가 차가운 피부에 닿아 액화하면서 열에너지를 방출하기 때문에 후텁지근하다.

단원 핵심 정리 개념책 122쪽

01 ❶ 표면

02 ❷ 규칙 ❸ 북규칙 ❹ 융해 ❺ 기화 ❻ 승화

03 ❼ 흡수 ❽ 방출

단원 평가 문제 개념책 123~126쪽

01 ①	**02** ①	**03** ②	**04** ⑤	**05** ③
06 ③	**07** ⑤	**08** ①	**09** ③	**10** ⑤
11 ③	**12** ⑤	**13** ①	**14** ⑤	**15** ②
16 ③	**17** ⑤	**18** ④	**19** ②	**20** ①
21 ③				

22 공기 중의 수증기가 액화하여 안경에 물방울이 맺히기 때문이다.

23 물이 얼음으로 응고할 때 부피가 늘어나기 때문에 추운 겨울 수도 계량기가 터진다.

24 방열기에서 수증기가 물로 액화하면서 열에너지를 방출하기 때문에 주변의 온도가 높아져 실내가 따뜻해진다.

---

01 확산은 기체뿐만 아니라 액체나 진공 속에서도 일어난다.

02 ① 염전에서 소금을 얻는 것은 증발 현상의 예이다. ②~⑤는 확산 현상의 예이다.

03 이 실험은 증발 현상과 관계된 실험이다. ② 웅덩이에 고인 물이 줄어드는 것은 증발 현상의 예이다.

오답 풀이 ① 아이스크림이 녹는 것은 고체가 액체로 상태가 변하는 현상이다.

③ 빵집 근처에서 빵 냄새가 나는 것은 확산 현상의 예이다.

④ 이른 새벽 풀잎에 이슬이 맺히는 것은 기체에서 액체로 상태가 변하는 현상이다.

⑤ 추운 겨울 나뭇잎에 서리가 생기는 것은 기체에서 고체로 상태가 변하는 현상이다.

04 상온에서 산소, 공기, 수증기는 기체이다. 기체는 담는 그릇에 따라 모양과 부피가 변한다.

05 (가)는 고체, (나)는 액체, (다)는 기체 상태의 입자 모형이다.

오답 풀이 ① (가)에서 (다)로 변하면 부피가 늘어난다.

② 입자의 운동이 가장 활발한 것은 (다)이다.

④ 입자가 가장 규칙적으로 배열되어 있는 것은 (가)이다.

⑤ (다)에서 (나)로 변하면 입자 사이의 거리가 가까워진다.

06 고드름이 녹는 것, 용광로에서 철이 녹아 쇳물이 되는 것은 고체에서 액체로 상태가 변하는 융해의 예이다.

07 A는 기체에서 고체로의 승화, B는 고체에서 기체로의 승화, C는 기화, D는 액화, E는 융해, F는 응고이다. 쇳물이 식어서 철이 되는 것은 응고이다.(F)

오답 풀이 ① 드라이아이스 크기가 작아지는 것은 고체에서 기체로의 승화이다.(B)

② 겨울철 유리창에 성에가 생기는 것은 기체에서 고체로의 승화이다.(A)

③ 풀잎에 이슬이 맺히는 것은 액화이다.(D)

④ 젖은 빨래가 마르는 것은 기화이다.(C)

08 비닐봉지 속 아세톤은 액체 상태에서 기체 상태로 기화한다.

09 비닐 주머니 속 드라이아이스가 고체에서 기체로 승화한다. 이때 입자의 운동이 활발해지면서 배열이 불규칙하게 변하고 입자 사이의 거리가 멀어진다. 드라이아이스의 상태가 변할 때 질량은 변하지 않는다.

10 A는 응고, B는 융해, C는 고체에서 기체로의 승화, D는 기체에서 고체로의 승화, E는 기화, F는 액화이다. 겨울철 나뭇잎에 서리가 생기는 현상은 기체에서 고체로의 승화(D)이다.

11 물질의 상태가 변할 때 물질의 질량과 성질은 변하지 않고, 물질의 부피는 변한다. 이는 물질의 상태가 변할 때 입자의 종류와 개수는 변하지 않지만 입자의 배열은 변하기 때문이다.

12 일반적으로 입자 사이의 거리가 멀어지는 상태 변화는 융해, 기화, 고체에서 기체로의 승화이다.

ㄱ. 촛농이 굳는다.(응고)

ㄴ. 손에 바른 손 소독제가 마른다.(기화)

ㄷ. 차가운 컵 표면에 물방울이 맺힌다.(액화)

ㄹ. 드라이아이스의 크기가 점점 작아진다.(고체에서 기체로의 승화)

13 상태 변화가 일어나는 구간은 B와 D 구간이다. B 구간에서는 고체에서 액체로 변하는 융해, D 구간에서는 액체에서 기체로 변하는 기화가 일어난다.

14 D 구간에서 온도가 일정한 까닭은 가해 준 열에너지가 상태 변화에 모두 사용되기 때문이다. 물이 기화할 때 입자 운동이 활발해지며 부피가 증가하고, 질량은 변하지 않는다.

15 상태 변화가 일어나는 구간은 B 구간이다. 상태 변화가 일어날 때 입자 배열이 변한다.

16 물질이 융해, 기화, 고체에서 기체로 승화할 때는 주변으로부터 열에너지를 흡수하고, 응고, 액화, 기체에서 고체로 승화할 때는 열에너지를 방출한다.
① 무더운 여름철 도로에 물을 뿌린다.(기화)
② 얼음 조각 근처에 있으면 시원하다.(융해)
③ 얼음집 내부에 물을 뿌려 내부를 따뜻하게 한다.(응고)
④ 아이스크림을 보관할 때 드라이아이스를 넣는다.(고체에서 기체로의 승화)
⑤ 아이스박스에 얼음을 넣어 음식물을 차게 보관한다.(융해)

17 물질이 융해, 기화, 고체에서 기체로 승화할 때는 열에너지를 흡수하여 주위의 온도가 낮아진다. 물질이 응고, 액화, 기체에서 고체로 승화할 때는 열에너지를 방출하여 주위의 온도가 높아진다.

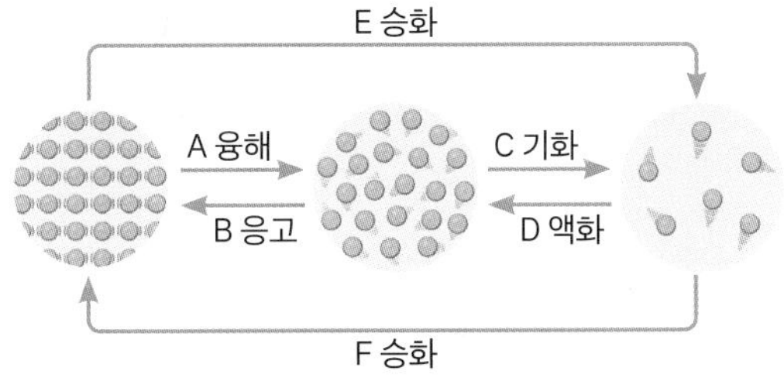

18 물질이 응고, 액화, 기체에서 고체로 승화할 때는 열에너지를 방출하여 주위의 온도가 높아진다.
① 눈이 내릴 때 날씨가 따뜻해진다.(기체에서 고체로의 승화)
② 오렌지에 물을 뿌려 냉해를 막는다.(응고)
③ 소나기가 내리기 전에 후텁지근하다.(액화)
④ 물놀이 후 물 밖으로 나오면 춥게 느껴진다.(기화)
⑤ 냉방이 잘 된 곳에서 밖으로 나오면 후텁지근하다.(액화)

19 에탄올이 기화하면서 주변으로부터 열에너지를 흡수하므로 캔 음료의 온도가 낮아져 차가워진다.

20 수증기가 물로 액화하면서 방출하는 열에너지를 이용하여 우유를 데운다.

21 (가)는 실내기, (나)는 실외기이다. (가) 실내기에서는 냉매가 기화하면서 열에너지를 흡수하고, (나) 실외기에서는 열에너지를 방출하여 뜨거운 바람이 나온다.

22 추운 겨울날 따뜻한 실내에 들어가면 공기 중의 수증기가 차가운 안경에 닿아 액화한다.

23 물은 다른 물질과 달리 응고할 때 부피가 늘어난다.

24 증기 난방기의 방열기에서는 수증기가 액화하면서 열에너지를 방출한다.

01 과학과 인류의 지속가능한 삶

중단원 확인 문제 연습책 3쪽

1 (1) 가설 설정 (2) 자료 해석 (3) 결론 도출

2 (1) ㉠ (2) ㉡ (3) ㉢ (4) ㉣

3 (1) ㉠ (2) ㉢ (3) ㉡

4 에너지

5 (1) ㉠ (2) ㉢ (3) ㉡

6 (1) 개인 (2) 개인 (3) 사회 (4) 사회

중단원 다지기 문제 연습책 4~5쪽

01 ③ **02** ② **03** ② **04** ⑤ **05** ①

06 ⑤ **07** ④ **08** ⑤ **09** ③

10 다르게 해야 할 조건은 컵의 색깔이고, 같게 해야 할 조건은 컵의 모양, 컵의 크기, 물의 양이다.

11 암모니아 합성법의 개발로 비료를 대량 생산할 수 있게 되면서 식량 생산량이 증가했다.

12 태양 에너지나 풍력 에너지를 이용하는 것은 화석 연료를 이용하는 것과 달리 자원이 고갈될 염려가 적고 온실 기체가 발생하지 않기 때문이다.

---

01 ㄷ. 오랜 시간 동안 자연 현상을 관찰하여 얻은 자료를 해석하여 일반화할 수 있다.

02 ② 문제 인식: 어떤 현상을 관찰하다 의문을 품는 것

오답 풀이 ① 탐구 설계: 가설을 확인할 수 있는 탐구를 설계하는 것
③ 결론 도출: 가설을 검증하고 결론을 내리는 것
④ 가설 설정: 탐구 문제에 대한 잠정적인 결론을 내리는 것
⑤ 자료 해석: 탐구를 수행하여 얻은 자료를 분석하는 것

03 에이크만이 '현미에 닭의 각기병을 치료하는 물질이 들어 있을 것이다.'라고 생각한 것은 가설 설정에 해당한다.

04 ㄱ. 인쇄술의 발달로 책의 대량 인쇄가 가능해졌다.
ㄴ. 드론이나 기계를 이용한 농업 기술의 발전으로 식량 생산량이 증가하였다.
ㄷ. 증기 기관의 발명으로 제품을 대량 생산할 수 있게 되었다.

05 항생제 개발로 질병을 치료하게 되면서 인류의 평균 수명이 늘어났다.

06 ㄱ. 양자 컴퓨터는 양자의 특성을 이용한 컴퓨터로, 복잡한 암호를 빠르게 푼다.
ㄴ. 인공지능 기술은 컴퓨터가 인간처럼 학습하고 일을 처리할 수 있게 하는 기술로, 길을 안내하는 로봇 등에 활용한다.
ㄷ. 생명공학기술로 유전적 특성을 분석해 질병의 발생을 예측한다.

07 ㄱ. 탄소 포집 기술로 온실 기체인 이산화 탄소를 수집하여 저장하거나 활용할 수 있다.

08 지속가능한 삶이란 미래 세대가 이용할 환경과 자연을 훼손하지 않으면서 현재 세대의 필요를 충족시키는 삶을 말한다.

09 지속가능한 삶을 위해 일회용품 사용을 줄인다.

10 탐구로 알아내려는 조건을 다르게 하고, 그 외의 조건은 모두 같게 한다.

11 암모니아 합성법의 개발로 비료를 대량 생산할 수 있게 되면서 농작물의 생산량이 늘어났다.

12 태양 에너지나 풍력 에너지를 이용하는 것은 화석 연료를 이용하는 것과 달리 자원이 고갈될 염려가 적고 온실 기체가 발생하지 않는다.

01 생물의 구성

중단원 확인 문제 연습책 7쪽

1 세포

2 (1) ㉠ (2) ㉣ (3) ㉤ (4) ㉡ (5) ㉢

3 (1) ○ (2) × (3) ○

4 (1) ㉠ (2) ㉢ (3) ㉡

5 기관계

6 조직계

7 (1) ㉢ (2) ㉣ (3) ㉠ (4) ㉡

8 (1) ㉡ (2) ㉢ (3) ㉣ (4) ㉠

---

3 (2) 동물 세포에는 세포벽이 없다.

중단원 다지기 문제 연습책 8~9쪽

01 ⑤ **02** ① **03** ④ **04** ③ **05** ⑤

06 ⑤ **07** ⑤ **08** ④ **09** ①

10 동물 세포와 식물 세포 모두 핵이 있고 세포막으로 둘러싸여 있다.

11 적혈구는 오목한 원반 모양으로 잘 구부러지기 때문에 좁은 혈관 속을 이동할 수 있다.

12 참새는 세포 → 조직 → 기관 → 기관계 → 개체로 구성되어 있고, 민들레는 세포 → 조직 → 조직계 → 기관 → 개체로 구성되어 있다.

---

01 ⑤ 세포는 대부분 크기가 작아서 현미경으로 관찰해야 하지만 일부 신경세포나 달걀처럼 맨눈으로 볼 수 있는 세포도 있다.

02 핵은 유전물질이 들어 있어 세포의 생명활동을 조절한다.

03 ㄱ. 출입문은 세포 안팎으로 드나드는 물질의 출입을 조절하는 세포막에 해당한다.

04 ㉠은 핵, ㉡은 마이토콘드리아, ㉢은 세포막, ㉣은 엽록체, ㉤은 세포벽이다.
③ ㉢: 세포막은 세포 내부를 보호한다.
오답 풀이 ① ㉠: 핵은 생명활동을 조절한다.
② ㉡: 마이토콘드리아는 생명활동에 필요한 에너지를 만든다.
④ ㉣: 엽록체는 광합성을 한다.
⑤ ㉤: 세포벽은 식물 세포를 보호하고 세포의 모양을 일정하게 유지한다.

05 ⑤ 식물 세포는 세포벽이 있어 세포의 모양이 일정하다.

06 (가)는 신경세포, (나)는 상피세포, (다)는 공변세포이다.
(다) 공변세포는 기공을 열고 닫아 기체의 출입을 조절한다.
오답 풀이 ①, ③ (가) 신경세포는 신호를 전달한다.
②, ④ (나) 상피세포는 몸을 보호한다.

07 ⑤ 동물의 위, 작은창자, 큰창자 등은 기관에 해당한다.

08 A는 기관, B는 세포, C는 기관계, D는 조직, E는 개체에 해당한다.

09 ① 표피조직계는 조직계에 해당한다.

10 동물 세포와 식물 세포 모두 핵, 세포막, 세포질 등으로 구성되어 있다.

11 세포는 특정 기능을 하는 데 적합한 모양을 지닌다. 적혈구는 오목한 원반 모양으로 잘 구부러지기 때문에 좁은 혈관 속을 이동할 수 있다.

12 동물의 구성 단계는 세포 → 조직 → 기관 → 기관계 → 개체이고, 식물의 구성 단계는 세포 → 조직 → 조직계 → 기관 → 개체이다.

02 생물다양성

중단원 확인 문제 연습책 11쪽

1 생물다양성

2 (1) ○ (2) ○ (3) ×

3 변이

4 (1) × (2) ○ (3) ○

5 (1) 작고 (2) 크고

6 변이

---

2 (3) 같은 종류의 생물 사이에서 나타나는 특성이 다양할수록 생물다양성이 높다.

중단원 다지기 문제 연습책 12~13쪽

01 ⑤ **02** ③ **03** ① **04** ② **05** ③

06 ④ **07** ②

08 생물다양성은 어떤 지역에 살고 있는 생물의 다양한 정도를 뜻한다.

09 다양한 변이를 가진 야생 바나나가 있으면 급격한 환경 변화나 전염병에도 살아남을 가능성이 높기 때문이다.

10 코스모스는 꽃잎 색깔이 조금씩 다르다. 얼룩말은 줄무늬가 조금씩 다르다.

---

01 생물다양성은 생태계의 다양함, 한 생태계에 살고 있는 생물 종류의 다양함, 같은 종류의 생물 사이에서 나타나는 특성의 다양함을 모두 포함한다.

02 (가) 숲에는 많은 종류의 생물이 살고 있고, (나) 논에는 벼를 포함한 몇 종류의 생물만 살고 있다. (가)는 (나)보다 생물다양성이 높고, 생태계가 안정적이다.

03 같은 종류의 생물 사이에서 나타나는 생김새나 특성의 차이를 변이라고 한다.

04 ② 같은 종류의 생물 사이에서 나타나는 생김새나 특성의 차이를 변이라고 한다. 개미와 거미는 서로 다른 종류의 생물이다.

05 ㄴ. 사막여우의 생김새는 더운 사막에서 살기에 적합하다.

06 ㄱ. 거북의 목 길이가 다르게 변하고 있다.

07 한 종류의 새 중 일부가 크고 단단한 씨앗이 많은 섬에 살게 되었다.(㉠) → 크고 단단한 씨앗을 깰 수 있는 크고 두꺼운 부리를 가진 핀치가 더 많이 살아남아 자손을 남겼다.(㉢) → 오랜 시간이 지난 뒤 더 크고 두꺼운 부리를 가진 새로운 종이 나타났다.(㉡)

08 어떤 지역에 살고 있는 생물의 다양한 정도를 생물다양성이라고 한다.

09 변이가 다양하면 급격한 환경 변화나 전염병에도 살아남을 가능성이 높다.

10 변이의 예에는 코스모스 꽃잎 색깔이 조금씩 다른 것, 얼룩말 줄무늬가 조금씩 다른 것, 무당벌레 날개의 색깔과 무늬가 조금씩 다른 것 등이 있다.

03 생물의 분류

중단원 확인 문제 연습책 15쪽

1 생물분류

2 (1) ○ (2) × (3) ○ (4) ×

3 계

4 종

5 원핵생물계

6 (1) 원핵생물계 (2) 원생생물계 (3) 식물계 (4) 동물계 (5) 균계

7 (1) ㉢ (2) ㉠ (3) ㉡ (4) ㉣ (5) ㉤

---

2 (2) 사는 곳에 따른 분류는 사람의 편의에 따른 분류에 해당한다.
(4) 식용 여부에 따른 분류는 사람의 편의에 따른 분류에 해당한다.

중단원 다지기 문제 연습책 16~17쪽

01 ③ **02** ② **03** ③ **04** ③ **05** ④
06 ③ **07** ① **08** ①

09 새끼를 낳는 박쥐는 알을 낳는 까치보다 새끼를 낳는 다람쥐와 더 가까운 관계이다.

10 자연 상태에서 짝짓기를 하여 번식 능력이 있는 자손을 낳을 수 있는지 조사해야 한다.

11 동물계에 속하는 생물은 다른 생물을 먹어서 양분을 얻고 식물계에 속하는 생물은 광합성을 하여 스스로 양분을 만든다.

---

01 ㄷ. 생물의 고유한 특징에 따라 생물을 분류하면 생물의 멀고 가까운 관계를 알 수 있다.

02 ② 종은 생물을 분류하는 가장 작은 단위이다.

03 ㄷ. 원생생물계에 속하는 생물은 몸이 한 개의 세포로 이루어진 경우도 있고, 여러 개의 세포로 이루어져 있는 경우도 있다.

04 세포에 핵이 있으며, 기관이 발달했고, 스스로 광합성을 하여 양분을 만드는 것은 식물계이다.

05 해파리는 동물계, 버섯은 균계, 유글레나는 원생생물계, 파래는 원생생물계, 아메바는 원생생물계에 속한다.

06 고양이, 젖산균, 버섯은 광합성을 하지 않고 민들레, 소나무, 해캄은 광합성을 한다.

07 (가)는 원생생물계이다.
ㄴ. (가) 원생생물계에 속하는 생물은 세포에 핵이 있다.
ㄷ. 몸이 균사로 이루어져 있는 생물은 균계에 속한다.

08 대장균만 핵이 없는 원핵생물계에 속하므로 기준 (가)에 알맞은 말은 '핵이 있는가?'이다.

09 박쥐와 다람쥐는 새끼를 낳고, 까치는 알을 낳는다.

10 종은 자연 상태에서 짝짓기를 하여 번식 능력이 있는 자손을 낳을 수 있는 무리이다.

11 동물계에 속하는 생물은 스스로 양분을 만들지 못하고 다른 생물을 먹어서 양분을 얻는다. 식물계에 속하는 생물은 엽록체에서 광합성을 하여 스스로 양분을 만든다.

04 생물다양성보전

중단원 확인 문제 연습책 19쪽

1 (1) 단순 (2) 복잡 (3) 낮은

2 생태계

3 (1) ㉢ (2) ㉡ (3) ㉠ (4) ㉣

4 (1) 남획 (2) 외래종

5 (1) ㉠ (2) ㉢ (3) ㉡

6 (1) ㉢ (2) ㉡ (3) ㉠

중단원 다지기 문제 연습책 20~21쪽

01 ③ **02** ④ **03** ⑤ **04** ① **05** ④

06 ⑤ **07** ③ **08** ③

09 생물다양성 감소 원인으로는 서식지파괴, 남획, 외래종 유입 등이 있다.

10 숲의 면적이 좁아지면서 서식지가 파괴되기 때문에 숲의 생물다양성이 감소할 수 있다.

11 생태통로를 만든다. 생물다양성보전의 중요성을 알린다.

---

01 ㄷ. 생물다양성이 낮은 생태계에서는 특정 생물이 멸종할 위험이 높다.

02 (가)는 먹이그물이 단순하고, (나)는 먹이그물이 복잡하다. 따라서 (가)는 생물다양성이 낮은 생태계, (나)는 생물다양성이 높은 생태계이다.
ㄱ. (가)는 (나)보다 생물다양성이 낮다.

03 생물다양성은 생태계를 안정적으로 유지하고, 휴식과 여가 활동을 위한 공간을 제공한다. 또한 생물다양성은 그 자체로 중요하다.

04 목화에서 섬유를 얻는다.

05 도로를 건설하거나 목재를 얻기 위하여 숲을 파괴할 때 생물의 서식지가 파괴된다.

06 멸종 위기 생물 복원 사업을 진행하는 것은 생물다양성 유지 방안이다.

07 ㄴ. 가시박은 번식력이 뛰어나 토종 식물의 생존을 위협하고 있다.

08 ③ 생물다양성보전을 위해 안 쓰는 물건을 버리지 않고 나눔한다.

09 생물다양성 감소 원인에는 서식지파괴, 남획, 외래종 유입, 환경오염, 기후 변화 등이 있다.

10 숲을 관통하는 도로가 건설되면 생물의 서식지가 파괴된다.

11 사회적 차원의 생물다양성 유지 방안에는 생태통로 만들기, 생물다양성의 중요성 알리기, 국립 공원 지정 등이 있다.

01 온도와 열

중단원 확인 문제 연습책 23쪽

1 온도

2 (1) ㉡ (2) ㉠

3 열평형

4 (1) ㉠ (2) ㉡

5 (1) 복사 (2) 대류 (3) 전도

6 (1) 복사 (2) 대류 (3) 전도

7 위, 아래

중단원 다지기 문제 연습책 24~25쪽

01 ③ **02** ⑤ **03** ⑤ **04** ⑤ **05** ③

06 ③ **07** ② **08** ⑤

09 접촉식 온도계와 물체의 온도가 같아져 열평형이 될 때까지 시간이 걸리기 때문이다.

10 금속이 나무보다 열을 잘 전도하기 때문에 손으로 잡을 때 철봉이 나무보다 더 차갑게 느껴진다.

11 더운 여름에 양산을 쓰면 태양에서 복사된 열이 차단되어 시원해진다.

---

01 ㄴ. 물질의 온도가 낮을수록 입자 사이의 거리가 가깝다.

02 (가)가 (나)보다 물의 입자 운동이 활발하다. 입자 운동이 활발할수록 물의 온도가 높으므로 (가)가 (나)보다 온도가 높다.

03 뜨거운 물과 찬물이 접촉하고 시간이 지나면 뜨거운 물과 찬물의 온도가 같아진다.

오답 풀이 ① 시간이 지나면 찬물은 열을 얻는다.
② 뜨거운 물에서 찬물로 열이 이동한다.
③ 시간이 지나면 찬물의 운동이 활발해진다.
④ 시간이 지나면 뜨거운 물의 운동이 둔해진다.

04 ⑤ 0~5분까지 (나)는 입자 사이 거리가 멀어진다.

05 ㄷ. 각 판을 구성하는 입자의 운동이 이웃한 입자에 차례로 전달되면서 열이 이동한다.

06 (가) 주전자를 가열하면 대류에 의해 물 전체가 뜨거워져 끓는다.
(나) 뜨거운 국에 담긴 숟가락은 전도에 의해 숟가락 전체가 뜨거워진다.
(다) 전기난로 앞에 손을 대면 복사에 의해 따뜻해진다.

07 난로를 켜면 공기의 대류에 의해 열이 전달되어 방 전체가 따뜻해진다. 냄비의 아래쪽을 가열하면 물의 대류에 의해 물 전체가 따뜻해진다.

08 난로를 켜면 난로에서 나온 따뜻한 공기는 위로 올라가고, 위에 있던 차가운 공기는 아래로 내려오면서 열이 전달되어 방 전체가 따뜻해진다. 이와 같이 입자가 직접 이동하면서 열을 전달하는 방법을 대류라고 한다.
⑤ 보일러를 켜면 온수관이 지나가는 부분부터 따뜻해지는 것은 전도에 의한 현상이다.

09 온도가 다른 두 물체가 접촉할 때 온도가 높은 물체에서 온도가 낮은 물체로 열이 이동하여 두 물체의 온도가 같아질 때까지 시간이 걸리기 때문이다.

10 추운 겨울날 운동장에 있는 철봉과 나무는 온도가 같지만 금속이 나무보다 열을 잘 전도하기 때문에 손으로 잡을 때 철봉이 나무보다 더 차갑게 느껴진다.

11 태양열은 복사에 의해 지구로 전달된다. 더운 여름에 양산을 쓰면 태양에서 복사된 열이 차단되어 시원해진다.

02 비열과 열팽창

중단원 확인 문제 연습책 27쪽

1 비열

2 (1) ○ (2) ○ (3) ×

3 (1) ○ (2) ○ (3) ×

4 열팽창

5 (1) ○ (2) × (3) ×

6 (1) × (2) ○ (3) ○

7 (1) 열팽창 (2) 비열 (3) 열팽창

중단원 다지기 문제 연습책 28~29쪽

01 ③ **02** ④ **03** ① **04** ③ **05** ②

06 ③ **07** ④ **08** ①

09 물은 비열이 크기 때문에 온도가 잘 변하지 않으므로 체온을 일정하게 유지할 수 있다.

10 온도가 높아지면 음료수의 열팽창으로 유리병이 파손될 수 있으므로 음료수를 병에 가득 채우지 않고 윗부분을 비워 둔다.

11 여름에는 전깃줄이 열을 받아 팽창하기 때문에 늘어지고 겨울에는 팽팽해진다.

---

01 ③ 비열이 큰 물질일수록 온도가 잘 변하지 않는다.

02 (가)는 온도 변화가 크고, (나)는 온도 변화가 작다. 같은 양의 열을 가했을 때 비열이 큰 물질일수록 온도 변화가 작다. 따라서 (나)는 (가)보다 비열이 크다.

03 같은 질량의 세 물질에 같은 열량을 가했을 때 온도 변화가 작을수록 물질의 비열이 크다. A는 온도가 6℃, B는 온도가 12℃, C는 온도가 30℃ 높아졌으므로 세 물질의 비열을 비교하면 A>B>C이다.

04 ㄷ. 자동차 엔진이 뜨거워지는 것을 막기 위해 비열이 큰 물을 냉각수에 활용한다.

05 바닷가에서 낮에 해풍이 부는 것은 비열과 관련된 현상이다. 모래의 비열이 물보다 작기 때문에 낮에는 육지의 온도가 바다의 온도보다 빨리 높아진다.

06 ㄷ. 물체를 가열하면 입자 운동이 활발해져 입자 사이의 거리가 멀어지면서 물체의 길이나 부피가 늘어난다.

07 ㄱ. 화재가 발생하면 바이메탈이 B 쪽으로 휘어져야 회로가 연결되어 경보기가 울린다. 따라서 A가 B보다 열팽창 정도가 크다.

08 바이메탈, 선로의 틈, 철근 콘크리트, 치아의 충전재는 열팽창과 관련된 예이고, 찜질 팩은 비열과 관련된 예이다.

09 물은 다른 물질에 비해 비열이 크기 때문에 온도가 잘 변하지 않는다.

10 온도가 높아지면 음료수가 열팽창을 하여 유리병이 파손될 수 있다.

11 여름에는 전깃줄이 열팽창을 하여 늘어지고 겨울에는 팽팽해진다.

01 입자의 운동

중단원 확인 문제 연습책 31쪽

1 (1) 운동 (2) 운동 (3) 확산 (4) 증발

2 (1) ○ (2) × (3) ○ (4) ○

3 (1) 증발 (2) 확산 (3) 확산 (4) 증발

4 (1) × (2) × (3) ×

5 (1) ○ (2) ×

중단원 다지기 문제 연습책 32~33쪽

01 ③ **02** ② **03** ② **04** ⑤ **05** ④

06 ④ **07** ⑤ **08** ③

09 입자가 스스로 운동하기 때문이다.

10 (1) 물에 잉크를 넣으면 물 전체가 잉크 색으로 변한다. (2) 잉크 입자가 스스로 움직여 물속에서 퍼져 나가기 때문이다.

11 자리끼의 물이 밤새 증발하기 때문에 방 안의 습도를 조절한다.

---

01 물질을 구성하는 입자가 스스로 운동하기 때문에 나타나는 현상에는 확산과 증발이 있다. ㄱ은 증발, ㄷ은 확산 현상과 관련이 있다. ㄴ은 액체가 고체로 변하는 응고 현상이다.

02 확산은 물질을 구성하는 입자가 스스로 운동하기 때문에 나타나는 현상이다.
ㄱ. 확산은 기체뿐만 아니라 액체에서도 일어난다.
ㄴ. 확산 현상이 일어나도 입자의 크기는 변하지 않는다.

03 ② 운동장의 물웅덩이가 마르는 것은 증발 현상과 관련 있다.

04 ㄱ, ㄴ. 입자의 운동은 온도가 높아질수록 활발해지므로 난방을 하면 유해 물질의 입자 운동이 활발해져 증발이 잘 일어난다.
ㄷ. 환기를 하면 유해 물질 입자가 확산을 통해 집 밖으로 퍼져 나간다.

05 ㄱ. 만능 지시약 종이의 색깔이 암모니아수를 떨어뜨린 솜과 가까운 부분부터 푸르게 변한다.

06 ④ 증발은 입자가 스스로 운동하여 액체 표면에서 기체로 변하는 현상이다.

07 ⑤ 확산과 증발 모두 입자가 스스로 운동하기 때문에 나타나는 현상이다.
오답 풀이 ① (가)는 확산의 예이다.
② (나)는 증발의 예이다.
③ 확산은 입자가 스스로 운동하여 멀리 퍼져나가는 현상으로 바람과는 상관이 없다.
④ 음식 냄새가 퍼지는 것은 확산 현상이다.

08 ㄴ. 시간이 지나도 아세톤 입자의 크기는 변하지 않는다.

09 향초에서 향기가 나는 것은 확산이고, 햇볕에 과일을 말리는 것은 증발이다. 확산과 증발은 입자가 스스로 운동하기 때문에 나타난다.

10 물에 잉크를 떨어뜨리면 잉크 입자가 확산하여 물 전체가 잉크 색으로 변한다.

11 자리끼의 물이 증발하여 방 안의 습도를 조절한다.

02 물질의 상태 변화

중단원 확인 문제 연습책 35쪽

1 (1) 고체 (2) 기체 (3) 액체

2 고체, 기체

3 (1) ㉠ (2) ㉢ (3) ㉡

4 상태 변화

5 (1) 융해, 응고 (2) 기화, 액화 (3) 승화

6 (1) 융해 (2) 기화 (3) 액화 (4) 응고 (5) 승화 (6) 승화

7 질량, 부피

8 종류, 배열

중단원 다지기 문제 연습책 36~37쪽

01 ⑤	**02** ②	**03** ③	**04** ①	**05** ②
06 ④	**07** ⑤	**08** ①, ③	**09** ④	

10 응달에 눈사람을 놓아두면 눈사람 표면의 얼음이 승화하여 기체로 상태가 변하기 때문이다.

11 아이스크림이 녹을 때 입자의 종류와 개수가 변하지 않기 때문이다.

12 액체에서 고체로 변할 때 입자 배열이 규칙적으로 변하고 입자 사이의 거리가 가까워지기 때문에 부피가 줄어든다.

---

01 기체는 모양과 부피가 일정하지 않다.

02 담는 그릇에 상관없이 모양과 부피가 변하지 않는 물질의 상태는 고체이다. 고체 상태인 물질은 돌, 나무이다.

03 액체 상태를 나타내는 입자 모형이다. 액체는 담는 그릇에 따라 모양이 변한다.

04 (가)는 기체, (나)는 액체, (다)는 고체를 나타낸 입자 모형이다. 입자 운동의 활발한 정도를 비교하면 (가)>(나)>(다)이다.

05 풀잎에 이슬이 맺히는 것, 차가운 컵 표면에 물방울이 맺히는 것, 뜨거운 음료를 마시면 안경이 뿌옇게 흐려지는 것은 모두 액화의 예이다.

06 나뭇잎에 서리가 생기는 것은 기체에서 고체로의 승화이다. 따라서 이와 같은 상태 변화가 일어나는 것은 겨울철 유리창에 성에가 생기는 것이다. ①은 기화, ②는 융해, ③은 응고, ⑤는 고체에서 기체로의 승화 현상이다.

07 시계 접시 아랫면에서는 수증기가 물방울로 액화한다.

08 상태 변화가 일어나도 물질을 구성하는 입자의 종류와 개수가 변하지 않기 때문에 물질의 성질과 질량이 변하지 않는다.

09 A는 응고, B는 융해, C는 고체에서 기체로의 승화, D는 기체에서 고체로의 승화, E는 기화, F는 액화이다. 융해(B), 기화(E), 고체에서 기체로의 승화(C)가 일어날 때는 입자 배열이 불규칙해진다.

10 응달에 눈사람을 놓아두면 녹지 않고 눈사람 표면의 얼음이 승화한다.

11 물질의 상태가 변할 때 입자의 종류와 개수는 변하지 않으므로 물질의 성질은 변하지 않는다.

12 일반적으로 응고가 일어날 때는 입자 배열이 규칙적으로 변하고 입자 사이의 거리가 가까워지므로 부피가 줄어든다.

03 상태 변화와 열에너지

중단원 확인 문제 연습책 39쪽

1 (1) 흡수 (2) 방출

2 (1) 일정하다 (2) 일정하다

3 (1) 활발해진다 (2) 불규칙적 (3) 멀어진다

4 (1) 둔해진다 (2) 규칙적 (3) 가까워진다

5 (1) ㉠ (2) ㉡

6 (1) 흡수 (2) 방출 (3) 흡수 (4) 방출

중단원 다지기 문제 연습책 40~41쪽

01 ⑤ **02** ③ **03** ⑤ **04** ④ **05** ②

06 ⑤ **07** ② **08** ③

09 혀에 있는 침이 기화하면서 열에너지를 흡수하기 때문에 체온을 낮춘다.

10 가죽 물주머니에서 스며 나온 물이 기화하면서 주변의 열에너지를 흡수하므로 물을 시원하게 유지한다.

11 얼음집 내부에 물을 뿌리면 물이 얼면서 열에너지를 방출하기 때문에 주위의 온도가 높아진다.

---

01 ⑤ (다)는 액체, (마)는 기체 상태가 존재한다. 따라서 입자 사이의 거리는 (마)가 (다)보다 멀다.

오답 풀이 ① (가)에서 물질의 상태는 고체이다.
② (나)의 온도는 물질이 녹는 온도이다.
③ 물질이 상태 변화 할 때 온도가 일정하게 유지되므로 상태가 변하는 구간은 (나)와 (라)이다.
④ (마)에서 입자 배열이 가장 불규칙적이다.

02 ㄱ. 물질이 상태 변화 할 때 온도가 일정하게 유지되므로 상태가 변하는 구간은 (나)이다.
ㄴ. (가)는 액체, (다)는 고체 상태가 존재한다. 따라서 입자 운동은 (가)가 (다)보다 활발하다.
ㄷ. (다)에서는 고체 상태가 존재한다. 액체와 고체 상태가 함께 존재하는 구간은 (나)이다.

03 ㄱ. 물이 끓는 동안 열에너지를 흡수하여 입자 운동이 활발해진다.
ㄴ, ㄷ. 물이 끓는 동안 흡수한 열에너지는 상태 변화에 모두 사용되기 때문에 온도가 일정하게 유지된다.

04 A는 응고, B는 융해, C는 고체에서 기체로의 승화, D는 기체에서 고체로의 승화, E는 기화, F는 액화이다. 융해(B), 기화(E), 고체에서 기체로의 승화(C)가 일어날 때는 열에너지를 흡수한다.

05 아이스박스에 얼음과 음료수를 넣으면 얼음이 융해하면서 열에너지를 흡수하기 때문에 음료수를 차갑게 보관할 수 있다.

06 ㄱ. (가) 실내기에서는 액체 냉매가 기화한다.
ㄴ. (나) 실외기에서는 기체 냉매가 액화하면서 열에너지를 방출한다.
ㄷ. 에어컨은 냉매의 상태가 변할 때 출입하는 열에너지를 이용한다.

07 상태 변화가 일어날 때 열에너지를 흡수하면 주변의 온도가 낮아진다. ①, ③, ④, ⑤는 상태 변화가 일어날 때 열에너지를 방출하는 예이다.

08 상태 변화가 일어날 때 열에너지를 방출하면 주변의 온도가 높아진다.
ㄱ. 증기 난방기의 방열기에서 수증기가 액화되면서 방출하는 열에너지로 난방을 한다.
ㄴ. 커피 기계의 스팀 장치에서 나오는 수증기가 액화되면서 방출하는 열에너지로 우유가 데워진다.
ㄷ. 아이스크림 상자에 드라이아이스를 넣으면 드라이아이스가 승화하면서 열에너지를 흡수하여 아이스크림을 차갑게 보관한다.

09 개의 침이 기화할 때 주위의 열에너지를 흡수한다.

10 가죽 물주머니의 미세한 구멍에서 스며 나온 물이 기화하면서 주변의 열에너지를 흡수한다.

11 얼음집 내부에 물을 뿌리면 물이 얼면서 열에너지를 주위로 방출한다.

〈메모〉

개념과 내신을 한 번에 끝내는 과학 학습 프로그램

중학 과학 〈개념이해〉가 먼저다

중학 과학

1-1

개념 미니책

알고 있는 용어에 v표 하시오.

□	**문제 인식**	어떤 현상을 관찰하다 의문을 품는 것
□	**가설 설정**	문제를 해결할 수 있는 가설을 설정하는 것
□	**탐구 설계 및 수행**	가설을 확인할 수 있는 탐구를 설계하고 변인을 통제하면서 실험을 수행하는 것
□	**자료 해석**	탐구를 수행하여 얻은 자료를 정리하고 분석하여 자료 사이의 관계나 규칙성을 찾는 것
□	**결론 도출**	탐구 결과를 통해 가설을 검증하고 결론을 내리는 것
□	**태양 중심설**	지구와 다른 행성이 태양 주위를 돌고 있다는 주장
□	**증기 기관**	증기의 힘을 이용해 기계를 움직이게 하는 장치
□	**인공지능**	컴퓨터가 인간처럼 학습하고 일을 처리할 수 있게 하는 기술
□	**지속가능한 삶**	미래 세대가 이용할 환경과 자연을 훼손하지 않으면서 현재 세대의 필요를 충족시키는 삶
□	**신재생 에너지**	수소 에너지, 풍력 에너지, 태양 에너지 등 화석 연료를 대체할 수 있는 에너지

알고 있는 용어에 v표 하시오.

□	**세포**	생명활동이 일어나는 기본 단위
□	**핵**	세포의 생명활동을 조절하는 부분
□	**마이토콘드리아**	세포의 생명활동에 필요한 에너지를 만드는 부분
□	**세포막**	세포를 둘러싸고 있는 얇은 막으로, 세포 내부를 보호하고 세포 안팎으로 드나드는 물질의 출입을 조절하는 부분
□	**세포질**	핵을 제외하고 세포의 내부를 채우는 부분
□	**엽록체**	광합성을 하여 양분을 만드는 부분
□	**세포벽**	식물 세포의 세포막 바깥을 싸고 있는 두껍고 단단한 벽
□	**적혈구**	가운데가 오목한 원반 모양으로, 산소를 운반하는 세포
□	**신경세포**	여러 방향으로 길게 뻗은 모양으로, 신호를 전달하는 세포
□	**상피세포**	납작하고 편평한 모양으로, 피부나 몸속 기관의 안쪽 표면을 덮어 몸을 보호하는 세포

알고 있는 용어에 v표 하시오.

☐ **조직** 모양과 기능이 비슷한 세포들의 모임

☐ **조직계** 몇 가지 조직이 모여 일정한 기능을 수행하는 단계

☐ **기관** 여러 조직이 모여 고유한 모양을 이루고 특정 기능을 수행하는 단계

☐ **기관계** 연관된 기능을 수행하는 기관들의 모임

☐ **개체** 기관이 모여 이루어진 독립된 생물체

☐ **생물다양성** 어떤 지역에 살고 있는 생물의 다양한 정도

☐ **변이** 같은 종류의 생물 사이에서 나타나는 생김새나 특성의 차이

☐ **생물분류** 다양한 생물을 생물이 가진 고유한 특징에 따라 무리 지어 나누는 것

☐ **원핵생물계** 세포에 핵이 없는 생물 무리

☐ **원생생물계** 세포에 핵이 있는 생물 중 동물계, 식물계, 균계에 속하지 않는 생물 무리

알고 있는 용어에 v표 하시오.

□	**동물계**	세포에 핵이 있는 생물 중 다른 생물을 먹이로 삼아 양분을 얻는 생물 무리
□	**식물계**	세포에 핵이 있는 생물 중 광합성을 하여 스스로 양분을 만드는 생물 무리
□	**균계**	세포에 핵이 있는 생물 중 죽은 생물이나 배설물을 분해하여 양분을 얻는 생물 무리
□	**종**	자연 상태에서 짝짓기를 하여 번식 능력이 있는 자손을 낳을 수 있는 무리
□	**계**	생물을 분류하는 가장 큰 단위
□	**서식지**	생물이 자리를 잡고 사는 곳
□	**외래종**	원래 살던 곳을 벗어나 새로운 지역에서 자리를 잡고 사는 생물
□	**남획**	인간이 생물을 마구 잡는 것
□	**생태통로**	단절된 서식지를 이어 주고 동물이 안전하게 건너다닐 수 있게 만든 통로
□	**국제 협약**	국가와 국가 사이에 문서를 교환하여 계약을 맺음

알고 있는 용어에 v표 하시오.

□	**입자**	물질을 구성하는 매우 작은 알갱이
□	**온도**	물체를 구성하는 입자의 운동이 활발한 정도
□	**열평형**	온도가 다른 두 물체가 접촉할 때 온도가 높은 물체에서 온도가 낮은 물체로 열이 이동하여 두 물체의 온도가 같아진 상태
□	**전도**	물질을 구성하는 입자의 운동이 이웃한 입자에 차례로 전달되어 열이 이동하는 방식
□	**대류**	액체나 기체 물질을 구성하는 입자가 직접 이동하며 열이 이동하는 방식
□	**복사**	열이 물질을 통하지 않고 직접 이동하는 방식
□	**열량**	온도가 다른 물체 사이에서 이동하는 열의 양
□	**비열**	어떤 물질 1kg의 온도를 1°C 높이는 데 필요한 열량
□	**열팽창**	물체의 온도가 높아질 때 물체의 길이나 부피가 팽창하는 현상
□	**바이메탈**	열팽창 정도가 다른 두 금속을 붙인 것

IV. 물질의 상태 변화

알고 있는 용어에 v표 하시오.

- ☐ **입자 운동** 물질을 구성하는 입자가 스스로 끊임없이 운동하는 것
- ☐ **입자 모형** 입자의 운동을 이해하기 쉽게 모형으로 나타낸 것
- ☐ **확산** 입자가 스스로 운동하여 멀리 퍼져 나가는 현상
- ☐ **증발** 입자가 스스로 운동하여 액체 표면에서 기체로 변하는 현상
- ☐ **물질의 상태 변화** 물질의 상태가 변하는 것
- ☐ **융해** 고체에서 액체로 상태가 변하는 현상
- ☐ **응고** 액체에서 고체로 상태가 변하는 현상
- ☐ **기화** 액체에서 기체로 상태가 변하는 현상
- ☐ **액화** 기체에서 액체로 상태가 변하는 현상
- ☐ **승화** 고체에서 액체를 거치지 않고 기체로 상태가 변하거나, 기체에서 액체를 거치지 않고 고체로 상태가 변하는 현상

개념 1 과학적 탐구 방법

문제 인식 → 가설 설정 → 탐구 설계 및 수행 → 자료 해석 → 결론 도출

현상을 관찰하다 의문을 품는다.

문제를 해결할 수 있는 가설을 설정한다.

가설을 확인할 수 있는 탐구를 설계하고 수행한다.

자료를 분석하여 관계나 규칙성을 찾는다.

가설이 맞는지 확인하고 결론을 내린다.

한 줄 개념 과학적 탐구 방법은 문제 인식 → 가설 설정 → 탐구 설계 및 수행 → 자료 해석 → 결론 도출의 과정을 거친다.

개념 2 과학의 발전이 인류 문명에 미친 영향

태양 중심설

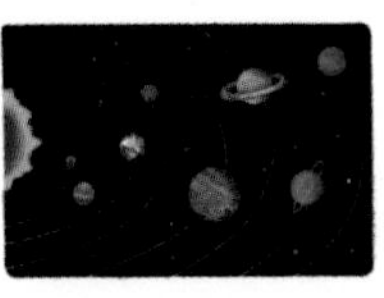

지구가 우주의 중심이라는 인류의 생각을 바꾸었다.

인쇄술

많은 지식과 정보의 전달이 가능해졌다.

증기 기관

많은 물건을 먼 곳까지 운송하게 되었다.

한 줄 개념 과학의 발전은 인류 문명이 발달하는 데 큰 영향을 미쳤다.

개념 3 지속가능한 삶을 위한 과학기술

신재생 에너지

수소 에너지, 풍력 에너지, 태양 에너지 등은 에너지 부족 문제를 해결할 수 있다.

탄소 포집 기술

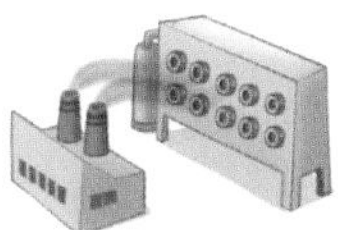

이산화 탄소를 포집하여 저장하거나 활용해 지구 온난화를 막을 수 있다.

폐플라스틱 재활용 기술

폐플라스틱을 자원으로 사용하여 오염 물질을 줄일 수 있다.

한 줄 개념 인류의 지속가능한 삶을 위해 과학기술을 활용하고 있다.

개념 4 지속가능한 삶을 위한 활동 방안

개인 차원

에너지를 절약한다.

쓰레기를 분리배출한다.

사회 차원

환경 보전 캠페인에 참여한다.

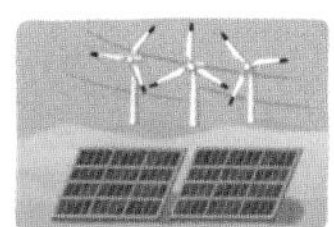

신재생 에너지를 개발한다.

한 줄 개념 지속가능한 삶을 위해 개인과 사회 차원의 활동 방안을 실천해야 한다.

개념 1 세포의 구조

동물 세포

식물 세포

핵
세포의 생명활동을 조절한다.

마이토콘드리아
세포의 생명활동에 필요한 에너지를 만든다.

세포막
세포를 둘러싸고 있는 얇은 막으로, 물질의 출입을 조절한다.

세포벽
세포막 바깥을 싸고 있는 두껍고 단단한 벽이다.

엽록체
광합성을 하여 양분을 만든다.

한 줄 개념 **동물 세포와 식물 세포에는 공통적으로 핵, 세포막, 마이토콘드리아 등이 있다.**

개념 2 다양한 세포의 모양과 기능

	적혈구	신경세포	상피세포	공변세포
모양	가운데가 오목한 원반 모양이다.	여러 방향으로 길게 뻗은 모양이다.	납작하고 편평한 모양이다.	두 개의 공변세포 사이에 기공이 있다.
기능	산소를 운반한다.	신호를 전달한다.	몸을 보호한다.	기체 출입을 조절한다.

한 줄 개념 **세포의 종류에 따라 모양이나 기능과 같은 특징이 다양하다.**

개념 3 동물의 구성 단계

세포 → 조직 → 기관 → 기관계 → 개체

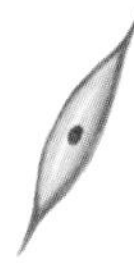
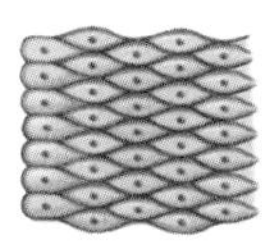
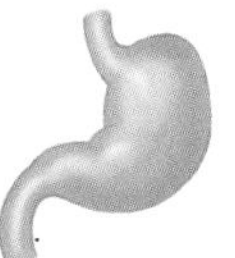
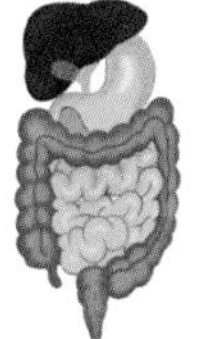

세포	조직	기관	기관계	개체
근육세포	근육조직	위	소화계	사람
동물을 구성하는 기본 단위	모양과 기능이 비슷한 세포들의 모임	고유한 모양을 이루고 특정 기능을 수행하는 단계	연관된 기능을 하는 기관들의 모임	기관계가 모여 이루어진 독립된 생물체

한 줄 개념 동물의 구성 단계는 세포 → 조직 → 기관 → 기관계 → 개체이다.

개념 4 식물의 구성 단계

세포 → 조직 → 조직계 → 기관 → 개체

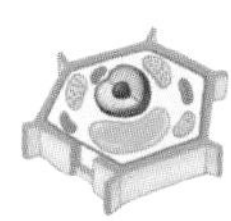
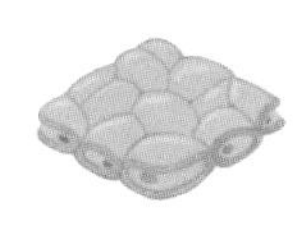
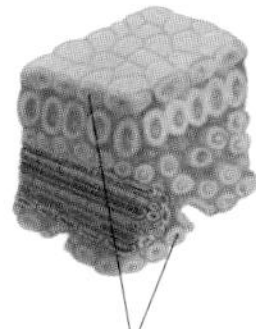

세포	조직	조직계	기관	개체
표피세포	표피조직	표피조직계	잎	나무
식물을 구성하는 기본 단위	모양과 기능이 비슷한 세포들의 모임	몇 가지 조직이 모여 일정한 기능을 수행하는 단계	고유한 모양을 이루고 특정 기능을 수행하는 단계	기관이 모여 이루어진 독립된 생물체

한 줄 개념 식물의 구성 단계는 세포 → 조직 → 조직계 → 기관 → 개체이다.

02 생물다양성

개념 1 생물다양성

어떤 지역에 살고 있는 생물의 다양한 정도

생태계

생태계가 다양할수록
생물다양성이 높다.

생물의 종류

생물의 종류가 많을수록
생물다양성이 높다.

같은 종류의 생물 사이에서 나타나는 특성

같은 종류의 생물 사이에서
나타나는 특성이 다양할수록
생물다양성이 높다.

한 줄 개념 **생물다양성은 생태계, 생물의 종류, 같은 종류의 생물 사이에서 나타나는 특성의 다양함을 모두 포함한다.**

개념 2 변이와 생물다양성

같은 종류의 생물 사이에서 나타나는 특성의 차이를 변이라고 한다.

코스모스는 꽃잎 색깔이
조금씩 다르다.

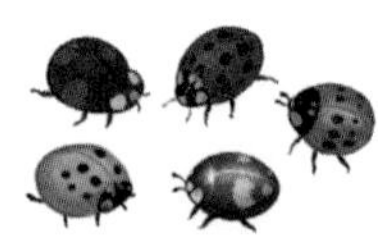

무당벌레는 날개 무늬가
조금씩 다르다.

얼룩말은 줄무늬가
조금씩 다르다.

한 줄 개념 **변이가 다양할수록 생물다양성이 높다.**

개념 1 생물분류체계

종 < 속 < 과 < 목 < 강 < 문 < 계

한 줄 개념 생물분류체계는 종 < 속 < 과 < 목 < 강 < 문 < 계로 이루어진다.

개념 2 생물의 5계 분류

죽은 생물이나 배설물을 분해하여 양분을 얻는다.

광합성을 하여 양분을 얻는다.

민들레 버섯 참새

다른 생물을 먹어 양분을 얻는다.

식물계 균계 동물계

핵이 있다.

짚신벌레 **원생생물계**

동물계, 식물계, 균계에 속하지 않는다.

핵이 없다.

젖산균 **원핵생물계**

세포에 핵이 없다.

한 줄 개념 생물은 동물계, 식물계, 균계, 원생생물계, 원핵생물계의 5계로 분류할 수 있다.

개념 1 생물다양성과 생태계 평형

생물다양성이 낮은 생태계

먹이그물이 **단순하다.**
→ 생물의 멸종 가능성이 **높다.**

생물다양성이 높은 생태계

먹이그물이 **복잡하다.**
→ 생물의 멸종 가능성이 **낮다.**

한 줄 개념 생물다양성은 생태계 평형을 유지하는 데 중요한 역할을 한다.

개념 2 생물다양성보전의 필요성

생태계 유지

생태계를 안정적으로 유지한다.

자원 제공

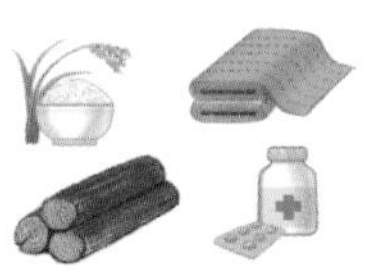

식량, 섬유, 목재, 의약품 등 자원을 제공한다.

지구 환경과 건강 유지

맑은 공기와 깨끗한 물을 제공하고, 휴식과 여가 활동을 위한 공간을 제공한다.

한 줄 개념 생물다양성은 생태계를 안정적으로 유지하며 우리의 삶을 풍요롭게 한다.

개념 3 생물다양성 감소 원인

서식지파괴

열대 우림 개발

자연을 개발하는 과정에서 생물이 사는 장소를 파괴한다.

외래종 유입

뉴트리아

다른 곳에서 온 생물이 토종 생물의 생존을 위협한다.

남획

코뿔소

생물을 마구 잡아 생물의 개체 수가 급격하게 감소한다.

환경오염

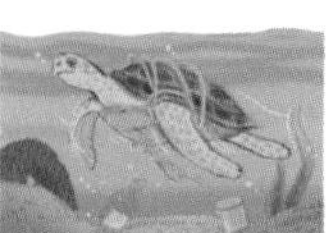

바다거북

환경오염으로 많은 생물이 멸종 위기에 처해 있다.

한 줄 개념 생물다양성이 감소하는 원인에는 서식지파괴, 외래종 유입, 남획, 환경오염 등이 있다.

개념 4 생물다양성 유지 방안

개인적 차원

일회용품 사용을 줄인다.

사회적 차원

생태통로를 만든다.

멸종 위기 생물을 지정하고 보호한다.

국제적 차원

국제 협약을 맺는다.

한 줄 개념 생물다양성 유지를 위해 개인적, 사회적, 국제적 차원에서 다양한 노력을 하고 있다.

개념 1 온도

물체를 구성하는 입자의 운동이 활발한 정도

온도가 낮은 물체

입자 운동이 둔하다.
입자 사이 거리가 가깝다.

가열 →

← 냉각

온도가 높은 물체

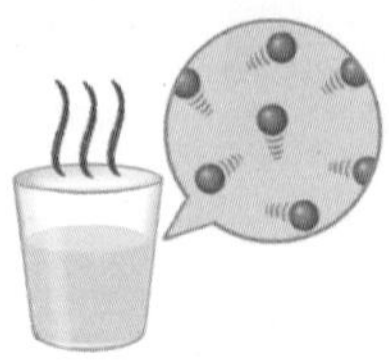

입자 운동이 활발하다.
입자 사이 거리가 멀다.

한 줄 개념 **온도는 물체를 구성하는 입자의 운동이 활발한 정도를 나타낸다.**

개념 2 열평형

온도가 다른 두 물체가 접촉할 때 온도가 높은 물체에서 온도가 낮은 물체로
열이 이동하여 두 물체의 온도가 같아진 상태

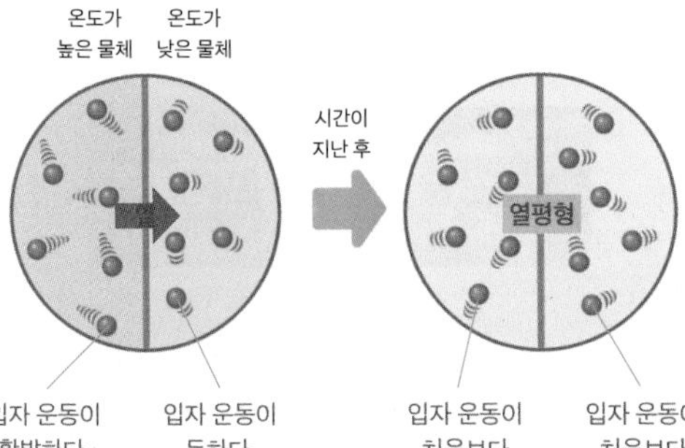

입자 운동이 활발하다.

입자 운동이 둔하다.

입자 운동이 처음보다 둔해진다.

입자 운동이 처음보다 활발해진다.

한 줄 개념 **온도가 높은 물체에서 온도가 낮은 물체로 열이 이동하여 두 물체의 온도가 같아진 상태를 열평형이라고 한다.**

개념 3 열의 이동 방식

전도

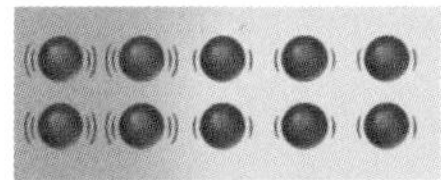
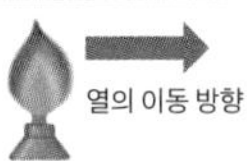

물질을 구성하는 입자의 운동이 이웃한 입자에 차례로 전달되어 열이 이동하는 방식

대류

액체나 기체 물질을 구성하는 입자가 직접 이동하며 열이 이동하는 방식

복사

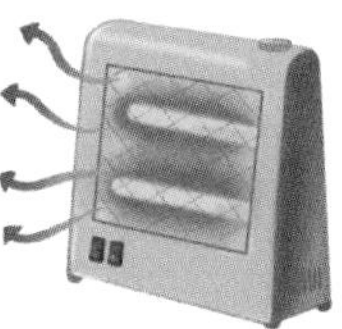

열이 물질을 통하지 않고 직접 이동하는 방식

한 줄 개념 **열의 이동 방식에는 전도, 대류, 복사가 있다.**

개념 4 효율적인 냉난방 기구의 설치

에어컨

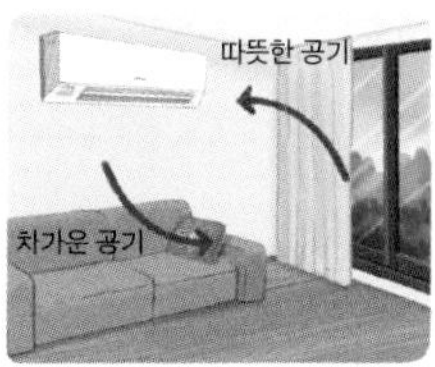

위쪽에 설치한다.
→ 차가운 공기는 아래로 내려오고, 따뜻한 공기는 위로 올라가면서 방 전체가 시원해진다.

난로

아래쪽에 설치한다.
→ 따뜻한 공기는 위로 올라가고, 차가운 공기는 아래로 내려오면서 방 전체가 따뜻해진다.

한 줄 개념 **효율적으로 냉난방을 하기 위해서 에어컨은 위쪽에, 난로는 아래쪽에 설치한다.**

개념 1 비열

어떤 물질 1kg의 온도를 1℃ 높이는 데 필요한 열량

비열이 큰 물질

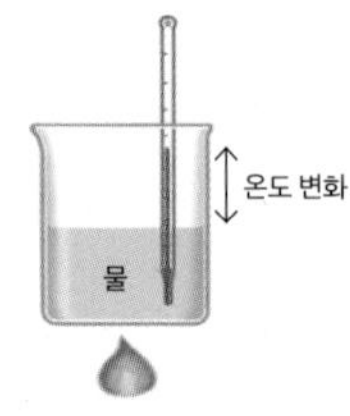

온도 변화가 작다.

비열이 작은 물질

온도 변화가 크다.

한 줄 개념 **비열은 어떤 물질 1kg의 온도를 1℃ 높이는 데 필요한 열량이다.**

개념 2 비열의 활용

비열이 큰 물질

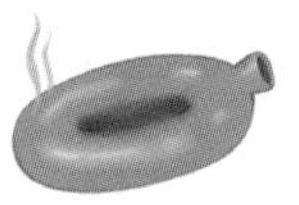

찜질 팩
따뜻한 상태를 오래 유지한다.

뚝배기
음식을 오랫동안 따뜻하게 유지한다.

비열이 작은 물질

프라이팬
빠르게 뜨거워져 음식을 익힌다.

양은 냄비
빠르게 뜨거워져 음식을 익힌다.

한 줄 개념 **일상생활에서 비열이 큰 물질이나 비열이 작은 물질을 활용한다.**

개념 3 열팽창

물체의 온도가 높아질 때 물체의 길이나 부피가 팽창하는 현상

고체의 열팽창

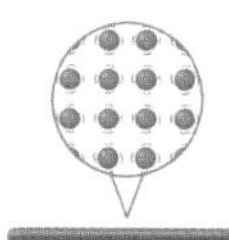

입자 운동이 활발해진다.
가열

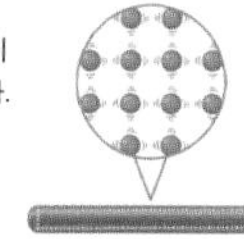

온도가 낮을 때 / 온도가 높을 때

고체를 가열하면 부피가 팽창한다.

액체의 열팽창

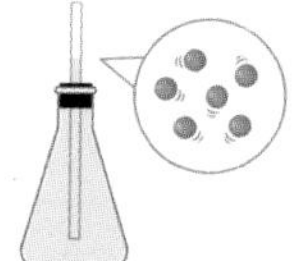

입자 운동이 활발해진다.
가열

온도가 낮을 때 / 온도가 높을 때

액체를 가열하면 부피가 팽창한다.

한 줄 개념 **열팽창은 물체의 온도가 높아질 때 물체의 길이나 부피가 팽창하는 현상이다.**

개념 4 열팽창의 활용

다리 이음매

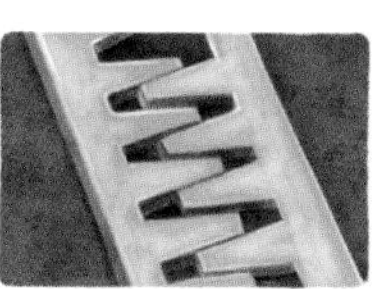

온도가 높아져 길이가 늘어났을 때 다리가 휘는 것을 막는다.

선로의 틈

온도가 높아져 길이가 늘어났을 때 선로가 휘는 것을 막는다.

가스관의 구부러진 부분

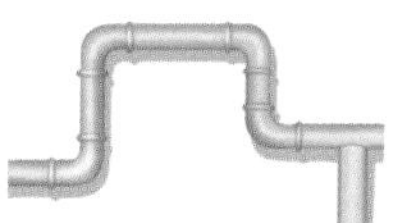

온도가 높아져 길이가 늘어났을 때 가스관이 파손되는 것을 막는다.

한 줄 개념 **열팽창을 활용한 예에는 다리 이음매, 선로의 틈, 가스관의 구부러진 부분 등이 있다.**

개념 1 입자의 운동

물질을 구성하는 입자는 스스로 끊임없이 운동한다.

확산

향수 입자

입자가 스스로 운동하여
멀리 퍼져 나가는 현상

증발

물 입자

입자가 스스로 운동하여
액체 표면에서 기체로 변하는 현상

한 줄 개념 **확산과 증발은 입자가 스스로 운동하기 때문에 나타나는 현상이다.**

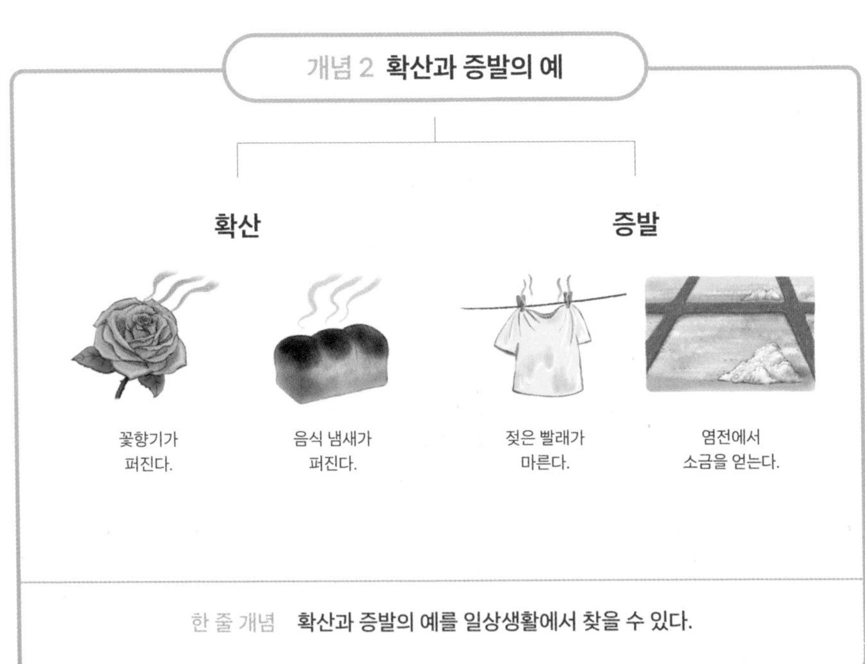

개념 1 물질의 세 가지 상태

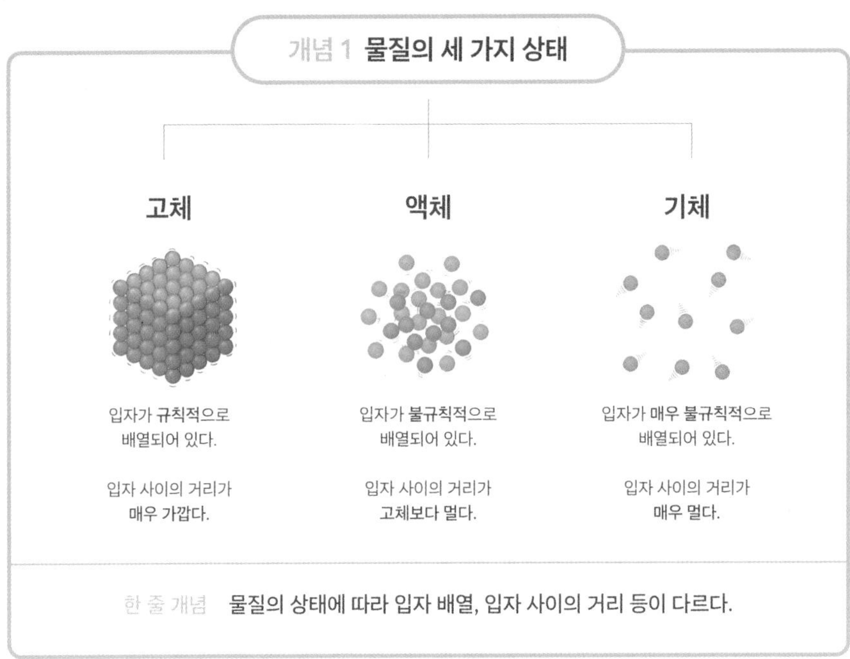

한 줄 개념 물질의 상태에 따라 입자 배열, 입자 사이의 거리 등이 다르다.

개념 2 물질의 상태 변화

물질의 상태가 변하는 것

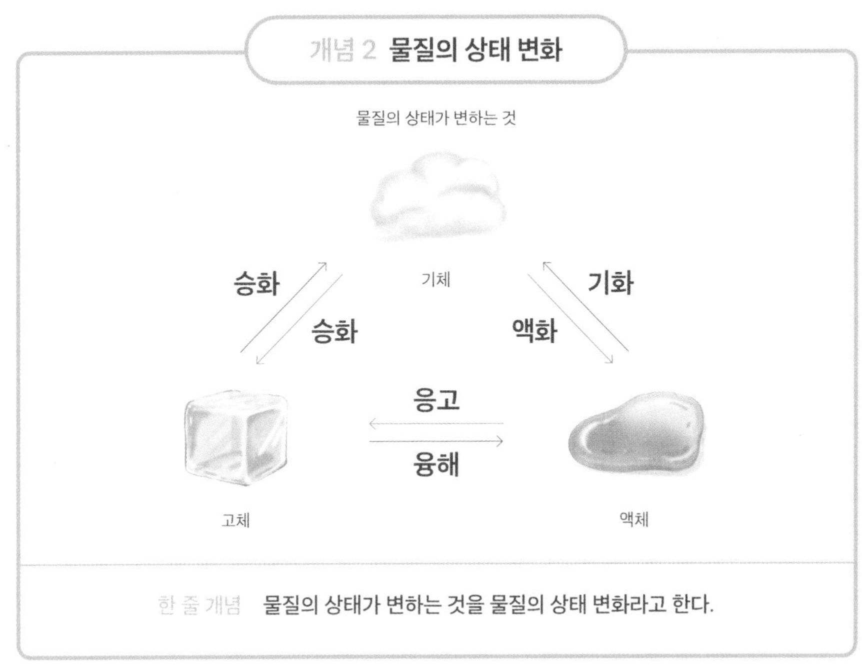

한 줄 개념 물질의 상태가 변하는 것을 물질의 상태 변화라고 한다.

개념 3 물질의 상태 변화 예

융해	기화	승화(고체 → 기체)
아이스크림이 녹는다.	물이 끓는다.	드라이아이스가 작아진다.
응고	**액화**	**승화(기체 → 고체)**
고드름이 생긴다.	이슬이 맺힌다.	서리가 생긴다.

한 줄 개념 우리 주변에서 물질의 상태 변화의 예를 찾을 수 있다.

개념 4 상태 변화에 따른 물질의 질량과 부피 변화

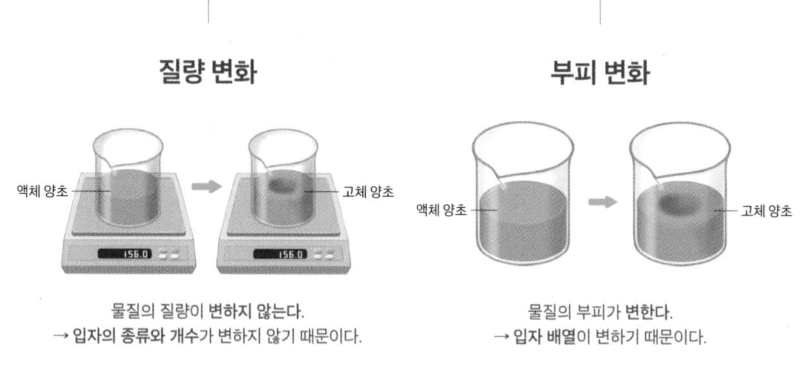

물질의 질량이 변하지 않는다.
→ 입자의 종류와 개수가 변하지 않기 때문이다.

물질의 부피가 변한다.
→ 입자 배열이 변하기 때문이다.

한 줄 개념 물질의 상태가 변할 때 물질의 질량은 변하지 않고 부피는 변한다.

03 상태 변화와 열에너지

개념 1 상태 변화와 열에너지 출입

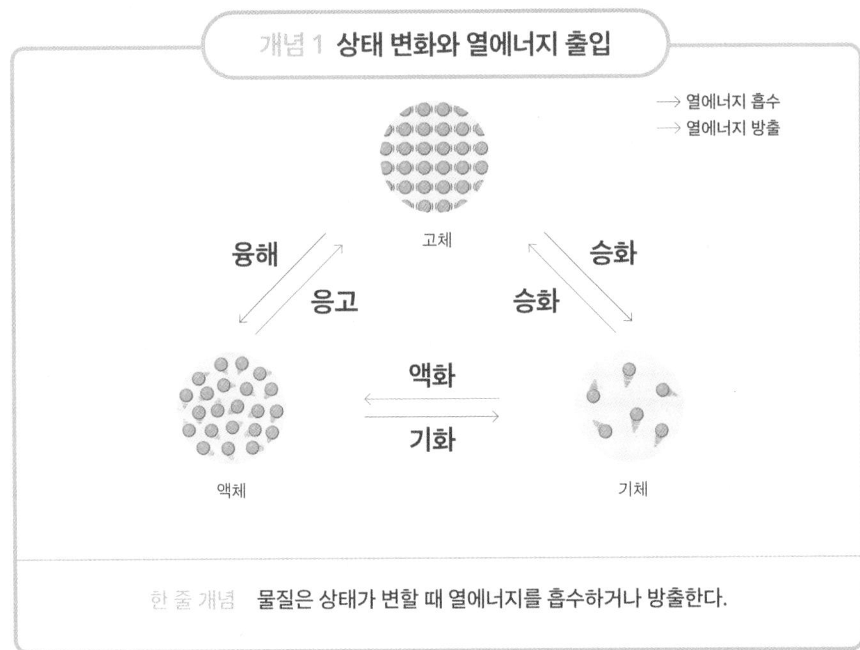

한 줄 개념 물질은 상태가 변할 때 열에너지를 흡수하거나 방출한다.

개념 2 상태 변화와 온도 변화

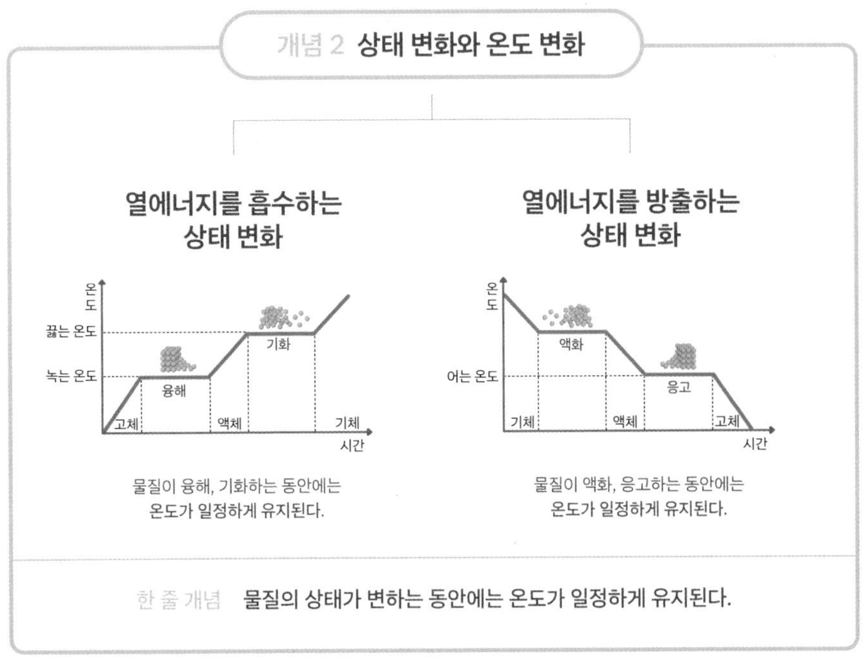

한 줄 개념 물질의 상태가 변하는 동안에는 온도가 일정하게 유지된다.

개념 3 열에너지를 흡수하는 상태 변화 이용

열에너지를 흡수하는 상태 변화가 일어나면 주위의 온도가 낮아진다.

융해

얼음 조각 옆에 있으면 시원해진다.

기화

알코올을 묻힌 솜을 문지르면 시원해진다.

승화(고체 → 기체)

아이스크림을 보관할 때 드라이아이스를 넣는다.

한 줄 개념 **열에너지를 흡수하는 상태 변화가 일어나면 주위의 온도가 낮아진다.**

개념 4 열에너지를 방출하는 상태 변화 이용

열에너지를 방출하는 상태 변화가 일어나면 주위의 온도가 높아진다.

응고

오렌지에 물을 뿌려 냉해를 막는다.

액화

소나기가 내리기 전에 후텁지근하다.

승화(기체 → 고체)

눈이 내릴 때는 포근하다.

한 줄 개념 **열에너지를 방출하는 상태 변화가 일어나면 주위의 온도가 높아진다.**